本书的出版得到

中央高校基本科研业务费专项资金、浙江大学文科精品力作出版资助计划

资助

倾听童声

湿疹儿童的疾病经历及社会心理干预效果

谢倩雯 —— 著

Listening to
Children's Voices

Illness Experiences *of* Children Living
with Atopic Dermatitis and the
Effectiveness *of* a Psychosocial Intervention

ZHEJIANG UNIVERSITY PRESS
浙江大学出版社
·杭州·

图书在版编目(CIP)数据

倾听童声:湿疹儿童的疾病经历及社会心理干预效
果 / 谢倩雯著. —杭州:浙江大学出版社,2023.3
ISBN 978-7-308-23555-6

Ⅰ.①倾… Ⅱ.①谢… Ⅲ.①湿疹－儿童－心理健康
－心理干预 Ⅳ.①B844.1

中国国家版本馆 CIP 数据核字(2023)第 039469 号

倾听童声

——湿疹儿童的疾病经历及社会心理干预效果

谢倩雯 著

责任编辑	蔡圆圆	
责任校对	许艺涛	
封面设计	雷建军	
出版发行	浙江大学出版社	
	(杭州市天目山路 148 号　邮政编码 310007)	
	(网址:http://www.zjupress.com)	
排　　版	浙江大千时代文化传媒有限公司	
印　　刷	广东虎彩云印刷有限公司绍兴分公司	
开　　本	710mm×1000mm　1/16	
印　　张	25.5	
字　　数	353 千	
版 印 次	2023 年 3 月第 1 版　2023 年 3 月第 1 次印刷	
书　　号	ISBN 978-7-308-23555-6	
定　　价	98.00 元	

CONTENTS **目录**

第一章
儿童的声音与科学的研究证据

随着世界范围内人口结构和家庭结构的变化,儿童作为社会发展后备军的特殊作用得到越来越多的重视,有关儿童的研究受到前所未有的关注。然而,在相当长的人类历史中,成人对儿童呵护有余,却倾听不足,儿童是"沉默的"后备军。在由成人主导的世界里,儿童作为弱势群体,他们的理解和表达能力总是被怀疑,他们的声音经常被理所当然地忽视。① 由于成人是儿童的抚养者,儿童被认为至少在很多方面是不如成人的,并且他们需要依赖成人完成"社会化",以约束其破坏社会的本能。在此观念体系下,有关儿童问题的决定通常是由成人通过假定的权力结构代为作出。② 值得思考的是,儿童对问题的认识、感受与成人不同。③ 如果儿童没有能力代表自己作出决定,那么成人就真的有能力代表儿童作出决定吗? 正如詹姆斯(James)等指出的:"总有成人自以为出于儿童利益代儿童发表意见。有时这是因为,成人自

① i. Eldén S. Inviting the messy: Drawing methods and "children's voices"[J]. Childhood, 2013, 20(1): 66-81. ii. Ford K. "I didn't really like it, but it sounded exciting": Admission to hospital for surgery from the perspectives of children[J]. Journal of child health care, 2011, 15(4): 250-260.

② Clark C D. In a younger voice: Doing child-centered qualitative research [M]. Oxford: Oxford University Press, 2010.

③ Morgan M, Gibbs S, Maxwell K, Britten N. Hearing children's voices: Methodological issues in conducting focus groups with children aged 7-11 years[J]. Qualitative research, 2002, 2(1): 5-20.

以为经历过儿童阶段,所以知道什么是儿童。当然,这是很值得怀疑的。"①
那么,为何在与儿童相关的研究中需要倾听童声? 研究者又该如何从"儿童
的视角"进行研究? 儿童的声音所具有的感性色彩和科学研究的理性底色是
否能够相融呢?

第一节　为何倾听童声?

声音(voices),在字面意义上,代表说话者的话语和观点;在隐喻意义上,
包含了说话者的音调、口音、风格、非语言方式的表达以及传达的感受和情
感;在政治意义上,还意味着"发言权",即表达观点的权利。② 因此,倾听儿
童的声音不仅是认可儿童所表达的观点具有独特意义,相信儿童有表达自身
观点和情感的能力,更是确保他们有表达和交流的机会,尊重他们代表自己
发声的权利。③ 在儿童研究领域,研究者对儿童权利、童年意义以及儿童能
力的认识和理解决定了其研究的核心价值取向。

一、"声音"即权利

"声音"即权利。这与法国哲学家福珂(Michel Foucault)所表述的权利
关系一致,即谁拥有权力,谁就掌握了表达和发言的权利,谁的声音就能够被
外界听到。④ 倾听儿童的声音首先是基于对儿童作为一个完整的"人"的承
认和尊重,与儿童的基本人权直接相关。⑤ 儿童权利是一种区别于成人的特
殊人权,这与儿童生理和心理的发展特点密切相关。国际社会对儿童权利的

---

① James A, Jenks C, Prout A. Theorizing childhood[M]. Cambridge: Polity Press,
　1998: 144.
② Britzman D. Who has the floor? Curriculum teaching and the English student
　teacher's struggle for voice[J]. Curriculum inquiry, 1989, 19(2): 143-162.
③ Thomson P. Children and young people: Voices in visual research[M]// Thomson P.
　Doing visual research with children and young people. London: Routledge, 2009.
④ 刘树娜. 我国儿童话语权问题初探[D]. 南京:南京师范大学,2016.
⑤ Roberts H. Listening to children and hearing them[M]//Christensen P, James A.
　Research with children: Perspectives and practice. 2nd ed. New York: Falmer Press,
　2008: 154-171.

认知经历了一个漫长的历史过程。18 世纪,伴随着人们对人权和人的主体性认知的加深,儿童在启蒙运动的思潮中被"发现",法国启蒙思想家卢梭(Jean-Jacques Rousseau)提出应该"把儿童看作儿童"。但在之后的很长一段时间里,"儿童是成人的附庸"仍然是社会的主流观点。[①] 直到被称为"儿童的世纪"的 20 世纪,整个国际社会在儿童权利保护的立法上取得巨大成就,儿童"沉默"的状况才开始被撼动。1924 年,救助儿童国际联盟制定《儿童权利宣言》,在国际上确立了"儿童权利"的概念,但此时更多涉及的是儿童在福利方面的需要,儿童还只是权利的客体。第二次世界大战之后,人权意识在世界范围内普遍高涨。1959 年,联合国大会通过了《儿童权利宣言》,扩展了儿童的权利,提出了"儿童最大利益"原则,使儿童的地位发生了变化,由权利客体变为权利主体,但此宣言并没有法律约束力。直到 1989 年联合国通过《儿童权利公约》(以下简称《公约》),世界各国政府广泛签署并明确了保护儿童权利的法律责任,儿童的权利才真正得到国际法的认可。《公约》在政治、经济、文化、社会生活等各个层面上确定了 18 周岁以下儿童的权利,赋予他们与成人同样的权利和尊严,明确儿童具有生存权、发展权、受保护权和参与权。

儿童参与权的提出让儿童成为完全意义上的权利主体。《公约》第 12 条对儿童的参与权作出了明确规定:"确保有主见能力的儿童有权对影响到其本人的一切事项自由发表自己的意见,对儿童的意见应按照其年龄和成熟程度给予适当地看待;儿童享有自由发表言论的权利。"《公约》颁布之后,儿童参与权以及话语权的概念开始出现在一些发达国家的公共政策中。[②] 在国际政治环境的影响下,人们逐渐认识到儿童不仅是需要保护的脆弱个体,还与成人一样拥有权利,他们的感受和想法是值得被尊重和欣赏的。儿童的声音开始受到决策者以及不同学科领域研究者的关注,"倾听儿童的声音"成为

---

① 乔东平,谢倩雯. 西方儿童福利理念和政策演变及对中国的启示[J]. 东岳论丛,2014,35(11):116-122.

② Thomson P. Children and young people: Voices in visual research[M]// Thomson P. Doing visual research with children and young people. London: Routledge, 2009.

强有力的口号。①

二、童年自有其意义

传统的儿童观及发展心理学理论通常根据生理年龄以及生理和心理的成熟程度等客观因素来界定儿童。因此,儿童通常被认为是不成熟的、简单的、被动的、能力匮乏的、不具备规则意识的,是"正在形成中的人类"(human becomings),而非"存在的人类"(human beings)。② 而与之相对的则是成熟的、复杂的、发展完全的成人,由此形成了一个以生理年龄为基础的等级制度。③ 儿童仿佛被置身于一条迈向成年的轨道上,通过社会化的途径使生理和心理不断发展到更高的水平,进而不断地接近并进入成年。基于这种认识,童年被认为是向成年过渡的、暂时的时期,其存在的意义仅仅是为成年做准备。因此,相对于有关成人的社会科学研究,对儿童和童年的研究长久以来都处于边缘地位。

20 世纪 80 年代,新童年社会学(new sociology of childhood)作为新兴的研究领域在欧美兴起,并于 90 年代初迅速发展成为社会学的一个新的分支。新童年社会学批判传统的社会化理论以及童年研究框架,主张童年是一种独特的社会结构以及积极的社会建构。④ 正如詹姆斯和普劳特(Prout)所述:"童年不同于生物学的不成熟,既不是自然的,也不是人类群体的普遍特征,而是作为不同社会中特定结构和文化的要素。"⑤童年不是一种"未成年",而

---

① James A. Giving voice to children's voices: Practices and problems, pitfalls and potentials[J]. American anthropologist, 2007, 109(2): 261-272.

② Qvortrup J. Introduction: The sociology of childhood[J]. International journal of sociology, 1987(17): 3-37.

③ James A, Jenks C, Prout A. Theorizing childhood[M]. Cambridge: Polity Press, 1998: 4.

④ Alanen L. Generational order[C]//Qvortrup J, Corsaro W A, Honig M S. The Palgrave handbook of childhood studies. Basingstoke and New York: Palgrave Macmillan, 2009: 159-174.

⑤ James A, Prout A. Constructing and reconstructing childhood: Contemporary issues in the sociological study of childhood[M]. London: Falmer Press, 1997.

是生命历程中一个独特的阶段,其本身就具有珍贵的意义。① 儿童不仅是在发展为成人,更是作为儿童本身而存在。② 童年与成年处于两个截然不同的阶段,儿童具有不同于成人的独特视角。因此,儿童对于世界的认知值得我们去研究和探索。③

此外,新童年社会学抛弃了普遍的、均一的儿童观和童年观,否定只从生理年龄简单地认识儿童和童年,强调儿童的"个别化"(individualization),主张把儿童放在特定的社会文化情境中,关注他们每天的生活经验(living experience)。④ 童年的多样性及复杂性开始得到重视,不仅在不同的历史时期、不同的社会文化情境中,儿童各有不同;即便是在同一时期、同一社会文化情境中,儿童也是不完全相同的。⑤ 正因为如此,即便成人曾经历过童年,也不可能全然理解儿童的经历和体验。

三、儿童是其主体经验的专家

新童年社会学突破了原有的儿童认知论,否认传统的社会化理论将儿童的发展视为社会过程的结果,提倡从更加积极正向的角度重新理解儿童的社会角色,从优势视角(strength-based perspective)而不是缺陷视角(deficit-based perspective)来看待儿童,将儿童看作是能动的、积极的社会行动者

---

① Hart J. Saving children:What role for anthropology?[J]. Anthropology today,2006,22(1):5-8.

② 郑素华."年龄主义"与现代童年的困境[J].学前教育研究,2019(2):29-40.

③ 魏婷,鄢超云."儿童的视角"研究的价值取向、方法原则与伦理思考[J].学前教育研究,2021(3):3-14.

④ Nasman E. Individualisation and institutionalization of childhood in today's Europe[M]//Qvortrup J, Bardy M, Sgritta G, Winterberger H. Childhood matters. Aldershot:Avebury,1994:165-188.

⑤ Prout A, James A. A new paradigm for the sociology of childhood? Provenance, promise and problems[M]//James A, Prout A. Constructing and reconstructing childhood:Contemporary issues in the sociological study of childhood. 2nd ed. London and Washington D C:Falmer Press,1997:7-33.

(social actors)。① 正如詹姆斯和普劳特指出的:"童年既是为儿童所建构和重构的,也是由儿童所建构和重构。"②在建构自己童年方面,儿童是有能力和积极的人,这一观点也强调了儿童主体经验(subjective experience)的社会政治意义。③ 从生物学意义来讲,儿童的生理和心理发展未成熟,需依附成人才能生存和发展,但这种未成熟的状态与儿童建构自己童年以及参与社会生活的能力并不矛盾。④ 儿童自身才是其主体经验的"专家",他们有能力通过感知、思考、表达和创造等途径获取经验并建构自己对世界的理解,虽然儿童与成人在思考和表达方式方面不尽相同,但他们有"一百种语言"⑤可以用来表达自己的观点和感受。例如,既有研究发现患有生理健康问题的儿童有能力通过合适的方式为其疾病经历提供"专家证词",并且他们提供的信息通常具备真实性和可理解性。⑥ 因此,关于儿童的研究不应该将儿童自身排除在外,需要倾听儿童自己的声音。⑦

① 苗雪红.西方新童年社会学研究综述[J].贵州师范大学学报(社会科学版),2015(4):129-136.

② James A, Prout A. Constructing and reconstructing childhood: Contemporary issues in the sociological study of childhood[M]. London: Falmer Press, 1997.

③ Qvortrup J, Corsaro W A, Honig M S. The Palgrave handbook of childhood studies [M]. London: Palgrave Macmillan, 2009.

④ 蒋雅俊,刘晓东.儿童观简论[J].学前教育研究,2004(11):3-8,16.

⑤ 爱德华兹,甘第尼,福尔曼.儿童的一百种语言[M].金乃琪,连英式,罗雅芬,译.南京:南京师范大学出版社,2006:6-7.

⑥ i. Ångström-Brännström C, Norberg A. Children undergoing cancer treatment describe their experiences of comfort in interviews and drawings[J]. Journal of pediatric oncology nursing, 2014, 31(3): 135-146. ii. Einarsdottir J, Dockett S, Perry B. Making meaning: Children's perspectives expressed through drawings[J]. Early child development and care, 2009, 179(2): 217-232.

⑦ Smith A B. Respecting children's rights and agency[M]//Harcourt D, Perry B, Waller T. Researching young children's perspectives: Debating the ethics and dilemmas of educational research with children. New York: Routledge, 2011: 11-25.

第二节　如何倾听童声?

随着儿童的参与权在《公约》中得以明确,人们逐渐认识到儿童有权对涉及自身的相关问题发表意见和看法。与此同时,新童年社会学的发展掀起了童年及儿童研究观念与方法的巨大变革,儿童的声音被带入社会科学的讨论范畴。[①]　其中,如何在社会科学的研究中倾听儿童的声音是一个讨论重点。

一、从"儿童的视角"进行研究

传统的儿童研究致力于"研究儿童"(research on children),成人研究者是研究的主体,由他们设计并实施研究,将儿童视为被研究、被分析和被解释的对象,儿童仅是被动地提供研究数据。例如,几个世纪以来,传统的发展心理学研究多采用"以成人为中心"的范式"研究儿童",由成人研究者对儿童发展水平和认知能力进行测量。有学者就曾批判这类研究是把"孩子当成树一样来测量"[②],缺失了"儿童的视角"(children's perspectives)。"视角"一词是指看待问题的角度,强调个体的所见取决于其所处的位置。这也就意味着个体的视角是主观的,群体的视角是多元的,即使是面对同一个问题,视角的不同也会使看法和观点各不相同。"儿童的视角"的主体是儿童,是指儿童对自己生活的认知、经验和理解。儿童作为独立的个体,自然有其观察和理解世界的独特视角,他们本身才是提供有关"儿童的视角"信息的最佳人选。[③]　成人能够通过适当的方法去了解"儿童的视角",却不能完全拥有更不能代言

①　Harcourt D, Einarsdottir J. Introducing children's perspectives and participation in research[J]. European early childhood education research journal, 2011, 19(3): 301-307.

②　Woodhead M, Faulkner D. Subjects, objects or participants? Dilemmas of psychological research with children[M]//Christensen P, James A. Research with children: Perspectives and practices. London: Routledge, 2008: 10-39.

③　Coyne I, Carter B. Being participatory: Researching with children and young people [M]. London: Springer Cham, 2018.

"儿童的视角"。① 如果仅从"成人的视角"去研究儿童,其出发点与落脚点皆为成人,或许可以"科学"而"客观"地描述儿童外显的行为表现,但仅代表成人对儿童客体化的认识,却无法洞悉儿童内心的真实体验。因此,倾听儿童的声音需要从"儿童的视角"进行研究,着眼于儿童作为其自身世界的主体以及其自身观念和情感的自我表达。②

　　自20世纪八九十年代开始,社会科学对童年和儿童的研究从早期以认识为取向、以成人为中心的研究范式,逐渐转向以理解为取向、"以儿童为中心"的研究范式(child-centered research)。③ "以儿童为中心"的研究范式具有以下三个特征:第一,对儿童与成人研究者之间的权力结构进行重新考量,研究目的是"为儿童做研究"(research for children)或"与儿童做研究"(research with children),而非"研究儿童"(简单地视儿童为研究对象);第二,在研究内容上,主要关注儿童的主体经验,即儿童自身的认知、感受与经历,而不是从客体视角关注儿童的发展水平或认知能力;第三,在研究方法上,将儿童视为一手资料来源,直接从儿童那里获取信息,而不是让成人(特别是儿童的父母或照顾者)代替其发声。④ 这种研究范式的转换使儿童相关的研究能够更加贴合儿童本身,并向真实性和全面性发展。在过去的20年里,有关"儿童的视角"的研究在美国和欧洲等国家蓬勃发展,主要了解儿童对与他们相关事项(如家庭关系、学校生活、疾病等)的真实看法。在此类研究中,越来越多的研究者强调儿童作为研究的主体,而成人则作为合作者或支持者,儿童的观点、经验和情感透过儿童自身的视角,经由其自我表达呈现

---

① Nilsson S, Bjorkman B, Almqvist A-L, et al. Children's voices—Differentiating a child perspective from a child's perspective[J]. Developmental neurorehabilitation, 2015,18(3): 162-168.

② 冯加渔,向晶. 儿童研究的视域融合[J]. 全球教育展望,2014,43(7):76-82.

③ James A. Giving voice to children's voices: Practices and problems, pitfalls and potentials[J]. American anthropologist, 2007, 109(2): 261-272.

④ Clark C D. In a younger voice: Doing child-centered qualitative research[M]. Oxford: Oxford University Press, 2010.

于世,还原儿童生活世界的本相。① 我国学界有关"儿童的视角"的研究起步较晚,研究成果较少,主要聚集在教育学领域。

二、参与式研究方法

充分理解儿童的经历和感受一直是儿童研究中非常具有挑战的任务。儿童在研究中"失语"的一个重要原因在于传统的研究方法使儿童常常处于被动状态,他们无法以擅长的方式表达自身观点。普劳特和詹姆斯认为:"参与式的方法显得更加民主和解放,尊重儿童作为拥有权利的个体的自主性。此外,参与式的方法似乎比其他传统的方法在认识论方面拥有优势,更容易体现出儿童的视角,而不是成人研究者的视角。"②确实,只有让儿童参与到研究中来,并成为研究的主体,才能真正地听到他们的声音。③ 因此,成人研究者需要对"儿童的视角"保持敏感,创造让儿童愿意表达的环境,使用具有创造性的参与式研究方法(participatory approach),提供儿童可以驾驭的参与策略和研究工具,才能最大限度地发挥儿童的能力和优势。④

参与式研究方法通常充分考虑儿童的年龄和发展阶段,采用创造性的、可视化的技术,最大限度地调动儿童多样化的沟通方式,使他们更容易传达自身对世界的理解,成为分享经验和意义的积极参与者。⑤ 参与式方法不仅让儿童能够驾驭,还为"严肃"的科学研究融入有趣的元素,促进儿童积极参

---

① Ergler C. Beyond passive participation: From research on to research by children [M]//Evans R, Holt L, Skelton T. Methodological approaches. Singapore: Springer, 2015: 97-115.

② Gallacher L A, Gallgagher M. Methodological immaturity in childhood research? Thinking through participatory methods[J]. Childhood, 2008, 15(4): 499-516.

③ i. 刘宇. 儿童如何成为研究参与者:"马赛克方法"及其理论意蕴[J]. 全球教育展望, 2014,43(9):68-75. ii. 王友缘,魏聪,林兰,等. 全球视野下新童年社会学研究的当代进展[J]. 教育发展研究,2020,40(8):14-22.

④ Clark C D. In a younger voice: Doing child-centered qualitative research [M]. Oxford: Oxford University Press, 2011: 136-175.

⑤ Green C. Listening to children: Exploring intuitive strategies and interactive methods in a study of children's special places[J]. International journal of early childhood, 2012(44): 269-285.

与研究。① 在既有研究中,越来越多的参与式方法和技术被用来获取儿童的声音,例如在研究中融入讲故事、木偶、摄影、绘画、角色扮演、模型制作、拼贴、游戏、音乐、舞蹈、戏剧、地图制作、视频、电视、广播制作和数字技术等元素。② 一些基于艺术的技术(arts-based techniques),例如绘画等,被认为是兼具操作性和趣味性的参与式研究方法,不仅适合不同年龄阶段及不同文化程度儿童的表达,还可以与儿童就复杂、抽象或敏感的问题进行对话。③ 与仅使用访谈或问卷调查等传统方法相比,这些参与式的技巧有助于创造一个轻松的环境,让儿童能够更自由地表达自己,能够接近儿童更"真实"的内心世界。④

三、基于视域融合的儿童研究

进入 21 世纪之后,"以儿童为中心"的研究范式在儿童相关的各个研究领域中的应用越来越广泛,但同时也引起了学者们的反思。如果说以往"以成人为中心"的研究范式会导致成人与儿童的二元对立,那么单一"儿童的视角"的研究是否也会割裂童年与成年的内在联系,继续这种二元对立呢?有学者认为,儿童与成人之间是相互依存、相互联系的共生(co-living)关系。在儿童研究中,无论是片面强调"儿童的视角"的主体性和特殊性,还是片面突出"成人的视角"的客观性和科学性都可能造成一定程度的偏误和曲解,"儿童的视角"和"成人的视角"应有效互补而非简单替代。⑤ 事实上,虽然参与

---

① 魏婷,鄢超云."儿童的视角"研究的价值取向、方法原则与伦理思考[J].学前教育研究,2021(3):3-14.

② Hart R A. Children's participation: The theory and practice of involving young citizens in community development and environmental care[M]. London: Routledge, 2013.

③ Carter B, Ford K. How arts-based approaches can put the fun into child-focused research[J]. Nursing children and young people, 2014(26): 9.

④ Grover S. Why won't they listen to us? On giving power and voice to children participating in social research[J]. Childhood, 2004(11): 81-93.

⑤ 张莉.儿童参与研究:论域、论争与省思[J].广东第二师范学院学报,2020,40(1): 9-16.

式研究方法改变了研究中成人和儿童的权力关系,但这并不意味着权力的平等分配,而是意味着不同的权力被更好地平衡,在这种平衡中,儿童可以积极地参与知识和意义的共同建构(co-construction)。[1] 因此,有学者提出基于视域融合的儿童研究范式,建议成人与儿童都作为研究主体共同参与研究,以实现"儿童的视角"和"成人的视角"的有机统合。[2] 但就目前而言,基于视域融合的儿童研究多在理论层面进行讨论,在实际中应用很少。

此外,可能存在一种倾向,即认为"以儿童为中心"的参与式研究方法和技术是"幼稚的",不如传统的数据收集形式严格,与研究的科学性和严谨性不相符合。[3] 科学的研究讲究"证据"(evidence),即通过严格的实证研究方法所得出的科学依据。[4] 在社会科学研究中,证据具有层级性,根据研究设计与研究方法的科学性程度,证据由强到弱分为六个层级:大样本随机对照试验(randomized controlled trails,RCTs)或元分析(meta-analysis)的结论、高质量文献综述或系统评述(systematic review)的结论、案例研究或大样本的定量研究结论、小样本甚至单案例的定性或定量研究结论、描述性研究结论、基于权威机构或专家观点而非基于数据的结论。一般而言,证据的层级越高,对现实世界特别是政策制定越有指导意义。[5] 从研究证据的层级性来看,通过参与式研究方法获得的研究结果似乎和高层级的实证研究证据不在一个话语体系。这也是造成儿童的声音与科学研究证据在儿童研究中融合困难的一个重要原因。

[1] Tisdall E K M, Punch S. Not so "new"? Looking critically at childhood studies[J]. Children's geographies,2012(10):249-264.

[2] 冯加渔,向晶.儿童研究的视域融合[J].全球教育展望,2014,43(7):76-82.

[3] Carter B, Ford K. Researching children's health experiences: The place for participatory, child-centered, arts-based approaches[J]. Research in nursing & health, 2013, 36(1): 95-107.

[4] 赵晰,谢倩雯.循证政策的实践障碍与发展经验[J].华东理工大学学报(社会科学版),2020,35(6):57-69.

[5] Bache I. Evidence, policy and wellbeing[M]. London: Palgrave Pivot Cham, 2020.

第三节　童声与证据的融合

本书的基本观点是，有关儿童的研究既要遵循"以儿童为中心"的研究范式，从"儿童的视角"进行研究，也要兼顾社会科学研究证据的科学性，实现童声与证据的融合。本书以一项与湿疹儿童共同参与的研究为例，展示儿童的声音与科学的证据在儿童健康研究领域中的融合。

一、研究问题与研究目标

皮肤是我们身体最大的器官，它构成了身体与环境的"边界"。[①] 湿疹（或特应性皮炎）是最常见的儿童皮肤病，影响着全球 15%～30% 的儿童和青少年。[②] 在过去 40 年间，由于环境污染等多重原因，全球儿童湿疹[③]的发病率增加了 3 倍[④]。湿疹大多起病于婴儿期或儿童期，这是个体生理、心理和社会发展的关键时期。[⑤] 湿疹导致的持续瘙痒、睡眠障碍、容貌损伤给儿童带来沉重的心理负担，生活质量显著低于健康儿童。[⑥] 有研究表明，湿疹儿童

① Suarez A L, Feramisco J D, Koo J, Steinhoff M. Psychoneuroimmunology of psychological stress and atopic dermatitis: Pathophysiologic and therapeutic updates [J]. Acta dermato-venereologica, 2012, 92(1): 7-18.

② Archer C B. Atopic eczema[J]. Medicine, 2013, 41(6): 341-344.

③ 在本书中，不严格区分"湿疹"和"特应性皮炎"两个概念，详见第三章第一节的解释。

④ i. Lee S, Shin A. Association of atopic dermatitis with depressive symptoms and suicidal behaviors among adolescents in Korea: The 2013 Korean Youth Risk Behavior Survey[J]. BMC psychiatry, 2017, 17(1): 1-11. ii. Mitchell A E, Fraser J A, Ramsbotham J, et al. Childhood atopic dermatitis: A cross-sectional study of relationships between child and parent factors, atopic dermatitis management, and disease severity[J]. International journal of nursing studies, 2015, 52(1): 216-228.

⑤ Bronkhorst E, Schellack N, Motswaledi M H. Effects of childhood atopic eczema on the quality of life[J]. Current allergy & clinical immunology, 2016, 29(1): 18-22.

⑥ Barilla S, Felix K, Jorizzo J L. Stressors in atopic dermatitis[J]. Management of atopic dermatitis, 2017(1027): 71-77.

比健康的同龄人有更高的自杀风险。[①] 湿疹大大降低了患儿父母的劳动生产效率,给家庭造成巨大的经济负担,增加了社会的卫生保健投入,给社会造成消极的经济和社会影响。虽然针对湿疹的药物治疗有一定效果,能够在一定程度上改善患者的临床症状,但由于发病机理复杂、治疗过程漫长、儿童对治疗的依从性低等原因,很多患儿的皮肤症状难以痊愈,甚至伴随终身。大约有 1/3 的湿疹患儿到青春期甚至成年期还在继续承受皮肤症状的困扰。[②] 因此,为湿疹儿童群体提供有效的社会心理干预服务非常有必要。然而,儿童湿疹常常被大众认为是会随着年龄增长自愈且不危及生命的小问题,其对患儿心理和社会功能的影响也一直未引起社会和学界的关注,湿疹儿童的声音很少被倾听。我国学术领域相关研究更少,也缺乏相应的社会心理干预举措或服务项目。

因此,本书以对湿疹儿童的研究为例,通过倾听他们的声音,了解他们的疾病经历,科学评估一项针对湿疹儿童及其家庭的社会心理干预措施的效果,并从儿童主体经验层面解释这项干预措施对其疾病经历的影响,探讨在儿童健康研究领域如何实现声音与证据的融合。具体而言,本书有如下五个研究目标。

第一,采用质性系统评价的方法,在方法论层面讨论如何在儿童健康相关研究中倾听儿童的声音。

第二,梳理有关湿疹对儿童生理、心理和社会功能的影响的文献,并采用系统评价和 Meta 分析的方法进一步检验湿疹儿童患者心理障碍的风险。

---

① i. Gupta M A，Pur D R，Vujcic B，et al. Suicidal behaviors in the dermatology patient[J]. Clinics in dermatology，2017，35(3)：302-311. ii. Lee S，Shin A. Association of atopic dermatitis with depressive symptoms and suicidal behaviors among adolescents in Korea：The 2013 Korean Youth Risk Behavior Survey[J]. BMC psychiatry，2017，17(1)：1-11.

② Mitchell A E，Fraser J A，Ramsbotham J，et al. Childhood atopic dermatitis：A cross-sectional study of relationships between child and parent factors，atopic dermatitis management，and disease severity[J]. International journal of nursing studies，2015，52(1)：216-228.

　　第三,采用基于绘画的质性研究方法,倾听湿疹儿童的声音,全面且深入地了解他们的主观疾病经历。

　　第四,采用随机对照试验的方法,评估一项基于身心灵全人健康模式的社会心理干预措施对提高湿疹儿童身心健康的效果。

　　第五,采用前后对照的质性研究方法,评估该项干预措施对湿疹儿童主观疾病经历的影响,并剖析其效果机制。

二、总体研究设计

　　本书总体采用混合研究方法的设计,收集并分析质化和量化数据共同回答研究问题。混合研究方法是基于实用主义(pragmatism)的哲学假设,强调研究结果而非研究过程的重要性①,被视为在实证主义范式(positivist paradigm)和自然主义或建构主义范式(naturalistic or constructivist paradigm)之外的第三种研究范式②。在混合研究设计中,研究者能够在归纳逻辑和演绎逻辑之间灵活转换。③ 本书的总体研究目的是以对湿疹儿童的研究为例,探讨在儿童健康研究领域声音与证据如何融合。首先,本书在方法论层面对如何倾听罹患生理健康问题儿童声音的研究方法进行探讨,采用质性系统评价的方法对基于绘画的质性研究方法的应用范式进行归纳和总结,为后续研究中采用合适的方法倾听湿疹儿童的声音奠定方法论基础。其次,采用叙述性文献综述的方法梳理并总结湿疹对儿童生理、心理和社会功能的影响,并采用系统评价和 Meta 分析进一步检验湿疹儿童患有心理障碍的风险,充分了解有关湿疹儿童群体的既有研究证据。最后,遵循"以儿童为中心"的研究范式,采用基于绘画的质性研究方法,让湿疹儿童参与研究并倾

① Creswell J W, Clark V L P. Designing and conducting mixed methods research[M]. Thousand Oaks: Sage Publications, 2017.

② Doyle L, Brady A-M, Byrne G J. An overview of mixed methods research[J]. Journal of research in nursing, 2009, 14(2): 175-185.

③ Yvonne F M. Doing mixed methods research pragmatically: Implications for the rediscovery of pragmatism as a research paradigm[J]. Journal of mixed methods research, 2009, 4(1): 6-16.

听他们的声音。基于对湿疹儿童疾病经历的详细而全面的理解，香港大学研究团队为湿疹儿童及其家庭设计并提供了基于身心灵全人健康模式（integrative body-mind-spirit，IBMS）的社会心理干预项目。为了评估该干预项目的效果，本书进行了随机对照试验和前后对照的质性研究。一方面，随机对照试验被视为"证据的金标准"（golden standard of evidence）。① 使用随机对照试验评估社会心理干预措施的有效性，有助于为基于证据的实践奠定基础。另一方面，质性数据能够提供儿童在干预项目中的主题经验。量性和质性数据之间的三角互证（concurrent triangulation strategy）②可以更充分地解释该项社会心理干预措施在改善湿疹儿童身心健康方面的效果。图1.1 呈现了本书的总体技术路线。

三、本研究的伦理考量

在儿童研究中，谨慎地对待伦理道德问题，确保儿童的尊严和选择得到尊重极为重要。③ 本研究已获得香港大学人类研究伦理委员会（Human Research Ethics Committee）的批准，质性研究部分的伦理审查编号为EA1707024，随机对照试验部分的伦理审查编号为 EA1612023。首先，本研究中湿疹儿童的参与是完全自愿的。在伦理审查申请获批后，湿疹儿童被邀请参与本研究。研究者让儿童及其家长知晓研究的基本情况，确保儿童明白他们在做什么以及为什么做，并充分理解参与研究的好处和风险，儿童有权选择不参与本研究。儿童在接受问卷调查和质性访谈时，有权随时终止研究或根据自己的意愿省略任何问题。所有参与研究的湿疹儿童及其家长都签署了知情同意书。其次，儿童的个人信息被严格保密，对儿童及其父母进行

---

① Solomon P, Cavanaugh M M, Draine J. Randomized controlled trials: Design and implementation for community-based psychosocial interventions[M]. Oxford: Oxford University Press, 2009.

② Creswell J W, Creswell J D. Research design: Qualitative, quantitative, and mixed methods approaches[M]. 5th ed. Thousand Oaks: Sage Publications, 2018.

③ Alderson P, Morrow V. The ethics of research with children and young people: A practical handbook[M]. Thousand Oaks: Sage Publications, 2020: 37-56,127-160.

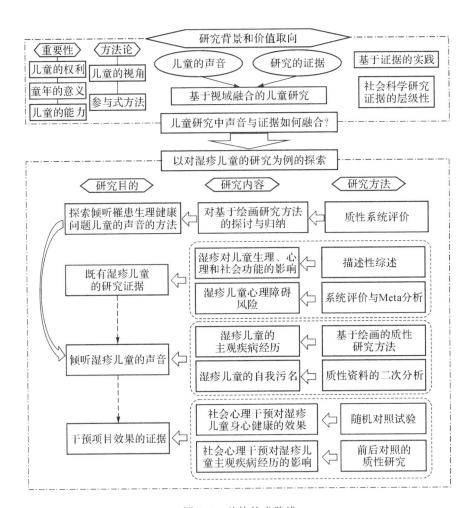

图 1.1　总体技术路线

匿名化处理,删除所有可识别的信息,避免给儿童带来任何可能的威胁和伤害。所有的访谈记录和问卷均妥善保存并在项目完成五年后销毁。最后,在访谈过程中,研究人员对研究中权力的不对等保持敏感。① 例如,当湿疹儿童以绘画和口头语言表达自己的想法时,访谈员会注意以复述、询问的方式

---

① Khoja N. Situating children's voices: Considering the context when conducting research with young children[J]. Children & society,2016,30(4):314-323.

来检查收到的数据是否符合他们的本意,也会留意儿童的非言语表达甚至沉默。① 所有参与研究的儿童及其家长有权在需要时获得其个人数据以及公开的研究成果。此外,在完成随机对照试验的数据收集后,确保被分配到对照组的家庭也可以接受相同的服务。课题组向参与质性访谈的儿童赠送儿童绘本和水彩笔作为礼物。

第四节　本书的结构安排

本书始终围绕着儿童的声音以及科学的研究证据,共包括八章内容。

第一章介绍了研究的背景和价值取向。首先,从儿童的权利、童年的意义、儿童的能力三个方面探讨在儿童研究中为什么需要倾听儿童的声音。其次,介绍了"以儿童为中心"的研究范式、参与式研究方法、基于视域融合的研究范式,探讨如何从"儿童的视角"进行研究。最后,基于对儿童研究中单一视角问题的反思,提出融合儿童声音和科学证据的必要性和重要性,并介绍本研究的目的和总体研究设计。

第二章主要在方法论层面分析和讨论如何在儿童健康研究中倾听罹患生理健康问题儿童的声音,为本书后续研究中倾听湿疹儿童的声音奠定方法论基础。本研究使用质性系统评价的方法,系统搜索使用基于绘画研究方法探讨罹患生理健康问题儿童的疾病经历的质性研究,归纳并总结基于绘画的研究方法在这些研究中是如何被应用的。本研究有助于解释为什么在本书的质性研究中使用基于绘画的方法以及如何选择具体的研究策略和技术。

自第三章起,本书开始聚焦湿疹儿童的研究。第三章和第四章的主要目的都是了解湿疹儿童群体的现状,掌握该领域既有的研究证据,为接下来探

①　i. Spyrou S. The limits of children's voices: From authenticity to critical, reflexive representation[J]. Childhood, 2011(18): 151-165. ii. Spyrou S. Researching children's silences: Exploring the fullness of voice in childhood research[J]. Childhood, 2015(1): 1-15.

索湿疹儿童群体的主体经验以及评估针对这一群体的社会心理干预的效果奠定基础。第三章使用叙述性文献综述的方法,梳理有关儿童湿疹的基本医疗知识以及湿疹对儿童生理、心理和社会功能的影响。第四章是在第三章基础之上,采用系统评价和 Meta 分析的研究方法,进一步检验湿疹儿童发生心理障碍的风险、不同类型心理障碍风险的差异性以及样本和研究相关特征的调节作用。

第五章和第六章都是从"儿童的视角"进行研究,对湿疹儿童的主体经验进行描述。第五章遵循"以儿童为中心"的研究范式,使用基于绘画的研究方法,放大湿疹儿童的声音,探索"罹患湿疹"疾病经历的本质,旨在提高社会大众以及学术研究者对湿疹儿童群体的认识和理解,也为相关社会心理干预服务的设计提供研究证据。第六章在第五章的基础上,进一步聚焦湿疹儿童的自我污名,探讨湿疹是如何通过儿童的自我污名对其心理和社会功能造成不利影响。

目前医学领域尚缺乏控制湿疹发生和发展的有效方法,非药物干预对解决湿疹儿童的心理和社会需求至关重要。基于身心灵全人健康模式,香港大学研究团队为 6～12 岁湿疹儿童及其家庭开发了一项社会心理干预项目。第七章和第八章通过混合研究设计,在随机对照试验中嵌入前后对照的质性研究,综合评估该社会心理干预项目的效果。第七章主要汇报了采用随机对照试验的方法评估该社会心理干预项目对改善湿疹儿童身心健康的效果。虽然随机对照试验能够提供有关社会心理干预措施与参与者身心健康结果指标之间因果关系的证据,但在评估提供给儿童的干预措施时,儿童的声音很少被倾听。此外,随机对照试验对于干预有效或无效的原因并不能提供很好的实证解释。[①] 因此,第八章使用前后对照的质性研究设计,旨在倾听患有湿疹儿童的声音,从主体经验层面解释这项社会心理干预措施对湿疹儿童主观疾病经历的影响,并根据质性研究的结果进一步剖析干预措施的效果

---

① Mowat R, Subramanian S V, Kawachi I. Randomized controlled trials and evidence-based policy: A multidisciplinary dialogue[J]. Social science & medicine, 2018(210): 1.

机制。

第五节 本章小结

科学的研究需要并且将永远需要听见研究对象的"声音",特别是那些曾经被忽视的声音。儿童作为与成人平等的社会成员,其视角本身应该如成人视角一样被认真对待。从"儿童的视角"进行研究应建立在认识童年独特价值以及珍视儿童权利与能力的基础之上。虽然我们都曾经历过童年,但想要真正地从"儿童的视角"进行科学的研究并非易事。本书不仅展现儿童参与研究的能力,还通过严谨的实证设计,展现了儿童声音与科学证据的融合。在有关儿童的研究中,理性与温度应并存。

第二章
倾听罹患生理健康问题儿童的声音：
对基于绘画研究方法的质性系统评价

罹患生理健康问题的儿童通常被视为医疗服务的被动接受者。他们在治疗过程中经历着身体上的痛苦和情绪上的困扰，但是他们的认知以及由疾病所带来的感受却在很大程度上被简化甚至忽略。[1] 关于儿童参与权以及儿童声音的讨论不断扩展，对儿童健康领域的研究和实践产生了深远的影响。在过去几十年里，西方发达国家的儿童医疗体系中，有关"以儿童为中心的护理方法"（child-centered care approach）以及鼓励儿童参与医疗决策的"共享决策模式"（shared decision-making model）的呼声越来越高。[2] 儿童健康领域的研究者们也越来越强调在研究中确保儿童权利、鼓励儿童参与以及

---

① Kortesluoma R L，Punamäki R L，Nikkonen M. Hospitalized children drawing their pain：The contents and cognitive and emotional characteristics of pain drawings[J]. Journal of child health care，2008，12(4)：284-300.

② i. Ford K，Campbell S，Carter B，et al. The concept of child-centered care in healthcare：A scoping review protocol[J]. JBI evidence synthesis，2018，16(4)：845-851. ii. Kon A A，Morrison W. Shared decision-making in pediatric practice：A broad view[J]. Pediatrics，2018，142(Suppl 3)：S129-S132.

倾听儿童声音的重要性。① 倾听儿童的声音被认为是医疗保健专业人士增强治疗效果以及改善临床关系的有效途径。② 然而，无论是在医疗实践还是在健康研究中，捕捉罹患生理健康问题儿童的真实声音都是一项巨大的挑战。③ 基于绘画的研究方法(drawing-based approach)是一种参与式研究方法(participatory methodological approach)，其对儿童声音的讨论特别敏感，具有描绘儿童内心世界的能力。④ 在儿童健康相关研究中，基于绘画的研究方法在鼓励儿童参与研究以及促进沟通方面的优势得到越来越多的认可。⑤ 那么，基于绘画的研究方法在儿童健康研究领域的应用现状如何？在未来的研究中应该如何应用以最大限度地发挥其"以儿童为中心"的价值？这些问题都有待从方法论层面进行深入分析和探讨。因此，本章使用质性系统评价(qualitative systematic review)的方法，系统搜索使用基于绘画研究方法探讨罹患生理健康问题儿童疾病经历的质性研究，归纳并总结基于绘画的研究

① i. Baghdadi Z D, Jbara S, Muhajarine N. Children's drawing as a projective measure to understand their experiences of dental treatment under general anesthesia[J]. Children, 2020, 7(7)：73. ii. Ibrahim S, Vasalou A, Benton L, et al. A methodological reflection on investigating children's voice in qualitative research involving children with severe speech and physical impairments[J]. Disability & society, 2022, 37(1)：63-88.

② Ångström-Brännström C, Norberg A. Children undergoing cancer treatment describe their experiences of comfort in interviews and drawings[J]. Journal of pediatric oncology nursing, 2014, 31(3)：135-146.

③ i. Bryan G, Bluebond-Langner M, Kelly D, et al. Studying children's experiences in interactions with clinicians：Identifying methods fit for purpose[J]. Qualitative health research, 2019, 29(3)：393-403. ii. Wennström B, Hallberg L R M, Bergh I. Use of perioperative dialogues with children undergoing day surgery[J]. Journal of advanced nursing, 2008, 62(1)：96-106.

④ Cherney I D, Seiwert C S, Dickey T M, et al. Children's drawings：A mirror to their minds[J]. Educational psychology, 2006, 26(1)：127-142.

⑤ Picchietti D L, Arbuckle R A, Abetz L, et al. Pediatric restless legs syndrome：Analysis of symptom descriptions and drawings[J]. Journal of child neurology, 2011, 26(11)：1365-1376.

方法在这些研究中是如何被应用的，并通过质性研究证据合成的方法对纳入研究中的质性资料进行分析，描述罹患生理健康问题的儿童通过绘画表达出来的疾病经历，并依据证据合成的结果构建理论框架。

第一节　对基于绘画研究方法的介绍

一个多世纪以来，绘画在儿童心理介入或治疗方面的功能引起了教育学、心理学、精神病学、健康以及法律等多个学科领域中研究者的兴趣。[1] 在心理学和心理分析的理论及实践中，儿童绘画不仅被用作诊断和评估儿童智力、适应障碍以及心理健康的工具，还通过非语言的自我表达方式应用于针对儿童心理障碍或创伤经历的治疗中。[2] 除了治疗工具，儿童绘画还被用作研究工具。在本章以及本书的研究中，儿童绘画被视为研究工具而非治疗或诊断工具。

一、基于绘画研究方法的类别和技术

学者们倾向于从理论层面将基于绘画的研究方法分为两种类别：一种是将绘画视为完成的作品，即将"绘画"视为名词（drawing-as-a-noun）；另一种是将绘画视为创作或产生意义（meaning）的过程，即将"绘画"视为动词（drawing-as-a-verb）。[3] 从视觉方法与社会学之间的联系来看，Chaplin（1994）指出，将"绘画"视为名词的可以称之为"社会学视觉"（the sociology of the visual），而将绘画视为动词则可以称之为"视觉社会学"（visual sociology）。[4]

---

[1]　Rollins J A. Tell me about it：Drawing as a communication tool for children with cancer [J]. Journal of pediatric oncology nursing，2005，22(4)：203-221.

[2]　Kamens S R，Constandinides D，Flefel F. Drawing the future：Psychosocial correlates of Palestinian children's drawings[J]. International perspectives in psychology，2016，5(3)：167-183.

[3]　i. Clark C D. In a younger voice：Doing child-centered qualitative research[M]. Oxford：Oxford University Press，2010. ii. Guillemin M. Understanding illness：Using drawings as a research method[J]. Qualitative health research，2004，14(2)：272-289.

[4]　Thomson P. Children and young people：Voices in visual research[M]//Doing visual research with children and young people. London：Routledge，2009：23-42.

（一）绘画即作品

在早期的相关研究中，"绘画"被视为名词的情况更为常见，研究者们大多将儿童绘画视为已完成的、有形的视觉作品。以心理动力学家为代表，他们通常认为儿童绘画是一种能够投射儿童内心世界的工具。投射绘画技术（projective drawing technique）专注于绘画作品本身，认为绘画作品与作画的儿童是可分离的，并且认为绘画作品具有普遍可读性。① 应用投射绘画技术的一般研究流程为研究者从儿童那里收集已完成的绘画作品，由成年研究者对绘画作品进行编码和分析，分析过程中不考虑儿童的反馈或报告，研究者基于绘画作品中包含的内容、形式、线条、色彩、符号等指标，根据相对标准化的程序来分析和解释儿童的绘画作品。投射绘画技术在研究儿童智力、认知、性格和心理障碍等方面发挥了重要作用②，并在发现儿童性侵害方面有重要应用。③ "人像图"（human figure drawings）和"家庭动力绘画"（kinetic family drawings）是较常使用的投射绘画技术。"人像图"的假设是儿童所画人像的个体差异可以反映或预测儿童的发展模式，如智力、性格和情感障碍等。④ "家庭动力绘图"通常要求儿童画其家庭成员和自己一起从事某项活动的情景，然后根据画作中各个家庭成员的相对大小、亲近程度、位置或遗漏情况来分析家庭关系的动态和质量。⑤

---

① Einarsdottir J，Dockett S，Perry B. Making meaning：Children's perspectives expressed through drawings[J]. Early child development and care，2009，179(2)：217-232.

② Cherney I D，Seiwert C S，Dickey T M，et al. Children's drawings：A mirror to their minds[J]. Educational psychology，2006，26(1)：127-142.

③ Allen B，Tussey C. Can projective drawings detect if a child experienced sexual or physical abuse? A systematic review of the controlled research[J]. Trauma，violence，& abuse，2012，13(2)：97-111.

④ Gross J，Hayne H. Drawing facilitates children's verbal reports of emotionally laden events[J]. Journal of experimental psychology：Applied，1998，4(2)：163-179.

⑤ Instone S L. Perceptions of children with HIV infection when not told for so long：Implications for diagnosis disclosure[J]. Journal of pediatric health care，2000，14(5)：235-243.

虽然将"绘画"视为名词的学者们为推动基于绘画研究方法的应用和发展做出了巨大的贡献，其中最具代表性的投射绘画技术也已在研究和实践中被广泛应用，但这类方法的有效性、可靠性和价值在近些年受到了越来越多的质疑和批评。首先，将绘画用作投射工具可能会低估儿童绘画作品的复杂性和独特性。由于缺乏经验研究证据支持投射绘画技术的有效性，绘画作品中所包含的内容、形式、线条、色彩、符号等指标是否能够准确反映儿童的智力、性格、情感或性虐待经历受到学者们的质疑。其次，成年研究者对儿童绘画作品解读的主观性和可靠性也引起了很多争议。① 即便成年人也曾经历过童年，但由于时代和个体的差异，成年人与儿童对世界的理解可能天差地别。依赖成年人对儿童画作的解读可能会忽略儿童认知的独特性，低估了儿童生活及其主体经历的复杂性和多样性。更重要的是，如果仅将儿童的绘画作品视为研究对象，那么基于绘画的方法作为一种"以儿童为中心"研究方法的价值也备受争议。"以儿童为中心"研究范式强调儿童参与和表达的权利，如果脱离儿童去分析其画作，忽略了儿童与其画作之间的互动，很难在真正意义上听见儿童的声音。甚至有学者明确指出，将儿童画作视为能自我言说的客观产物是缺乏远见的。②

（二）绘画即过程

倾向于将"绘画"视为动词的学者们通常将儿童绘画视为可观察的、能够建构意义的过程。他们认为儿童绘画是具有独特目的的，更关注儿童自身对绘画的解读。③ 赋予儿童"解读权"和"以儿童为中心"研究范式鼓励儿童直

---

① Carter B，Ford K. Researching children's health experiences：The place for participatory，child-centered，arts-based approaches［J］. Research in nursing & health，2013，36(1)：95-107.

② Thomson P. Children and young people：Voices in visual research［M］//Doing visual research with children and young people. London：Routledge，2009：23-42.

③ Clark C D. In a younger voice：Doing child-centered qualitative research［M］. Oxford：Oxford University Press，2010.

接参与研究的理念是一致的。[①] 儿童的画作仅仅像是一座指引成人理解儿童内心世界的桥梁，他们的内心世界以及对世界认知的复杂程度可能远远超出其画作所展现出来的内容。[②] 越来越多的学者认为，儿童是自己主体经验的专家，其绘画过程及所处情境与画作密不可分，因此关注儿童绘画创作的过程并尊重儿童自身对画作的解读，不仅能够推动儿童对相关事物或观念的整体性建构，还能够为研究者提供对儿童画作及儿童主体经验更为深入的理解，帮助研究者获取相关的研究资料并建构理论框架。

（三）具体技术或工具

随着绘画研究方法的发展和应用，在既有的儿童相关研究中，研究者们已经开发并应用了各种具体的技术和工具，如绘画与解释技术（draw-and-explain technique）[③]、绘画和叙事方法（drawing-and-narrative approach）[④]、绘画和故事的程序（drawing-and-story procedure）、绘画与写作方法（draw-and-write approach）[⑤]、解释性的艺术作品（illuminative artwork）[⑥]、马赛克

① Carter B，Ford K. Researching children's health experiences：The place for participatory，child-centered，arts-based approaches [J]. Research in nursing & health，2013，36(1)：95-107.

② Farokhi M，Hashemi M. The analysis of children's drawings：Social，emotional，physical，and psychological aspects[J]. Procedia-social and behavioral sciences，2011（30）：2219-2224.

③ Günindi Y. Preschool children's perceptions of the value of affection as seen in their drawings[J]. International electronic journal of elementary education，2015，7(3)：371-382.

④ Kinnunen S，Einarsdottir J. Feeling，wondering，sharing and constructing life：Aesthetic experience and life changes in young children's drawing stories [J]. International journal of early childhood，2013，45(3)：359-385.

⑤ i. Backett-Milburn K，McKie L. A critical appraisal of the draw and write technique [J]. Health education research，1999，14(3)：387-398. ii. Pridmore P，Bendelow G. Images of health：Exploring beliefs of children using the "draw-and-write" technique [J]. Health education journal，1995，54(4)：473-488.

⑥ Rollins J A. Tell me about it：Drawing as a communication tool for children with cancer[J]. Journal of pediatric oncology nursing，2005，22(4)：203-221.

法(mosaic approach)①以及共同绘画技术(joint drawing technique)②等等。在大多数情况下,研究者们在应用这些技术或工具时并不明确指出它们是属于"绘画即作品"抑或是"绘画即过程"中的哪一种类别。

二、基于绘画研究方法的应用与发展

在社会科学领域,使用基于绘画的方法对儿童的经历或情感进行研究是较为新颖的,取得了一些进展。例如,基于绘画的方法已被用于探究儿童对情感价值的认知③、儿童与父母及老师等照顾者之间的互动关系④、儿童有关朋友和友谊的主体经验⑤、儿童有关校园欺凌或暴力的主体经验⑥等研究中。

① Clark A, Moss P. Listening to young children: The mosaic approach[M]. 2nd ed. London: National Children's Bureau, 2011.

② Kwiatkowska H Y, Wynne L C, Wynne A R. Family therapy and evaluation through art[M]. Charles C. Springfield: Charles C. Thomas Pub, 1978.

③ Günindi Y. Preschool children's perceptions of the value of affection as seen in their drawings[J]. International electronic journal of elementary education, 2015, 7(3): 371-382.

④ i. Cugmas Z. Representations of the child's social behavior and attachment to the kindergarten teacher in their drawing[J]. Early child development and care, 2004, 174(1): 13-30. ii. Kamens S R, Constandinides D, Flefel F. Drawing the future: Psychosocial correlates of Palestinian children's drawings [J]. International perspectives in psychology, 2016, 5(3): 167-183. iii. Schechter D S, Zygmunt A, Trabka K A, et al. Child mental representations of attachment when mothers are traumatized: The relationship of family-drawings to story-stem completion [J]. Journal of early childhood and infant psychology, 2007(3): 119.

⑤ i. Bombi A S, Pinto G. Making a dyad: Cohesion and distancing in children's pictorial representation of friendship[J]. British journal of developmental psychology, 1994, 12(4): 563-575. ii. Pinto G, Bombi A S, Cordioli A. Similarity of friends in three countries: A study of children's drawings[J]. International journal of behavioral development, 1997, 20(3): 453-469.

⑥ i. Bosacki S L, Marini Z A, Dane A V. Voices from the classroom: Pictorial and narrative representations of children's bullying experiences [J]. Journal of moral education, 2006, 35 (2): 231-245. ii. Rezo G S, Bosacki S. Invisible bruises: Kindergartners' perception of bullying [J]. International journal of children's spirituality, 2003(8): 163-177.

虽然既有的研究已经做出了重要的贡献，但应用基于绘画的方法理解儿童主体经验的研究总体数量十分有限。语言和文字仍然是与儿童交流和收集数据最主要的研究工具，基于绘画的方法在社会科学领域仍被视为可替代的或补充性的研究工具，尚未得到完全开发和普遍接受。这种现状也与有关该方法的系统性和总结性的研究较少有关。此外，在使用基于绘画方法的研究中，关于数据收集的过程、数据资料的稳健性、数据表达的复杂性、权力关系和伦理考虑等关键问题仍然存在争议①，需要进一步厘清。虽然"绘画即作品"和"绘画即过程"这两种典型的分类方式为基于绘画方法的发展提供了重要的理论基础，但此二分法可能会忽视该研究方法的内在多样性。例如，在过去10年里，将基于绘画的技术与质性访谈等传统研究工具结合应用逐渐成为一个新趋势；然而，对于这种新趋势尚缺乏方法论层面的关注和讨论。最后，在儿童健康领域，虽然越来越多的文献承认基于绘画的方法在促进与儿童沟通方面的优势②，但在对罹患身体健康问题儿童的研究中，这种研究方法及具体技术是如何被应用的，我们知之甚少。这个群体的儿童通过绘画传达的主体经验也尚未全面了解。

因此，本章使用质性系统评价和证据合成的方法，对使用基于绘画方法研究罹患身体健康问题儿童的主体经验的质性研究进行评价，解决既有文献中的不足。具体而言，本研究有两个主要目标：(1)分析和总结纳入研究是如何使用基于绘画的研究方法；(2)归纳和描述通过绘画传达的儿童疾病相关经验的本质。在实现这两个研究目标的同时，本章的研究结果也为第五章探索湿疹儿童的声音和主体经验提供方法论的支持。

---

① Horgan D. Child participatory research methods：Attempts to go "deeper"[J]. Childhood，2017，24(2)：245-259.

② Picchietti D L，Arbuckle R A，Abetz L，et al. Pediatric restless legs syndrome：Analysis of symptom descriptions and drawings[J]. Journal of child neurology，2011，26(11)：1365-1376.

第二节　质性系统评价的方法与过程

一、质性系统评价的基本介绍

系统评价(systematic review)是一种针对某一具体研究问题,通过系统且全面地收集所有已发表或未发表的相关研究,采用统一的标准对其进行严格评价,筛选出符合标准的研究,然后进行量性综合或质性综合分析,最后得出可靠结论的研究方法。[①] 1998 年科克伦协作网（The Cochrane Collaboration)[②]成立质性研究方法工作组(Cochrane Qualitative Research Methods Group,CQRMG)，提出质性系统评价及质性资料合成的方法。质性研究专注于对社会世界的理解和解释,旨在探索人们对世界的主观认识和经验[③],例如个体对健康或疾病的主观认识和经验等。单个质性研究结果在指导实践时具有一定的局限性,整合多个质性研究的结果有助于更加全面且深入地理解和解释研究现象。质性系统评价是在系统检索后纳入质性研究,并对其进行客观评价和综合分析的研究方法。质性系统评价与量性系统评价存在相似之处。它们都有明确的研究目的,按照规范化的步骤系统地检索和回顾相关文献,并根据清晰的纳入排除标准识别、选择、评价和合成研究证据。与量性系统评价不同的是,质性系统评价更侧重于了解研究对象的经验、态度、信念、观点等主观问题。[④] 质性研究证据合成是对所纳入质性研究中提取的相关资料进行理解、分析和归纳总结,产生新的解释和结论,提出新

① 詹思延. 系统评价与 Meta 分析[M]. 北京：人民卫生出版社,2019.
② 科克伦协作网是一个国际性的非营利性的民间学术团体,旨在通过生产、传播和更新系统评价以提高医疗保健干预措施的效益和效率,从而帮助决策者制定遵循证据的医疗决策。
③ Pope C，Mays N. Qualitative research in health care [M]. 3rd ed. New York：Blackwell Publishing, 2006：6-9.
④ 赵瑞,拜争刚,黄崇斐,等. 质性研究系统评价在循证指南制定中的应用价值[J]. 中国循证医学杂志,2016,16(7)：855-859.

的学说或者概念。① 常用的质性资料合成方法包括 Meta-民族志(meta-ethnography)、CIS(critical interpretive synthesis)、主题综合分析法(thematic synthesis)以及 JBI 建立的 Meta 整合方法(meta-synthesis)等。② 随着质性系统评价和质性研究证据合成的方法越来越成熟,其应用极大地促进了质性研究的发展和成果的积累,大量的相关研究证据应运而生③,但此方法在国内学界尚未得到广泛的认识和应用。

二、方案注册与汇报标准

本研究遵循系统评价方案的注册程序,在 PROSPERO④ 平台上进行注册,本研究的注册编号为 CRD42018074948。本研究主要根据 2018 年 JAMA 发表的 PRISMA-DTA⑤ 标准进行汇报,该标准明确指出在摘要、引言、方法、结果及讨论这五个模块应包含哪些内容以及这些内容的汇报要求。此外,本书在汇报研究结果时还考虑了提高质性系统评价透明度的 ENTREQ 标准。⑥

---

① i. Noyes J, Popay J, Pearson A, et al. Chapter 20: Qualitative research and Cochrane reviews[M]// Higgins J P T, Green S Cochrane handbook for systematic reviews of interventions. Hoboken: John Wiley & Sons, 2008: 571-591. ii. Pearson A. Balancing the evidence: Incorporating the synthesis of qualitative data into systematic reviews[J]. JBI reports, 2004, 2(2): 45-64.

② The Joanna Briggs Institute. Joanna Briggs Institute reviewers' manual: 2011 edition [M]. Adelaide: The Joanna Briggs Institute, 2011.

③ Hannes K, Booth A, Harris J, et al. Celebrating methodological challenges and changes: Reflecting on the emergence and importance of the role of qualitative evidence in Cochrane reviews[J]. Systematic reviews, 2013, 2(1): 84-93.

④ 官方网页:https://www.crd.york.ac.uk/PROSPERO/。

⑤ McInnes M D F, Moher D, Thombs B D, et al. Preferred reporting items for a systematic review and meta-analysis of diagnostic test accuracy studies: The PRISMA-DTA statement[J]. JAMA, 2018, 319(4): 388-396.

⑥ Tong A, Flemming K, McInnes E, et al. Enhancing transparency in reporting the synthesis of qualitative research: ENTREQ[J]. BMC medical research methodology, 2012, 12(1): 1-8.

三、纳入与排除标准

（一）本书的纳入标准

（1）研究对象是罹患生理健康问题的儿童,平均年龄小于 18 岁。关于确认研究中的儿童是否患有生理健康问题,本研究既包括《疾病和有关健康问题的国际统计分类》第 10 次修订本（international classification of diseases,ICD-10)所认定的生理疾病类型,也包括在研究中由笔者明确指出儿童患有生理健康问题的情况。

（2）研究类型是质性研究设计或包含质性研究部分的混合研究设计。

（3）研究采用基于绘画的研究方法,即儿童作为创作者在研究中画画。

（4）研究结果侧重于儿童与疾病相关的主体经验,包括疾病经历、主观认知、情感或社会关系等。

（5）研究为已发表的并经过同行评议的英文期刊论文。

（二）本书的排除标准

（1）研究对象患有的健康问题为精神或行为障碍而非生理健康问题,根据《疾病和有关健康问题的国际统计分类》第 10 次修订本中的精神或行为障碍进行确认。

（2）研究没有提供质性数据资料。

（3）绘画在研究中被用作治疗或教育工具。

（4）研究为会议摘要或文献综述。

四、检索策略

对五个英文数据库进行了系统检索,包括 ERIC、MEDLINE、PsycINFO、Social Work Abstracts 以及 Sociological Abstracts。笔者认为这五个数据库最有可能覆盖本系统评价的研究问题。笔者使用如下三组英文检索词,根据电子数据库的要求进行系统检索:（1）与"绘画"相关的检索词: drawing OR painting OR picture OR visual;（2）与"儿童"相关的检索词: child * OR youth;（3）与"质性研究方法"相关的检索词:qualitative OR interview。共进行了三轮文献检索,第一轮检索时限为数据库建立至 2017

年 10 月,第二轮和第三轮的检索时限分别至 2018 年 12 月和 2021 年 8 月。本研究也对纳入研究的参考文献进行手动检索。电子检索和手动检索的所有结果都汇总纳入本研究中。

五、文献筛选

本书将所有电子数据库检索和手动检索获得的文献条目导入 EndNote X9 软件进行管理和筛选。根据纳入与排除标准对文献的标题、摘要和全文进行筛选。文献筛选的每一个阶段都由两位研究者独立进行,当筛选过程中出现分歧时,通过与第三位研究者①讨论来解决。

六、数据提取

本书的研究数据提取工作由两位研究者根据表 2.1 展示的数据提取方案独立进行,将所提取的信息输入 Microsoft Office Excel 中进行管理。为深入了解基于绘画研究方法的使用,本研究试图明晰所纳入的质性研究或混合研究中的质性部分的方法论特征,包括具体的质性研究策略、抽样方法、数据收集的场所、方法和过程以及数据分析方法等。此外还分析了基于绘画的研究方法的特点,包括具体的技术或工具、绘画主题、画作的解读方式以及是否在正文中展示等。

表 2.1　质性系统评价的数据提取方案

编号	条目	定义
1	研究名称	作者和出版年份
2	研究目的	纳入研究的目的
3	研究对象	儿童的数量以及他们的疾病类型或健康状况
4	年龄	儿童的年龄范围和平均年龄
5	性别	样本中女孩和男孩的数量
6	社会经济地位	儿童所在家庭的社会经济地位

① 除了笔者,俄亥俄州立大学的博士候选人张怡然女士和香港大学的博士候选人戴晓露女士也参与了文献筛选、数据提取以及质量评价。

续表

编号	条目	定义
7	种族/民族	儿童的种族或民族
8	国家/地区	进行研究的国家或地区
9	排除标准	将一些儿童排除在研究之外的标准或说明
10	研究设计	质性研究方法或混合研究方法
11	质性研究策略	具体的质性研究策略
12	抽样方法	研究采用的抽样方法
13	数据收集场所	收集质性数据资料的场所
14	数据收集方法	收集质性数据资料的具体方法或工具
15	数据收集程序	记录质性数据资料收集过程的方法
16	数据分析方法	分析质性数据资料的方法
17	基于绘画的研究方法	研究中使用的具体技术或工具
18	绘画的主题	儿童绘画的主题
19	解读	儿童画作内容的解读者以及解读方式
20	展示	是否在正文中展示了儿童的绘画作品

七、质量评价

目前关于质性研究的评价标准尚未统一。常用的质性研究评价标准包括英国牛津循证医学中心的文献评价项目(Critical Appraisal Skills Program,CASP)Quality Appraisal Checklist[①]、澳大利亚循证卫生保健中心(Joanna Briggs Institute,JBI)对质性研究提出的质性研究真实性评价原则、英国索尔福德大学(University of Salford)研发的质性研究质量评价工具(Evaluation Tool for Qualitative Studies,ETQS)等。其中 CASP 量表是最

---

① Public Health Resource Unit. (2006). Critical Appraisal Skills Programme (CASP). England Public Health Resource Unit. Available at: https://casp-uk.net/casp-tools-checklists/.

常用的评价工具。[①] CASP 量表中包含了 10 个评价问题，涉及研究设计与研究目标、纳入研究对象的方法、收集资料的方法、研究者与研究对象之间的关系、研究伦理问题、资料分析方法、结果陈述以及研究价值。该量表对每个标准都做了注释，对于每个问题有三个选项可供选择，即"是""否""无法判断"。本研究中，两位研究者使用 CASP 量表对每项研究的质量进行了独立评估。

八、质性研究证据合成

为全面且系统地了解罹患生理健康问题的儿童与疾病相关的主体经验，本研究使用主题分析合成法[②]对纳入研究的质性数据资料进行系统分析与合成。具体而言，将所有纳入研究的结果部分的文本资料作为原始数据导入 NVivo12 软件中，并通过整理原始资料形成数据库。在对文本资料进行编码前对整体数据进行多次阅读，以保证对质性资料有整体性的把握与理解。接着，对数据进行归纳分析，将文本中与儿童疾病相关主体经验的重要句子或引述进行编码。在这个过程中，研究者记录分析型备忘录，对文本进行意义解释，寻找类属。将相似的编码归类在一起形成支持更广泛信息的证据，形成主题和子主题。最后，将编码和主题整理为有结构、条理和内在联系的意义系统，即建构用来解释质性资料整体内容的理论框架。

第三节 基于绘画研究方法的基本特征：质性系统评价结果

一、纳入研究的数量

通过电子数据库检索，本研究共获得 8184 个文献条目；手动搜索纳入研究的参考文献获得 47 个文献条目。去掉重复项之后剩下 5627 个文献条目。对标题和摘要进行筛选，排除了 5498 个文献条目。阅读全文并根据纳入和

① 靳英辉,高维杰,李艳,等. 质性研究证据评价及其循证转化的研究进展[J]. 中国循证医学杂志,2015,15(12):1458-1464.
② Harden A, Garcia J, Oliver S, et al. Applying systematic review methods to studies of people's views: An example from public health research [J]. Journal of epidemiology & community health, 2004, 58(9): 794-800.

排除标准进行筛选,有 54 项研究纳入系统评价。图 2.1 展示了质性系统评价文献筛选与纳入流程。表 2.2 显示的是在全文筛选中被排除的文献详情。

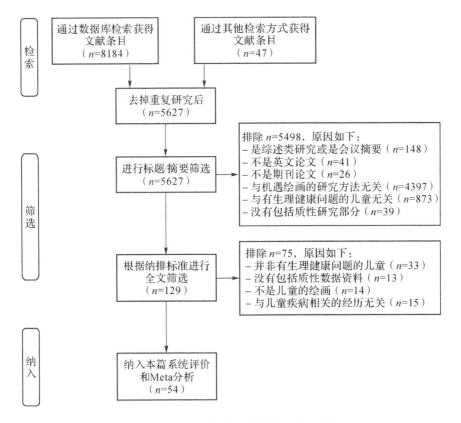

图 2.1　质性系统评价文献筛选与纳入流程

表 2.2　质性系统评价全文筛选中被排除的文献详情

序号	排除的研究	排除原因	备注
1	Andriana and Evans,2021	1	研究对象为患有智力障碍的儿童
2	Archibald et al.,2021	1	研究对象为患有自闭症谱系障碍、发育迟缓或脑瘫的儿童
3	Atik and Ertekin,2013	1	未确认研究对象是不是患有生理疾病的儿童
4	Bach,1975	4	对儿童个性、情绪和身体进行总体表述

续表

序号	排除的研究	排除原因	备注
5	Bertrand and Mervis，1996	1	研究对象为患有威廉姆斯综合征的儿童
6	Bryan et al.，2019	4	解释在使用五种常用方法时所产生的挑战和机会
7	Campbell et al.，2010	1	研究正常儿童对其他患病儿童的看法
8	Campbell et al.，2012	1	研究正常儿童对其他患病儿童的看法
9	Chevrier et al.，2009	3	对汞暴露儿童视觉空间错误的定性评估
10	Clarke et al.，2002	1	研究对象为患有多动症的儿童
11	Corsano et al.，2015	2	对住院儿童的定量研究
12	Cox and Maynard，1998	2	对患有唐氏综合征儿童的定量研究
13	Crawford et al.，2012	2	对住院儿童的定量研究
14	di Gallo，2001	4	绘画作为治疗工具
15	Donfrancesco et al.，2004	1	研究对象为患有行为障碍的儿童
16	Elizur，1965	3	儿童对绘画的反应
17	Filipo et al.，2004	2	对患有特重型耳聋儿童的定量研究
18	Gillies，1968	2	对听障儿童的定量研究
19	Goodwin et al.，2004	4	有关儿童参与舞蹈节目体验的研究
20	Govender and Ebrahim，2008	1	研究对象为生活在艾滋病毒/艾滋病环境中的儿童
21	Graham et al.，2019	3	绘画作为游戏活动
22	Hamama and Ronen，2009	1	研究对象为患有对立违抗性障碍的儿童
23	Ho et al.，2021	3	研究者进行绘画创作
24	Hoffman et al.，2019	3	使用多元方法收集儿童报告内容
25	Horstman et al.，2008	4	绘画技巧在癌症儿童研究中的应用介绍
26	Hurtig，1983	2	对患有先天性肾上腺增生症女性的定量研究
27	Huus et al.，2021	3	使用绘画协助研究

续表

序号	排除的研究	排除原因	备注
28	Ishikawa et al.，2010	1	研究对象为因艾滋病失去父母或父母感染艾滋病的儿童
29	Jolley et al.，2013	1	研究对象为患有自闭症的儿童
30	Kibby et al.，2002	1	研究对象为患有多动症的儿童
31	Koller et al.，2019	4	研究儿童眼中的医疗事故
32	Kortesluoma et al.，2008	2	关于住院儿童如何通过绘画表达疼痛的定量研究
33	La Grutta et al.，2007	2	关于患有癫痫和头痛儿童的定量研究
34	La Grutta et al.，2009	1	研究对象为唐氏综合征患者,平均年龄大于18岁
35	Linder et al.，2021	3	使用了基于游戏的症状报告应用程序
36	Martin，2019	1	研究对象为超重儿童
37	Mayr et al.，1994	2	对患有坏死性小肠结肠炎的新生儿的定量研究
38	McLaughlan et al.，2019	4	关于门诊候诊室中的儿童对医院环境认知的研究
39	McLeod et al.，2013	1	研究对象为患有语音障碍的儿童
40	Mériaux et al.，2010	1	研究对象为超重儿童
41	Merrick and Roulstone，2011	1	研究对象为患有语音障碍的儿童
42	Morris，2003	1	研究对象为患有沟通障碍和/或认知障碍的儿童
43	Muhati-Nyakundi，2019	1	研究对象为因艾滋病成为孤儿或生活在受艾滋病影响家庭中的儿童
44	Mullick，2013	4	关于室内游戏的研究
45	North et al.，2020	3	使用既有图片引导访谈
46	Núñez et al.，2021	1	研究对象为患有智力障碍的儿童
47	Pauschek et al.，2016	2	对癫痫儿童的定量研究
48	Peçanha and Lacharité，2007	2	对哮喘儿童的定量研究

续表

序号	排除的研究	排除原因	备注
49	Pelander et al.，2009	2	对住院儿童的定量研究
50	Pickering et al.，2013	4	评估对脑瘫儿童干预的效果
51	Pickering et al.，2015	4	评估对脑瘫儿童干预的效果
52	Porteous，1996	1	对情绪失调儿童的研究
53	Rabiee et al.，2005	3	使用既有图片激发儿童进行讨论
54	Reverend and Gillies，2007	3	在对住院儿童的研究中提供图片启发其讲故事
55	Rix and Malibha-Pinchbeck，2020	3	用既有图片引导访谈
56	Rollins et al.，2012	3	从儿童的视角理解治疗师所画的绘画
57	Rollins and Wallace，2017	4	研究住院儿童的照片选择偏好
58	Rottenberg and Searfoss，1992	4	研究儿童如何在学校环境中学习识字
59	Rottenberg and Searfoss，1993	4	研究重听儿童或聋儿如何记住自己的名字
60	Saneei and Haghayegh，2011	1	研究对象为患有自闭症的儿童
61	Shepley，1995	1	研究对象为患有急性精神病的儿童
62	Shih and Chao，2010	4	评估一项艺术教育方法的有效性
63	Siedlikowski et al.，2021	3	使用 Sisom Oi 的研究方法
64	Skovdal et al.，2009	1	研究对象为给生病的父母或年迈的监护人提供照顾和支持的儿童
65	Snyder et al.，2008	1	研究对象为患有自闭症的儿童
66	Stafstrom et al.，2012	4	绘画被用作艺术治疗的一部分
67	Stefanatou and Bowler，1997	2	对镰状细胞病儿童的定量研究
68	Syrnyk，2014	1	研究对象为患有社交、情感和行为困难的儿童

续表

序号	排除的研究	排除原因	备注
69	Tharinger and Stark，1990	1	研究对象为患有情绪障碍或焦虑障碍的儿童
70	Tsaltas，1976	1	对家庭透析患者孩子的研究
71	Visram et al.，2013	1	研究对象为超重儿童
72	Walker et al.，2009	1	研究对象为超重儿童
73	Ware et al.，2020	1	研究对象为接受常规牙科护理的儿童
74	Wilson et al.，2010	3	儿童对图片的反应
75	Woolford et al.，2015	1	研究对象为患有精神健康问题的儿童

注:排除原因:1=不是罹患生理健康问题的儿童,2=未能提供质性数据,3=与儿童绘画无关,4=与儿童疾病相关经历无关;所有排除研究的参考文献已列入本书总的参考文献列表中。

二、纳入研究的研究目的

表 2.3 展示了纳入研究特征的总结,包括研究的性质、研究对象、研究方法和抽样调查方法等。大多数纳入的研究($k=34$)都发表于过去的 10 年间(2011—2022 年),只有 6 项研究是在 2000 年之前发表的。表 2.4 展示了每一篇纳入研究的相关特征。虽然纳入的研究都调查了儿童疾病相关的主体经验,但它们关注的具体方面不同,研究目的也不同。大约 1/3 的研究旨在探索儿童与疾病相关的总体经验或者总体生活质量($k=18$)。其余的研究主要关注疾病经验的具体方面,例如儿童的疼痛症状($k=5$)、药物治疗($k=9$)或住院的情况($k=4$)、心理健康状况($k=7$)、信仰($k=2$)、对死亡的认识($k=1$)、与医疗人员的关系($k=3$),以及疾病对他们日常生活的影响,例如对休闲娱乐参与($k=2$)、体育活动($k=1$)、饮食($k=1$)以及上学($k=1$)的影响。

表 2.3 质性系统评价纳入研究特征的总结

项目	数目/k	百分比/%
发表年份	54	100.0
1975—1998	6	11.1
2000—2009	14	25.9
2011—2021	34	63.0
样本量	54	100.0
小于 10	9	16.7
10 至 30	35	64.8
大于 30	10	18.5
生理健康问题	54	100.0
癌症	14	44.4
其他疾病(如哮喘、特应性皮炎、布鲁里溃疡、囊性纤维化、残疾、糖尿病、终末期肾病、癫痫、心脏病、艾滋病毒/艾滋病、长期肾病、镰状细胞病等)	30	55.6
国家/地区	47	87.0
美国	11	20.4
英国	8	14.8
加拿大	5	9.3
巴西	5	9.3
瑞典	2	3.7
澳大利亚	2	3.7
泰国	2	3.7
南非	2	3.7
其他	10	22.2
研究设计	54	100.0
质性研究	45	83.3
混合研究	9	16.7

续表

项目	数目/k	百分比/%
质性研究策略	34	63.0
扎根理论	9	16.7
描述法	9	16.7
民族志	5	9.3
现象学	4	7.4
参与式研究	3	5.6
解释研究	2	3.7
叙事分析	1	1.9
案例研究	1	1.9
抽样方法	41	75.9
目的性抽样	18	33.3
方便抽样	14	25.9
理论抽样	4	7.4
其他	5	9.3
数据收集场所	46	85.2
医院或诊所	29	53.7
医院或家	6	11.1
医院或社区	2	3.7
家	5	9.3
社区	4	7.4
数据收集方法	54	100.0
包含访谈	51	94.4
包含观察	11	20.4
包含摄影	3	5.6
包含角色扮演	3	5.6
包含日记	2	3.7

续表

项目	数目/k	百分比/%
包含焦点小组	2	3.7
数据收集程序	42	77.8
录音	17	31.5
录音和笔记	17	31.5
笔记	6	11.1
视频	1	1.9
视频和笔记	1	1.9
数据分析方法	46	85.2
主题分析	18	33.3
内容分析	12	22.2
扎根理论	8	14.8
现象学	4	7.4
其他	4	7.4
基于绘画的技术或工具	54	100.0
"绘—说"技术	40	74.1
"绘—写"技术	4	7.4
投射绘画技术	5	9.3
绘画作为破冰工具	3	5.6
纯绘画	2	3.7
绘画的解读者	49	90.7
儿童	42	77.8
研究者	2	3.7
儿童和成人(艺术治疗师、家庭精神病学家或研究人员等)	5	9.3

表 2.4　质性系统评价单项纳入研究的特征信息

序号	纳入研究	研究目的	参与者 • 年龄:年龄范围(平均值) • 性别 • 社会经济地位 • 种族/民族 • 国家/地区 排除标准	研究设计 • 质性研究方法 • 抽样方法 • 数据收集地点 • 数据收集方法 • 数据收集程序 • 数据分析方法	基于绘画的研究方法 • 绘画的主题 • 解读 • 展示
1	Anderson and Tulloch-Reid, 2019	探索糖尿病青少年患者的主体经验	19 名糖尿病青少年 • 未报告(平均 14 岁) • 14 名女孩,5 名男孩 • 未报告 • 未报告 • 牙买加 • 未报告	质性研究方法 • 未报告 • 未报告 • 未报告 • 半结构化访谈和绘画 • 有记录但不具体 • 主题分析	"绘—说"技术 • 糖尿病发生前的生活、患有糖尿病的生活、没有糖尿病的生活、人们对你的看法、你的感受 • 儿童描述他们的绘画 • 未报告
2	Ångstroöm-Braännstroöm et al., 2014	调查儿童的安抚体验	9 名癌症患儿 • 3～9 岁 • 4 名女孩和 5 男孩 • 未报告 • 未报告 • 瑞典 • 未报告	质性研究方法 • 未报告 • 方便抽样 • 医院 • 访谈和绘画 • 录音 • 内容归纳分析法	"绘—说"技术 • 安抚 • 孩子们描述他们的画并解释它们的含义 • 有
3	Arruda-Colli et al., 2015	研究儿童对治疗的看法	8 名癌症患儿 • 5～12 岁 • 2 名女孩和 6 名男孩 • 3 名高收入家庭的儿童,5 名中等收入家庭的儿童 • 巴西人 • 巴西 • 有运动、理解和/或沟通困难的儿童	质性研究方法 • 个案研究 • 未报告 • 未报告 • 开放式访谈和绘图 • 录音记录和现场笔记 • 主题内容分析	"绘—说"技术 • 癌症复发的经历 • 儿童回答研究人员的问题并叙述故事 • 未报告

续表

序号	纳入研究	研究目的	参与者 • 年龄:年龄范围(平均值) • 性别 • 社会经济地位 • 种族/民族 • 国家/地区 排除标准	研究设计 • 质性研究方法 • 抽样方法 • 数据收集地点 • 数据收集方法 • 数据收集程序 • 数据分析方法	基于绘画的研究方法 • 绘画的主题 • 解读 • 展示
4	Aujoulat, 2003	了解儿童对布鲁里溃疡的认识、想法和感受	28名布鲁里溃疡患儿 • 6～14岁 • 未报告 • 未报告 • 非洲 • 贝宁南部 • 未报告	质性研究方法 • 未报告 • 理论抽样 • 健康照护中心 • 绘画与访谈 • 视频记录和笔记 • 主题内容分析	"绘—说"技术 • 患儿对布鲁里溃疡的了解和感受 • 儿童对其绘画的评论 • 未报告
5	Avrahami-Winaver et al., 2020	描述听障儿童或听力困难儿童所绘制的家庭的特点	28名使用听力设备、耳聋或听力困难的儿童 • 未报告(平均10.7岁) • 21女孩,7名男孩 • 高收入家庭14%、中等收入家庭72%、低收入家庭14% • 未报告 • 以色列 • 未报告	混合研究方法 • 现象学方法 • 未报告 • 家 • 半结构化访谈,家庭涂鸦,联合绘画 • 录音和笔记 • 现象学分析	投射绘画技术和"绘—说"技术 • 家庭涂鸦(共同绘画技术) • 经验丰富的艺术治疗师分析了三幅相同的画;小朋友和家长一起讲述画画的过程和故事 • 有

续表

序号	纳入研究	研究目的	参与者 • 年龄:年龄范围(平均值) • 性别 • 社会经济地位 • 种族/民族 • 国家/地区 排除标准	研究设计 • 质性研究方法 • 抽样方法 • 数据收集地点 • 数据收集方法 • 数据收集程序 • 数据分析方法	基于绘画的研究方法 • 绘画的主题 • 解读 • 展示
6	Baghdadi et al.，2020	了解儿童在全麻下就诊牙科的经历、主要关注事项和管理方式	经转介的 12 名接受牙科修复及拔牙治疗的儿童 • 3～10 岁 • 8 名女孩,4 名男孩 • 未报告 • 5 名土著,3 名白人,3 名难民,1名新移民 • 加拿大 • 排除患有严重疾病或发育障碍的人及 2 岁以下的儿童	混合研究法 • 未报告 • 未报告 • 未报告 • 访谈和绘画 • 录像 • 未报告	投射绘画技术和"绘—说"技术 • 1.当你听到牙医或牙齿这个词时,你能想到的任何东西;2.你去牙科诊所进行牙科治疗的经历 • 儿童和父母谈论他们绘画的意义;根据《儿童绘画:医院手册》对儿童绘画进行解读 • 有
7	Barnes，1975	探讨儿童对重症监护室里的认知	13 名接受心脏手术的住院儿童 • 7～11 岁 • 7 名女孩和 6 名男孩 • 未报告 • 未报告 • 未报告 • 未报告	质性研究方法 • 现象学 • 未报告 • 医院 • 观察法、绘画、访谈 • 未报告 • 现象学分析	"绘—说"技术 • 重症监护室 • 儿童评论他们的绘画,为其命名且进行谈论 • 有

续表

序号	纳入研究	研究目的	参与者 • 年龄:年龄范围(平均值) • 性别 • 社会经济地位 • 种族/民族 • 国家/地区 排除标准	研究设计 • 质性研究方法 • 抽样方法 • 数据收集地点 • 数据收集方法 • 数据收集程序 • 数据分析方法	基于绘画的研究方法 • 绘画的主题 • 解读 • 展示
8	Ben-David and Nel,2013	探讨和描述有明显肢体残疾对儿童生活的负面影响	29名有明显身体残疾的儿童 • 6~9岁 • 18名女孩和11名男孩 • 低收入家庭 • 非洲 • 南非 • 未报告	质性研究方法 • 民族志 • 立意抽样 • 社区 • 观察法、访谈法、图示法、绘画 • 未报告 • 主题分析法	纯绘画 • 儿童的家庭 • 没有提及 • 未报告
9	Bice et al.,2018	了解儿童对侵入性静脉穿刺术的手术舒适度的观点	13名需要进行侵入性静脉穿刺手术的儿童 • 5~7岁 • 6名女孩和7名男孩 • 未报告 • 2个白人,1个非洲裔美国人 • 美国	质性研究方法 • 描述性研究 • 目的性抽样 • 医院 • 绘画和访谈 • 采访时的笔记和采访后实地笔记的详细记录 • 传统的内容分析法	"绘—说"技术 • 1.今天被针扎是什么感觉;2.当他/她被扎针时,什么会让他/她感觉更好 • 儿童谈论他们的画,并回答研究人员的问题 • 未报告
10	Boles and Winsor,2019	探索儿童对于学校经历的看法	10名实体瘤或血癌的患儿 • 6~11岁(平均8.6岁) • 4名女孩和6名男孩 • 未报告 • 未报告 • 美国 • 排除患有难治性疾病或脑瘤的儿童	质性研究方法 • 现象学理论 • 未报告 • 医院 • 绘画和访谈 • 录音 • 主题分析	"绘—说"技术 • 患有(诊断名称)之前和你开始接受(诊断名称)治疗之后你在学校的情况 • 孩子们向调查员描述图画 • 有

续表

序号	纳入研究	研究目的	参与者 • 年龄:年龄范围(平均值) • 性别 • 社会经济地位 • 种族/民族 • 国家/地区 排除标准	研究设计 • 质性研究方法 • 抽样方法 • 数据收集地点 • 数据收集方法 • 数据收集程序 • 数据分析方法	基于绘画的研究方法 • 绘画的主题 • 解读 • 展示
11	Boyd and Hunsberger,1998	探讨儿童的住院经历和应对策略	6名患有肝豆状核变性、脑积水、脊柱裂、高血压病、癫痫发作、急性肾功能衰竭等慢性疾病的儿童 • 10~13岁 • 4名女孩和2名男孩 • 未报告 • 未报告 • 未报告 • 排除身患绝症或危及生命的疾病或处于紧急医疗危机和疼痛中的儿童	质性研究方法 • 扎根理论 • 方便抽样 • 医院 • 绘画、半结构化访谈、日记 • 录音和现场笔记 • 扎根理论	"绘一说"技术 • 医院中的自己 • 儿童解释他们的绘画 • 未报告
12	Broeder,1985	探讨儿童出院后的孤独感	6名患有脑膜炎、眶周蜂窝织炎或掌侧蜂窝织炎的住院儿童 • 6~11岁(平均7.33岁) • 2名女孩和4名男孩 • 未报告 • 4名白人,2名非裔美国人 • 未报告 • 未报告	质性研究方法 • 未报告 • 方便抽样 • 医院 • 观察法、绘画、访谈 • 笔记 • 未报告	"绘一说"技术 • 住院的记忆 • 儿童回答研究者的问题 • 有

续表

序号	纳入研究	研究目的	参与者 • 年龄：年龄范围（平均值） • 性别 • 社会经济地位 • 种族/民族 • 国家/地区 排除标准	研究设计 • 质性研究方法 • 抽样方法 • 数据收集地点 • 数据收集方法 • 数据收集程序 • 数据分析方法	基于绘画的研究方法 • 绘画的主题 • 解读 • 展示
13	Cassemiro et al.，2020	了解住院儿童和青少年认为重要的，能够促进他们健康和发展的医院特质	30名住院儿童和青少年 • 7~17岁 • 17名女孩和13名男孩 • 未报告 • 未报告 • 英国 • 排除无法进行沟通和回答研究者问题的儿童	质性研究方法 • 描述性和探索性研究 • 未报告 • 医院 • 半结构化访谈和绘画 • 录音 • 归纳主题分析	"绘—说"技术 • 想在医院里得到什么 • 孩子们描述了他们所画的东西，并讨论了预设好的指导问题 • 未报告
14	Chesson et al.，2002	了解儿童对X光检查的认知	5名接受X光检查的儿童 • 7~14岁 • 未报告 • 未报告 • 未报告 • 苏格兰 • 未报告	质性研究方法 • 未报告 • 方便抽样 • 医院 • 绘画和访谈 • 未报告 • 扎根理论	投射绘画技术和"绘—说"技术 • 拍X光片是什么感觉？ • 艺术治疗师、儿童和家庭精神病学家提供了一份关于每个孩子绘画的简短报告，报告使用的标题是艺术治疗师、精神病学家和放射科医生讨论的结果。但在近一半的案例中，一些孩子在自己的画中添加了自己的评论。 • 有

续表

序号	纳入研究	研究目的	参与者 • 年龄:年龄范围(平均值) • 性别 • 社会经济地位 • 种族/民族 • 国家/地区 排除标准	研究设计 • 质性研究方法 • 抽样方法 • 数据收集地点 • 数据收集方法 • 数据收集程序 • 数据分析方法	基于绘画的研究方法 • 绘画的主题 • 解读 • 展示
15	Constantinou et al.，2021	探讨镰状细胞病儿童的健康相关生活质量和健康行为,以及现实自我和理想自我之间的差异	18 名镰状贫血症患儿和 14 名健康兄弟姐妹 • 5～12 岁(平均 8 岁) • 16 名女孩和 16 名男孩 • 未报告 • 非洲黑人或加勒比人 • 非洲或加勒比海 • 未报告	质性研究方法 • 未报告 • 方便抽样 • 医院或家里 • 绘画和半结构化访谈 • 录音 • 主题分析	"绘—说"技术 • 他们通常会做的事情以及他们通常不会做但希望能做的事情 • 儿童公开发言,讨论他们的照片,并就问题展开讨论 • 有
16	Corsano et al.，2012	调查儿童对于他们和护士、医生之间关系的看法	27 名患有血液恶性肿瘤、实体肿瘤或血液疾病的儿童 • 6～15 岁 • 15 名女孩,12 名男孩 • 未报告 • 未报告 • 意大利 • 排除在急诊科进行疼痛管理的儿童	混合研究方法 • 未报告 • 未报告 • 医院 • 绘画和访谈 • 未报告 • 未报告	人际关系图画测评法 • 你和病房里的医生或护士在一起时通常做些什么 • 研究人员采用人际关系图画测评法对图画进行编码 • 有

续表

序号	纳入研究	研究目的	参与者 • 年龄:年龄范围(平均值) • 性别 • 社会经济地位 • 种族/民族 • 国家/地区 排除标准	研究设计 • 质性研究方法 • 抽样方法 • 数据收集地点 • 数据收集方法 • 数据收集程序 • 数据分析方法	基于绘画的研究方法 • 绘画的主题 • 解读 • 展示
17	Cotton et al.，2012	探明儿童与宗教信仰相关的应对方式	19名镰状贫血症患儿 • 5~10岁(平均8.1岁) • 11名女孩,8名男孩 • 未报告 • 非裔美国人(指美国黑人) • 辛辛那提 • 未报告	质性研究方法 • 未报告 • 方便抽样 • 医院 • 绘画和访谈 • 录音 • 迭代模板组织分析	"绘—说"技术和研究者解释 • 生活中能够帮助你应对疾病的东西;当你生病/痛苦时,你和上帝的关系如何 • 孩子们回答研究人员的问题,作者从视觉上检查图画的异同 • 有
18	de Souza et al.，2021	了解接受癌症治疗的儿童和青少年对住院治疗的看法	13名接受癌症治疗的儿童和青少年 • 6~18岁 • 4名女孩,9名男孩 • 未报告 • 未报告 • 巴西 • 根据医疗团队提供的信息,排除没有健康问题的儿童和青少年参加研究	质性研究方法 • 描述性研究 • 未报告 • 儿童或青少年在医院的自主选择场所(卧室、游戏室等) • 半结构化访谈和绘画 • 有记录但是不详细 • 归纳式主题分析	"绘—说"技术 • 未报告 • 儿童在访谈中解释他们的绘画 • 未报告

续表

序号	纳入研究	研究目的	参与者 • 年龄:年龄范围(平均值) • 性别 • 社会经济地位 • 种族/民族 • 国家/地区 排除标准	研究设计 • 质性研究方法 • 抽样方法 • 数据收集地点 • 数据收集方法 • 数据收集程序 • 数据分析方法	基于绘画的研究方法 • 绘画的主题 • 解读 • 展示
19	de Souza Fernandes and de Souza,2019	通过儿童的绘画和故事揭示他们对死亡的认识	5 名癌症患儿 • 6~11 岁 • 4 名女孩和 1 名男孩 • 未报告 • 未报告 • 巴西 • 未报告	质性研究方法 • 探索性研究和描述性研究 • 未报告 • 酒店 • 绘画和半结构化访谈 • 未报告 • 主题分析	"绘—说"技术 • 自由绘画 • 儿童讲述故事内容和主题 • 有
20	do Vale Pinheiro et al.,2015	识别住院过程中儿童的情绪障碍	10 名血癌儿童 • 5~17 岁 • 未报告 • 未报告 • 未报告 • 巴西 • 唐氏综合征儿童	混合研究 • 未报告 • 未报告 • 医院 • 绘画和访谈 • 未报告 • 内容分析	投射绘画技术 • 人物画 • 研究者使用心理学分析方法分析儿童的绘画 • 有
21	Ford,2011	探讨儿童外科住院的体验	10 名接受外科手术的住院儿童 • 6~12 岁 • 未报告 • 未报告 • 未报告 • 澳大利亚 • 儿童患有严重的疾病或者病情恶劣	质性研究方法 • 扎根理论 • 理论抽样 • 医院、家或者通过电话访问 • 访谈法、观察法、绘画和编写故事 • 录音 • 扎根理论	"绘—写"技巧 • 待在医院的场景 • 儿童记述了画中的故事 • 有

续表

序号	纳入研究	研究目的	参与者 • 年龄:年龄范围(平均值) • 性别 • 社会经济地位 • 种族/民族 • 国家/地区 排除标准	研究设计 • 质性研究方法 • 抽样方法 • 数据收集地点 • 数据收集方法 • 数据收集程序 • 数据分析方法	基于绘画的研究方法 • 绘画的主题 • 解读 • 展示
22	Gibson et al.，2010	探讨儿童对癌症照护的看法,并提出一个沟通和信息共享的概念模型	38 名癌症儿童 • 4～19 岁 • 20 名女孩和 18 名男孩 • 未报告 • 白人、亚洲人、黑人、非洲人和混合(加勒比白人和黑人) • 英格兰 • 未报告	质性研究方法 • 参与式研究 • 目的性抽样 • 癌症治疗中心 • 访谈、游戏、绘画、写作和日常活动 • 录音和文件记录 • 归纳式主题分析法	"绘—写"技巧和"绘—说"技术 • 想象一下有一个孩子跟你一样将要进行手术治疗,请你画一画那个孩子正在做些什么和想些什么 • 儿童谈论他们都绘画并回答有关他们经历的问题 • 未报告
23	Gibson et al.，2012	探索儿童在家和住院的饮食体验	13 名癌症患儿 • 4～12 岁 • 8 名女孩 5 名男孩 • 未报告 • 白人和亚洲人 • 英格兰 • 未报告	质性研究方法 • 参与式研究方法 • 分层抽样 • 医院 • 访谈法、照片法、绘画 • 录音和田野调查笔记 • 主题分析法	"绘—说"技术 • 未报告 • 儿童分享他们的故事和生活经历 • 有

续表

序号	纳入研究	研究目的	参与者 • 年龄:年龄范围(平均值) • 性别 • 社会经济地位 • 种族/民族 • 国家/地区 排除标准	研究设计 • 质性研究方法 • 抽样方法 • 数据收集地点 • 数据收集方法 • 数据收集程序 • 数据分析方法	基于绘画的研究方法 • 绘画的主题 • 解读 • 展示
24	Harden et al.,2021	明确儿童对癫痫及治疗的理解	23名经医生诊断为活动性癫痫的儿童 • 8~14岁(平均10.1岁) • 12名女生和11名男生 • 12名高社会经济地位,11名低社会经济地位 • 未报告 • 苏格兰 • 先前正式的认知评估中有智力障碍的儿童或者医生认为有智力障碍的儿童	质性研究方法 • 未报告 • 选择性招募 • 医院、家里或者爱丁堡大学的房间 • 半结构化访谈、绘画和观察 • 录音和笔记 • 主题分析法	绘画被用于促进儿童的参与 • 给中心的"蜘蛛"画上腿,并标记上"癫痫"这个词 • 未报告 • 未报告
25	Horstman and Bradding,2002	调查儿童对医疗专业人员的看法	99名以癌症为主的慢性病患儿 • 6~10岁 • 未报告 • 未报告 • 未报告 • 英格兰 • 未报告	质性研究方法 • 扎根理论 • 随机抽样 • 医院和学校 • 绘画和访谈 • 未报告 • 扎根理论	"绘一说"技术 • 医院的哪些地方引起他们的不适、理想的医院环境、理想的医护人员 • 儿童口头描述他们的绘画 • 有

续表

序号	纳入研究	研究目的	参与者 • 年龄:年龄范围(平均值) • 性别 • 社会经济地位 • 种族/民族 • 国家/地区 排除标准	研究设计 • 质性研究方法 • 抽样方法 • 数据收集地点 • 数据收集方法 • 数据收集程序 • 数据分析方法	基于绘画的研究方法 • 绘画的主题 • 解读 • 展示
26	Instone, 2000	调查儿童如何适应他们的疾病	12名患有艾滋病/感染艾滋病毒的儿童 • 6~12岁 • 7名女孩和5名男孩 • 未报告 • 拉丁裔、非裔美国人、英国人和菲律宾人 • 未报告 • 未报告	质性研究方法 • 扎根理论 • 目的性抽样 • 治疗中心的会议室 • 访谈、绘画、观察法 • 录音和笔记 • 扎根理论	"绘—说"技术 • "家庭动力绘画"与"房树人物画" • 儿童讲述有关他们绘画的故事 • 有
27	Jerrett, 1985	调查儿童对疼痛经历的看法	40名有急性健康问题的儿童,如反复发作的扁桃体炎、耳痛和/或中耳炎以及没有身体残疾或者发育迟缓问题的儿童 • 5~9岁 • 22名女孩和18名男孩 • 未报告 • 未报告 • 未报告 • 未报告	质性研究方法 • 一项描述性研究 • 方便抽样 • 未报告 • 绘画和访谈 • 录音 • 内容分析	"绘—说"技术 • 疼痛或受伤 • 儿童讲述关于他们绘画的故事 • 有

续表

序号	纳入研究	研究目的	参与者 • 年龄:年龄范围(平均值) • 性别 • 社会经济地位 • 种族/民族 • 国家/地区 排除标准	研究设计 • 质性研究方法 • 抽样方法 • 数据收集地点 • 数据收集方法 • 数据收集程序 • 数据分析方法	基于绘画的研究方法 • 绘画的主题 • 解读 • 展示
28	Jongudomkarn et al.,2006	探索儿童对疼痛的认识和经历	49名患有脑肿瘤、阑尾炎、胫骨癌、肾病综合征、白血病、特发性血小板减少性紫癜、再生障碍性贫血等慢性疾病儿童。 • 4~18岁 • 18名女孩和31名男孩 • 未报告 • 泰语-伊桑语民族 • 泰国 • 未报告	质性研究方法 • 解释性研究 • 未报告 • 儿童病房和社区 • 观察法、绘画、角色扮演、讲故事、日常会议 • 田野笔记 • 内容分析	"绘—说"技术 • 疼痛中的你 • 孩子们解释他们画的是什么,以及他们画的是什么意思 • 未报告
29	Kanagasabai et al.,2018	了解儿童参与休闲活动的情况	22名行动不便的儿童 • 6~12岁 • 7名女孩和15名男孩 • 未报告 • 未报告 • 新西兰 • 未报告	混合研究方法 • 未报告 • 目的性抽样 • 儿童自己选择的地点 • 访谈、绘画、照片分享、玩游戏 • 录音和田野笔记 • 解释现象学分析	"绘—说"技术 • 休闲活动的选择 • 儿童解释他们的绘画 • 有

续表

序号	纳入研究	研究目的	参与者 • 年龄:年龄范围(平均值) • 性别 • 社会经济地位 • 种族/民族 • 国家/地区 排除标准	研究设计 • 质性研究方法 • 抽样方法 • 数据收集地点 • 数据收集方法 • 数据收集程序 • 数据分析方法	基于绘画的研究方法 • 绘画的主题 • 解读 • 展示
30	Liesch and Elertson，2019	了解患有 I 型糖尿病青少年的主体经验	20 名经诊断患有 I 型糖尿病的儿童 • 8~15 岁(平均 11 岁) • 12 名女孩和 8 名男孩 • 中等收入水平 • 主要为高加索人 • 美国 • 未报告	质性研究方法 • 未报告 • 方便抽样 • 小儿糖尿病中心 • 绘画和结构式访谈 • 录音 • 主题分析和内容分析	"绘—说"技术 • 一张自画像、一张糖尿病人的脸以及一张他们三年后的自画像 • 儿童回答有关他们绘画的访谈问题 • 是
31	Linder et al.，2017	描述癌症患儿的生活质量特点	27 名癌症患儿 • 6~12 岁 • 13 名女孩和 14 名男孩 • 未报告 • 25 名白人,1 名美国印第安人/阿拉斯加原住民,1 名非洲裔美国人 • 美国 • 未报告	质性研究方法 • 描述性研究 • 方便抽样 • 医院 • 绘画和访谈 • 田野笔记 • 内容分析	"绘—说"技术 • "美好的一天"和"生病的一天" • 儿童们对他们绘画中描绘的活动或物体进行详细阐述 • 有

续表

序号	纳入研究	研究目的	参与者 • 年龄:年龄范围(平均值) • 性别 • 社会经济地位 • 种族/民族 • 国家/地区 排除标准	研究设计 • 质性研究方法 • 抽样方法 • 数据收集地点 • 数据收集方法 • 数据收集程序 • 数据分析方法	基于绘画的研究方法 • 绘画的主题 • 解读 • 展示
32	Mares, 1996	调查住院儿童经历疼痛干预后的感受	13 名患有内科疾病或者肿瘤的儿童 • 7～18 岁 • 6 名女孩和 7 名男孩 • 未报告 • 未报告 • 捷克共和国 • 未报告	混合方法研究 • 未报告 • 目的性抽样 • 医院 • 绘画、在画上批注 • 未报告 • 未报告	"绘—写"技巧 • 在医院进行疼痛干预时发生了什么? • 孩子们写下了他们的评论和关于他们画的细节 • 未报告
33	Mohangi et al., 2011	探索感染艾滋病病毒或患有艾滋病的儿童在收容所生活的境况	9 名感染艾滋病病毒或患有艾滋病的儿童 • 11～15 岁 • 5 名女孩和 4 名男孩 • 中等收入水平 • 非洲人 • 南非 • 未报告	质性研究方法 • 解释性研究 • 目的性抽样 • 儿童研究所 • 故事、角色扮演、泥塑和绘画 • 录音和田野笔记 • 主题分析	"绘—说"技术 • 雨中的人 • 儿童谈论他们的画,研究人员在他们的画中写下这个人的想法、感受和需要 • 未报告
34	Moola, 2020	探索先天性心脏病儿童和青少年的体育活动体验	17 名严重型先天性心脏病少年 • 11～17 岁 • 10 名女孩,7 名男孩 • 未报告 • 一些病人自认为有牙买加、印度、墨西哥和伊朗血统 • 加拿大 • 未报告	质性研究方法 • 基于艺术的研究方法(ABR) • 方便抽样 • 医院 • 访谈、绘画和写作 • 录音 • 视觉内容分析	"绘—说"技术 • 1.患有心脏病情况下你做运动或者进行体育活动的经历是什么样的呢?2.如果你得到了所有你需要的帮助、资源和支持,那么在有心脏病的情况下进行体育活动或运动会是什么样子? • 儿童回答有关他们绘画的访谈问题 • 有

续表

序号	纳入研究	研究目的	参与者 • 年龄:年龄范围(平均值) • 性别 • 社会经济地位 • 种族/民族 • 国家/地区 排除标准	研究设计 • 质性研究方法 • 抽样方法 • 数据收集地点 • 数据收集方法 • 数据收集程序 • 数据分析方法	基于绘画的研究方法 • 绘画的主题 • 解读 • 展示
35	Pate et al.，2019	理解有持续性疼痛和无持续性疼痛的儿童对疼痛的认知	8名因残疾等原因引起的持续性疼痛的儿童和8名无持续性疼痛的儿童 • 8～12岁(平均10岁) • 7名女孩,9名男孩 • 未报告 • 澳大利亚人 • 澳大利亚 • 接受过医疗专业人员疼痛科学教育的儿童;被治疗医师/外科医生认为在医学上不适合参与本研究的儿童;或父母称其无法参与30分钟访谈的儿童	质性研究方法 • 一种适用的扎根理论方法 • 目的性抽样 • 医院、大学或者家里 • 半结构化访谈、绘画和写作 • 录音和田野笔记 • 主题分析	绘画用作破冰工具 • "疼痛"这个词让你想到的任何东西 • 未报告 • 有
36	Pendleton et al.，2002	探讨宗教信仰/灵性在儿童应对方式中的作用	23名囊性纤维化儿童 • 5～12岁 • 14名女孩和9名男孩 • 未报告 • 未报告 • 美国 • 未报告	质性研究方法 • 焦点民族志 • 顺序抽样 • 诊疗室 • 半结构化访谈和绘画 • 录音 • 焦点民族志	"绘一说"技术 • 当你生病时与上帝的联系 • 儿童指明他们画的细节,并解释他们画的意思 • 有

续表

序号	纳入研究	研究目的	参与者 • 年龄:年龄范围(平均值) • 性别 • 社会经济地位 • 种族/民族 • 国家/地区 排除标准	研究设计 • 质性研究方法 • 抽样方法 • 数据收集地点 • 数据收集方法 • 数据收集程序 • 数据分析方法	基于绘画的研究方法 • 绘画的主题 • 解读 • 展示
37	Petronio-Coia and Schwartz-Barcott,2020	探讨儿童认知中平易近人的护士的特质	7名癌症患儿 • 8~12岁 • 4名女孩,3名男孩 • 未报告 • 未报告 • 英国 • 未报告	质性研究方法 • 一项描述性研究 • 方便抽样 • 医院或者诊所 • 半结构化访谈和绘画 • 录音 • 内容分析	"绘一说"技术 • 1. 儿童对在小儿肿瘤科住院部中平易近人的护士的看法是什么? 2. 孩子们如何描述他们觉得平易近人的护士? • 儿童们谈论他们的绘画和看法 • 未报告
38	Picchietti et al.,2011	分析儿童对疾病症状描述	33名患有不宁腿综合征的儿童 • 6~17岁 • 14名女孩和19名男孩 • 未报告 • 未报告 • 未报告 • 在7~14天内接受注意力缺陷与多动障碍药物治疗的儿童	质性研究方法 • 未报告 • 顺序抽样 • 医务室或图书馆的房间 • 半结构化访谈和绘画 • 录音 • 内容分析	"绘一写"技巧 • 你的腿有什么感觉? • 儿童告诉研究者有关他们绘画的内容 • 有

续表

序号	纳入研究	研究目的	参与者 • 年龄:年龄范围(平均值) • 性别 • 社会经济地位 • 种族/民族 • 国家/地区 排除标准	研究设计 • 质性研究方法 • 抽样方法 • 数据收集地点 • 数据收集方法 • 数据收集程序 • 数据分析方法	基于绘画的研究方法 • 绘画的主题 • 解读 • 展示
39	Pituch et al., 2019	探索大城市区域内四个主要利益相关者群体对电力移动设备日常使用情况、障碍、益处和临床实践的看法	6名行动不便的儿童 • 12～18岁 • 2名女孩,4名男孩 • 未报告 • 未报告 • 加拿大 • 有构音障碍、感觉、情感或认知障碍的儿童	质性研究方法 • 归纳描述性设计 • 方便抽样 • 未报告(参与者从康复中心招募) • 半结构化访谈和绘画 • 录音 • 主题分析	"绘一说"技术 • 当你想到自己使用电力移动设备时,你会想到什么? • 儿童在画完之后回答了开放式的问题 • 有
40	Pradel et al., 2001	探索儿童对哮喘管理的认识和自主权	32名哮喘患儿 • 7～12岁 • 12名女孩和20名男孩 • 未报告 • 48%为黑人,51%为白人 • 北卡罗来纳州 • 患有其他慢性病或精神的儿童	质性研究方法 • 民族志 • 目的性抽样 • 家 • 绘画和半结构化访谈 • 录音 • 内容分析	"绘一说"技术 • 上次你生病的时候 • 儿童谈论他们的绘画 • 未报告

续表

序号	纳入研究	研究目的	参与者 • 年龄:年龄范围(平均值) • 性别 • 社会经济地位 • 种族/民族 • 国家/地区 排除标准	研究设计 • 质性研究方法 • 抽样方法 • 数据收集地点 • 数据收集方法 • 数据收集程序 • 数据分析方法	基于绘画的研究方法 • 绘画的主题 • 解读 • 展示
41	Purdy and True, 2012	调查了儿童对感染头虱的情绪反应及其对自我和社会功能的影响	10名感染头虱的儿童 • 6～12岁 • 7名女孩和3名男孩 • 低收入家庭 • 未报告 • 美国 • 未报告	质性研究方法 • 民族志 • 非随机抽样 • 咨询室 • 绘画和访谈 • 笔记 • 未报告	"绘—说"技术 • 有头虱的感觉 • 儿童基于他们的绘画口头表达和交流了他们的感受 • 未报告
42	Rollins, 2005	探讨癌症儿童压力源的性质和应对方式的特点	22名癌症患儿 • 7～18岁 • 19名女孩和3名男孩 • 未报告 • 60%白人,18%西班牙裔,2名黑人/非裔美国人,1名穆斯林和1名罗姆儿童 • 英国和美国 • 未报告	混合研究 • 扎根理论 • 理论抽样 • 诊所 • 半结构化访谈、观察法和绘画 • 录音和田野笔记 • 扎根理论	"绘—说"技术 • 如果你可以去世界上的任何地方,你现在想去哪里?一个人从树上摘苹果(PPAT) • 儿童描述了他们的图画,艺术治疗师给绘画打分 • 未报告

续表

序号	纳入研究	研究目的	参与者 • 年龄：年龄范围(平均值) • 性别 • 社会经济地位 • 种族/民族 • 国家/地区 排除标准	研究设计 • 质性研究方法 • 抽样方法 • 数据收集地点 • 数据收集方法 • 数据收集程序 • 数据分析方法	基于绘画的研究方法 • 绘画的主题 • 解读 • 展示
43	Rotella et al.，2019	了解接受血液透析或肾移植的儿童和青少年与终末期肾病相关的情绪反应和生活质量	48名终末期肾病患儿 • 5~18岁 • 26名女孩，22名男孩 • 未报告 • 未报告 • 巴西 • 正在接受精神治疗的患者，包括住院患者和之前被诊断为精神残疾的患者	混合研究 • 未报告 • 方便抽样 • 未报告(参与者从一个医院招募而来) • 绘画和访谈 • 未报告 • 主题分析	"绘—说"技术和投射绘画技术 • 画一个肾脏有问题的人 • 儿童解释画中和故事中出现的人和物，研究人员基于精神分析理论寻找绘画和故事中存在元素的相似性 • 有
44	Sartain et al.，2000	探索儿童对疾病的认识以及健康照护的经历	6名患有哮喘、囊性纤维化、Rett综合征、偏头痛、腹痛等慢性疾病的儿童。 • 8~14岁 • 未报告 • 未报告 • 英格兰 • 未报告	质性研究方法 • 扎根理论 • 目的性抽样 • 家里 • 绘画和半结构访谈 • 录音 • 扎根理论	"绘—说"技术 • 与在家相比，住院是什么感觉 • 儿童回答了研究人员的问题，并描述他们的绘画 • 有

续表

序号	纳入研究	研究目的	参与者 • 年龄:年龄范围(平均值) • 性别 • 社会经济地位 • 种族/民族 • 国家/地区 排除标准	研究设计 • 质性研究方法 • 抽样方法 • 数据收集地点 • 数据收集方法 • 数据收集程序 • 数据分析方法	基于绘画的研究方法 • 绘画的主题 • 解读 • 展示
45	Sartain et al.，2001	比较医院照护与家庭照护的体验	11名患有如发热、呼吸困难和腹泻,伴发或不伴发呕吐的急性疾病的儿童 • 5~12岁 • 未报告 • 未报告 • 未报告 • 未报告 • 医生或护士认为不宜参与研究的儿童;在卫生局名单以外的医生处注册的儿童;明确登记在风险册上的儿童;之前被随机分配到医院治疗的儿童;父母不愿意/不能参加,或者没有电话的儿童	质性研究方法 • 未报告 • 最大差异抽样 • 家里 • 绘画和半结构化访谈 • 录音 • 内容分析	"绘—说"技术 • 在医院或者在家里 • 儿童回答研究人员有关他们绘画的问题 • 有
46	Singh and Ghai，2009	探索残疾儿童的身份认同以及与他们相关且重要的故事	14名残疾儿童 • 11~16岁 • 7名女孩和7名男孩 • 低收入家庭 • 印度人 • 印度 • 未报告	质性研究方法 • 参与式研究方法 • 目的性抽样 • 未报告 • 半结构化访谈、绘画和焦点小组 • 录音和笔记 • 内容分析	纯绘画 • 你自己 • 未报告 • 有

续表

序号	纳入研究	研究目的	参与者 • 年龄:年龄范围(平均值) • 性别 • 社会经济地位 • 种族/民族 • 国家/地区 排除标准	研究设计 • 质性研究方法 • 抽样方法 • 数据收集地点 • 数据收集方法 • 数据收集程序 • 数据分析方法	基于绘画的研究方法 • 绘画的主题 • 解读 • 展示
47	Stafstrom and Havlena, 2003	探讨癫痫儿童的心理健康	105名癫痫儿童 • 5~18岁(平均12.3岁) • 62名女孩和43名男孩 • 未报告 • 未报告 • 美国 • 仅有行为障碍(包括非癫痫性癫痫发作)或伴随急性内科疾病的癫痫发作(包括热性癫痫发作)儿童	混合方法研究 • 未报告 • 方便抽样 • 医院 • 绘画和访谈 • 未报告 • 未报告	投射绘画技术和"绘—说"技术 • 癫痫发作是什么感觉 • 儿童讨论画中各种元素的内容和含义,儿科癫痫学家指出与癫痫发作本身有关的特征,艺术治疗师审查图片的表现意义 • 未报告
48	van der Riet et al., 2020	探索住院儿童对童话花园的主体经验(包括疾病经历主题)	17名因各种身体疾病而住院的儿童 • 4~13岁 • 13名女孩,4名男孩 • 父母大多是农民或个体小商贩 • 未报告 • 泰国 • 未报告	质性研究方法 • 叙事探究方法(参与式观察和参与式视觉艺术活动) • 目的性抽样 • 医院 • 半结构化访谈和绘画 • 录音和笔记 • 未报告	"绘—说"技术 • 他们对童话花园的体验 • 儿童谈论他们的绘画,以阐明他们的体验 • 有

续表

序号	纳入研究	研究目的	参与者 • 年龄:年龄范围(平均值) • 性别 • 社会经济地位 • 种族/民族 • 国家/地区 排除标准	研究设计 • 质性研究方法 • 抽样方法 • 数据收集地点 • 数据收集方法 • 数据收集程序 • 数据分析方法	基于绘画的研究方法 • 绘画的主题 • 解读 • 展示
49	Waters, 2008	探索儿童患有长期肾病的经历以及造成这些经历的影响因素	13名长期肾病患儿 • 5~16岁 • 7名女孩和6名男孩 • 未报告 • 未报告 • 英国 • 未报告	质性研究方法 • 人类学方法 • 目的性抽样 • 医院 • 观察法、非正式访谈、半结构化访谈和绘画 • 笔记 • 主题分析	"绘—说"技术 • 他们人生重要事件的特殊经历 • 儿童解释他们的绘画 • 有
50	Wennstroöm et al. , 2008	探索去医院做日间手术对儿童的意义	20名进行如斜视、隐睾、包茎、粘连松解等日间手术的儿童 • 6~9岁 • 5名女孩和15名男孩 • 未报告 • 未报告 • 瑞典 • 未报告	质性研究方法 • 扎根理论 • 理论抽样 • 医院和家里 • 半结构化访谈、观察、现场笔记和绘画 • 录音和笔记 • 扎根理论	"绘—说"技术 • 手术前后住院相关经验 • 儿童谈论他们的绘画 • 未报告
51	Woodgate and Kristjanson, 1996	调查儿童对疼痛的体验与看法	11名因泌尿外科、整形或心脏手术而遭受组织创伤的儿童 • 2~6岁 • 7名女孩和4名男孩 • 未报告 • 高加索人 • 加拿大 • 未报告	质性研究方法 • 扎根理论 • 理论抽样 • 医院 • 观察、绘画、游戏和半结构化的访谈 • 录音和笔记 • 持续比较法	"绘—说"技术 • 在医院的经历 • 儿童回答研究者的问题 • 未报告

续表

序号	纳入研究	研究目的	参与者 • 年龄：年龄范围（平均值） • 性别 • 社会经济地位 • 种族/民族 • 国家/地区 排除标准	研究设计 • 质性研究方法 • 抽样方法 • 数据收集地点 • 数据收集方法 • 数据收集程序 • 数据分析方法	基于绘画的研究方法 • 绘画的主题 • 解读 • 展示
52	Woodgate et al.，2014	调查癌症患儿面临的生存挑战	13 名癌症患儿 • 8～17 岁（平均 11 岁） • 6 名女孩和 7 名男孩 • 未报告 • 8 名高加索人、2 名亚洲人和 1 名原住民 • 加拿大 • 癌症确诊后不到 3 个月并有认知障碍的儿童	质性研究方法 • 解释性、描述性研究 • 未报告 • 医院和家里 • 有绘画和采访记录的日记 • 数码记录和笔记 • 持续比较分析方法	"绘—写"技巧 • 你感觉如何 • 通过儿童提供的描述，了解个别图片的上下文和含义 • 未报告
53	Xie et al.，2020	了解特应性皮炎患儿的主体经验	17 名患有特应性皮炎的患儿 • 8～12 岁 • 8 名女孩，9 名男孩 • 两个低收入家庭 • 中国人 • 香港 • 未报告	质性研究方法 • 现象学的方法 • 目的性抽样 • 社会服务中心的房间 • 半结构化访谈和绘画 • 录音 • 现象学分析	"绘—说"技术 • 1. 与他们的特应性皮炎相关的任何事物；2.亲密同心圆 • 儿童向调查人员解释他/她的画作 • 有

续表

序号	纳入研究	研究目的	参与者 • 年龄:年龄范围(平均值) • 性别 • 社会经济地位 • 种族/民族 • 国家/地区 排除标准	研究设计 • 质性研究方法 • 抽样方法 • 数据收集地点 • 数据收集方法 • 数据收集程序 • 数据分析方法	基于绘画的研究方法 • 绘画的主题 • 解读 • 展示
54	Zigler et al.,2020	评估局部硬皮病对受影响的青少年及其照顾者健康相关生活质量的影响	11名患有小儿局性硬皮病各亚型儿童 • 9~16岁 • 8名女孩,3名男孩 • 未报告 • 7名白人、1名西班牙裔、1名黑人或非裔美国人、2名亚裔白人 • 美国 • 未报告	质性研究方法 • 焦点团体 • 目的性抽样 • 医院 • 焦点团体、绘画和半结构化访谈 • 录音和笔记 • 未报告	绘画用作破冰工具 • 未报告 • 未报告 • 未报告

三、研究对象的基本特征

本部分系统评价的总样本量为 1189 名儿童,其中包括 1167 名罹患生理健康问题的儿童,有两项研究还包含了 22 名健康的儿童。[①] 纳入研究的样本量范围为 5~105 人,大多数的研究样本量为 30 人以下($k=44$)。研究对象是患有各类生理健康问题的儿童,例如癌症、残疾、白血病、心脏病、艾滋病、镰状细胞疾病等。尽管参与研究的儿童的年龄范围跨度较大,从 2~18 岁不

---

① i. Constantinou C, Payne N, van den Akker O, et al. A qualitative exploration of health-related quality of life and health behaviours in children with sickle cell disease and healthy siblings[J]. Psychology & health, 2021,38(1): 1-22. ii. Pate J W, Noblet T, Hush J M, et al. Exploring the concept of pain of Australian children with and without pain: Qualitative study[J]. BMJ open, 2019, 9(10): e033199.

等,但在所有研究的样本中都包含了 6～12 岁的儿童。有 47 项研究报告了研究对象的性别,其中女孩($n=515$)略多于男孩($n=465$)。不到一半的研究报告了研究对象的种族背景($k=23$)。只有 9 项研究报告了家庭的社会经济地位,大多数研究对象来自低收入或中等收入家庭。有 47 项研究报告了开展研究的国家或地区。本研究根据 2020 年联合国开发计划署(United Nations Development Programme, UNDP)发布的人类发展指数(Human Development Index, HDI)[1]对研究开展的国家或地区进行分类,将指数得分为 8 分及以上的划分为发达国家或地区。大多数研究是在人类发展指数(Human Development Index, HDI)[2]得分非常高(>或$=0.8$)的发达国家或地区开展的($k=34$),如美国($k=11$)、英国($k=8$)、加拿大($k=5$)、瑞典($k=2$)、澳大利亚($k=2$)、新西兰($k=1$)、以色列($k=1$)、捷克共和国($k=1$)以及意大利($k=1$)。其中一项研究是在英国和美国两个国家开展的($k=1$)。其他的研究是在人类发展指数(HDI)得分较高或中等($0.55～0.79$)的国家或地区进行的($k=12$),如泰国($k=2$)、巴西($k=5$)、南非($k=2$)、牙买加($k=1$)、印度($k=1$)、贝宁共和国($k=1$)以及非洲或加勒比($k=1$)。有 18 项研究明确指出了参与者的排除标准。一般来说,患有认知、心理或行为障碍的儿童以及那些被专业人士认为不适合参与研究的儿童被排除在外。

四、研究设计的基本特征

本章系统评价纳入的研究中有 45 项采用质性研究设计,9 项采用混合研究设计。有 19 项研究没有指明所使用的具体质性研究方法。在明确了具体质性研究方法的 34 项研究中,扎根理论($k=9$)和描述研究($k=9$)最常用。在确定了具体抽样方法的 41 项研究中,目的性抽样($k=18$)是最常用的。有 46 项研究报告了收集数据的场所,其中大多数的研究在医院或临床环境中收

---

[1]　United Nations Development Programme. (2020). The 2020 Human Development Report. http://hdr. undp. org/sites/default/files/hdr2020. pdf.

[2]　United Nations Development Programme. (2020). The 2020 Human Development Report. http://hdr. undp. org/sites/default/files/hdr2020. pdf.

集数据($k=37$)。大多数研究包括一对一的访谈以收集质性资料($k=51$),一些研究还使用了观察、照片、日记、角色扮演和焦点小组等其他方法收集质性资料。大多数研究记录了通过录音带($k=17$)记录收集定性数据的过程,17项研究记录了使用录音带和笔记相结合的过程。在对收集的质性资料进行分析时,主题分析法的使用频率最高($k=18$)。

五、基于绘画研究方法的应用

大部分的纳入研究都要求儿童根据给定的主题或与研究目标相关的主题画一幅画($k=50$)。其中多数研究主要使用的是"绘—说"技术(draw-and-speak)($k=39$),即儿童通常被要求根据研究者给定的主题画一幅画,然后口头解释画作的内容或含义。而有3项研究采用了"绘—写"技术(draw-and-write),即让儿童根据研究者给定的主题画一幅画,然后通过日常写作或对画作进行书面评述的方式来解释画作。① 有一项研究则同时使用了"绘—说"和"绘—写"两种技术。② 有5项研究主要使用的是投射绘画技术。在这5项研究中,尽管给予了儿童说话的机会,但还是由成年人解释儿童的绘画,例如艺术治疗师和家庭精神病学家。有3项研究仅仅将绘画作为破冰的工具或

① i. Ford K. "I didn't really like it, but it sounded exciting": Admission to hospital for surgery from the perspectives of children[J]. Journal of child health care, 2011, 15(4): 250-260. ii. Mares J. The use of kinetic children's drawings to explore the pain experiences of children in hospital[J]. Acta medica (Hradec Kralove), 1996, 39(2): 73-80. iii. Woodgate R L, West C H, Tailor K. Existential anxiety and growth: An exploration of computerized drawings and perspectives of children and adolescents with cancer[J]. Cancer nursing, 2014, 37(2): 146-159.

② Gibson F, Aldiss S, Horstman M, et al. Children and young people's experiences of cancer care: A qualitative research study using participatory methods [J]. International journal of nursing studies, 2010, 47(11): 1397-1407.

是用来促进儿童参与，没有报告绘画是如何被解释的。[①] 有两项研究只提到了绘画在研究中的使用，而没有提供太多相关的具体信息。[②] 但大多数研究还是在他们发表文章的正文中展示了儿童的画作（$k=37$）。

六、纳入研究的质量评价结果

表 2.5 呈现了单项研究质量评价的详情。总体而言，本研究所纳入的研究存在较低的方法论偏差。所有研究都清楚地陈述了研究目的和结果，并对所采用的质性研究方法、研究设计、数据收集方式、研究价值进行了阐释。关于样本选取方案，有 3 项研究没有清晰地解释研究者是如何被选取的。[③] 在研究的伦理方面，有 13 项研究没有说明是否获得了伦理上的批准，尽管文章中提到他们已获得了参与者的同意。有 2 项研究则没有详细描述数据分析

---

① i. Harden J，Black R，Pickersgill M，et al. Children's understanding of epilepsy：A qualitative study[J]. Epilepsy & behavior，2021(120)：107994. ii. Pate J W，Noblet T，Hush J M，et al. Exploring the concept of pain of Australian children with and without pain：Qualitative study[J]. BMJ open，2019，9(10)：e033199. iii. Zigler C K，Ardalan K，Hernandez A，et al. Exploring the impact of paediatric localized scleroderma on health-related quality of life：Focus groups with youth and caregivers [J]. British journal of dermatology，2020，183(4)：692-701.

② i. Ben-David B，Nel N. Applying Bronfen Brenner's ecological model to identify the negative influences facing children with physical disabilities in rural areas in Kwa-Zulu Natal[J]. Africa education review，2013，10(3)：410-430. ii. Singh V，Ghai A. Notions of self：Lived realities of children with disabilities[J]. Disability & society，2009，24(2)：129-145.

③ i. Anderson M，Tulloch-Reid M K. "You cannot cure it，just control it"：Jamaican adolescents living with diabetes[J]. Comprehensive child and adolescent nursing，2019，42(2)：109-123. ii. Fernandes L M S，Souza A M. The meaning of childhood cancer：The occupation of death with life in childhood[J]. Psicologia em Estudo，2019(24)：1-12. iii. Jongudomkarn D，Aungsupakorn N，Camfield L. The meanings of pain：A qualitative study of the perspectives of children living with pain in northeastern Thailand[J]. Nursing & health sciences，2006，8(3)：156-163.

方法,特别是如何从数据中提取主题。[①] 超过一半的研究($n=30$)没有充分考虑并阐释研究者和参与者之间的关系。

表 2.5 质性系统评价纳入研究的质量评价

编号	纳入研究	研究目标清楚	研究方法适当	研究设计适当	抽样策略适当	数据收集能够解决研究问题	说明研究者和参与者的关系	伦理道德问题	数据分析严谨	研究结果清楚	研究价值重要
1	Anderson and Tulloch-Reid, 2019	1	1	1	2	1	3	1	1	1	1
2	Ångstroöm-Braännstroöm et al., 2014	1	1	1	1	1	1	1	1	1	1
3	Arruda-Colli et al., 2015	1	1	1	1	1	3	1	1	1	1
4	Aujoulat, 2003	1	1	1	1	1	3	2	1	1	1
5	Avrahami-Winaver et al., 2020	1	1	1	1	1	3	1	1	1	1
6	Baghdadi et al., 2020	1	1	1	1	1	1	2	1	1	1
7	Barnes, 1975	1	1	1	1	1	3	2	1	1	1
8	Ben-David and Nel, 2013	1	1	1	1	1	1	1	2	1	1
9	Bice et al., 2018	1	1	1	1	1	1	1	1	1	1
10	Boles and Winsor, 2019	1	1	1	1	1	1	1	1	1	1
11	Boyd and Hunsberger, 1998	1	1	1	1	1	3	2	1	1	1
12	Broeder, 1985	1	1	1	1	1	3	2	1	1	1

① i. do Vale Pinheiro I, da Costa A G, Rodrigues D C B, et al. Hospital psychological assessment with the drawing of the human figure: A contribution to the care to oncologic children and teenagers[J]. Psychology, 2015, 6(4): 484-500. ii. Mohangi K, Ebersöhn L, Eloff I. "I am doing okay": Intrapersonal coping strategies of children living in an institution[J]. Journal of psychology in Africa, 2011, 21(3): 397-404.

续表

编号	纳入研究	研究目标清楚	研究方法适当	研究设计适当	抽样策略适当	数据收集能够解决研究问题	说明研究者和参与者的关系	伦理道德问题	数据分析严谨	研究结果清楚	研究价值重要
13	Cassemiro et al.，2020	1	1	1	1	1	3	1	1	1	1
14	Chesson et al.，2002	1	1	1	1	1	3	1	2	1	1
15	Constantinou et al.，2021	1	1	1	1	1	3	1	1	1	1
16	Corsano et al.，2012	1	1	1	1	1	3	1	1	1	1
17	Cotton et al.，2012	1	1	1	1	1	3	1	1	1	1
18	de Souza et al.，2021	1	1	1	1	1	3	1	2	1	1
19	de Souza Fernandes and de Souza, 2019	1	1	1	2	1	3	1	1	1	1
20	do Vale Pinheiro et al.，2015	1	1	1	1	1	3	1	3	1	1
21	Ford，2011	1	1	1	2	1	3	1	1	1	1
22	Gibson et al.，2010	1	1	1	1	1	3	1	1	1	1
23	Gibson et al.，2012	1	1	1	1	1	3	1	1	1	1
24	Harden et al.，2021	1	1	1	1	1	3	1	1	1	1
25	Horstman and Bradding, 2002	1	1	1	1	1	1	1	1	1	1
26	Instone，2000	1	1	1	1	1	1	2	1	1	1
27	Jerrett，1985	1	1	1	1	1	3	2	1	1	1
28	Jongudomkarn et al.，2006	1	1	1	2	1	1	2	1	1	1
29	Kanagasabai et al.，2018	1	1	1	1	1	1	1	2	1	1
30	Liesch and Elertson, 2019	1	1	1	1	1	3	1	1	1	1
31	Linder et al.，2017	1	1	1	1	1	3	1	1	1	1

续表

编号	纳入研究	研究目标清楚	研究方法适当	研究设计适当	抽样策略适当	数据收集能够解决研究问题	说明研究者和参与者的关系	伦理道德问题	数据分析严谨	研究结果清楚	研究价值重要
32	Mares，1996	1	1	1	1	1	1	2	3	1	1
33	Mohangi et al.，2011	1	1	1	1	1	3	2	1	1	1
34	Moola.，2020	1	1	1	1	1	1	1	1	1	1
35	Pate et al.，2019	1	1	1	1	1	3	1	1	1	1
36	Pendleton et al.，2002	1	1	1	1	1	3	1	1	1	1
37	Petronio-Coia and Schwartz-Barcott，2020	1	1	1	1	1	3	1	1	1	1
38	Picchietti et al.，2011	1	1	1	1	1	1	1	1	1	1
39	Pituch et al.，2019	1	1	1	1	1	1	1	1	1	1
40	Pradel et al.，2001	1	1	1	1	1	1	1	1	1	1
41	Purdy and True，2012	1	1	1	1	1	1	1	1	1	1
42	Rollins，2005	1	1	1	1	1	1	1	1	1	1
43	Rotella et al.，2019	1	1	1	1	1	3	1	1	1	1
44	Sartain et al.，2000	1	1	1	1	1	3	1	1	1	1
45	Sartain et al.，2001	1	1	1	1	1	3	2	1	1	1
46	Singh and Ghai，2009	1	1	1	1	1	1	2	1	1	1
47	Stafstrom and Havlena，2003	1	1	1	1	1	1	2	1	1	1
48	van der Riet et al.，2020	1	1	1	1	1	1	1	1	1	1
49	Waters，2008	1	1	1	1	1	1	1	1	1	1
50	Wennstroöm et al.，2008	1	1	1	1	1	1	1	1	1	1
51	Woodgate and Kristjanson，1996	1	1	1	1	1	3	1	1	1	1
52	Woodgate et al.，2014	1	1	1	1	1	1	1	1	1	1

续表

编号	纳入研究	研究目标清楚	研究方法适当	研究设计适当	抽样策略适当	数据收集能够解决研究问题	说明研究者和参与者的关系	伦理道德问题	数据分析严谨	研究结果清楚	研究价值重要
53	Xie et al.，2020	1	1	1	1	1	1	1	1	1	1
54	Zigler et al.，2020	1	1	1	1	1	1	1	1	1	1

注：1＝"是"；2＝"无法判断"；3＝"否"。

第四节　有生理健康问题儿童的疾病经历：质性资料合成结果

本研究基于整体交互作用论（the holistic interactionism model）和疾病的"生物—心理—社会"模式（the biopsychosocial model of disease）来理解罹患身体健康问题儿童与疾病相关主体经验的本质，并建构概念框架和理论模型。整体交互作用论强调"人—环境"的交互关系。学界对"人—环境"关系的研究经历了从早期强调环境对个体影响的单向因果关系，发展到 20 世纪 70 年代的经典交互作用论，开始接受个体功能是个体与环境因素相互作用的结果，再发展到现代的整体交互作用论。整体交互作用论的基本理论假设是认为个体生活在一个复杂的、动态的"人—环境"系统（a person-environment system）中，个体在系统中是有目的的、活跃的部分，其心理、生理和行为因素与环境中的社会和物理等因素之间不断进行交互。① 该模型将个体身处的环境系统分为即时环境（immediate situation）、近端环境（proximal environment）以及远端环境（distal environment）3 个层次。而个体功能（individual functioning）发生在即时环境中，个体直接接触的环境因素发生在近端环境中，远端环境在更宏观的层面上，一般包含经济、社会和文

---

① Magnusson D，Stattin H. The person in context：A holistic-interactionistic approach [C]// Handbook of child psychology，2006：400-464.

化特征等因素。"生物—心理—社会"模型不仅仅关注个体健康的生物学机制,它还强调患者的健康结果受到生理、心理和社会层面因素的协同和相互作用的影响。[1]

　　通过对纳入研究的质性数据资料的主题合成分析,本研究确定了 9 个主题。在个体功能层面包含了 5 个主题,分别是儿童生理方面的疾病经历、心理方面的疾病经历、认知方面的疾病经历、疾病经历中的信仰体验、应对疾病的策略。近端环境中包含社会互动方面的疾病经历和疾病经历中的医疗环境两个主题。远端环境中包含疾病经历中的社会污名,疾病经历与社会福利体系两个主题。表 2.6 列出了主题、子主题、代码、研究的数量以及对每个代码和主题做出贡献的引文。

表 2.6　质性系统评价主题、编码和引用数量

主题和子主题	代码和引用数量
主题一:生理经历	
1.疾病症状	①对症状的描述($k=11;n=74$)
2.医疗程序	①对医疗程序的描述($k=15;n=32$);②副作用($k=8;n=25$);③好处($k=3;n=5$);④情绪反应($k=7;n=10$);⑤行为反应(如合作等;$k=2;n=2$)
3.疼痛	①疼痛的严重程度($k=9;n=26$);②疼痛的来源($k=13;n=27$);③情绪反应($k=8;n=13$);④应对疼痛的方式($k=7;n=10$)
4.疲乏	①疲乏的程度($k=4;n=6$);②疲乏的原因($k=5;n=6$);③疲乏的结果($k=2;n=5$)
5.外貌变化	①表现($k=10;n=11$);②情绪反应($k=4;n=6$)
6.受限感	①本能行为($k=8;n=12$);②食物限制($k=9;n=18$);③运动或玩耍行为($k=13;n=43$);④生产行为($k=7;n=9$);⑤活动空间($k=20;n=39$);⑥情绪反应($k=3;n=4$)

① Engel G L. The clinical application of the biopsychosocial model[J]. The American journal of psychiatry, 1980,137(5): 535-544.

续表

主题和子主题	代码和引用数量
主题二:心理经历	
1.恐惧	①对恐惧的描述($k=9$;$n=20$);②对治疗程序的恐惧($k=11$;$n=31$);③对治疗信号的恐惧($k=1$;$n=11$);④对疾病结果的恐惧($k=12$;$n=23$);⑤应对恐惧的方式($k=5$;$n=6$)
2.忧伤	①对忧伤的描述($k=17$;$n=25$);②生病导致的悲伤($k=4$;$n=7$);③医疗程序导致的忧伤($k=6$;$n=9$);④疾病后果导致的忧伤($k=16$;$n=27$)
3.愤怒	①描述愤怒($k=5$;$n=5$);②因为疾病症状而愤怒($k=3$;$n=5$);③因为医疗程序而愤怒($k=2$;$n=3$);④因为疾病后果的愤怒($k=6$;$n=9$)
4.担忧和焦虑	①担忧和焦虑的描述($k=5$;$n=26$);②由于疾病症状而担忧和焦虑($k=4$;$n=5$);③由于医疗程序而担忧和焦虑($k=8$;$n=14$);④由于疾病后果而担忧和焦虑($k=10$;$n=22$)
5.尴尬	①尴尬瞬间的描述($k=2$;$n=2$);②由于疾病症状而尴尬($k=2$;$n=4$);③由于疾病后果而尴尬($k=1$;$n=1$)
6.无聊	①对无聊的描述($k=1$;$n=1$);②对医疗程序感到无聊($k=3$;$n=4$);③对疾病后果感到无聊($k=3$;$n=3$);④应对无聊的方式($k=1$;$n=1$)
7.失望	①失望的描述($k=5$;$n=6$);②对医疗程序失望($k=2$;$n=2$);③对疾病后果失望($k=7$;$n=12$);④信仰层面的失望($k=2$;$n=3$)
8.孤独	①孤独的描述($k=4$;$n=4$);②限制的结果($k=1$;$n=9$);③被周围人孤立($k=2$;$n=12$);④其他理由($k=2$;$n=3$)
9.无助	①无助感的描述($k=3$;$n=4$);②医疗程序导致的无助($k=1$;$n=9$);③疾病后果导致的无助($k=4$;$n=12$)
10.压力或紧张	①压力或紧张的描述($k=3$;$n=4$);②疾病症状导致的压力或者紧张($k=3$;$n=5$);③医疗程序导致的压力或紧张($k=3$;$n=5$);④疾病后果导致的压力或紧张($k=5$;$n=6$);⑤缺乏资料导致的压力或紧张($k=1$;$n=1$);⑥应对压力或紧张的方式($k=1$;$n=1$)

续表

主题和子主题	代码和引用数量
11.不确定或不安全感	①对不确定或不安全感的描述($k=7;n=18$);②由于医疗程序导致的不确定或不安全感($k=3;n=5$);③由于疾病后果导致的不确定或不安全感($k=6;n=10$);④应对不确定或不安全感的方式($k=2;n=2$)
12.羞愧	①医疗程序导致的羞愧($k=1;n=1$);②疾病后果导致的羞愧($k=2;n=5$)
13.内疚	①因为疾病后果而内疚($k=2;n=3$)
14.开心	①对开心的描述($k=7;n=17$);②因医疗经历而开心($k=7;n=10$);③因康复而开心($k=6;n=11$);④因信仰而开心($k=2;n=6$);⑤因积极的社会互动而开心($k=8;n=9$)
15.情感慰藉	①来自他人的情感慰藉($k=3;n=12$);②来自药物器材的情感慰藉($k=3;n=11$);③来自行为的情感慰藉($k=2;n=11$);④来自宗教信仰的慰藉($k=2;n=2$)
16.渴望	①对人群和家人的渴望($k=6;n=12$);②渴望正常生活($k=8;n=20$);③渴望治疗($k=1;n=1$)
17.安全感	①对安全感的描述($k=1;n=1$);②来自获得信息的安全感($k=1;n=1$);③来自家庭的安全感($k=4;n=4$);④来自医疗保健提供者的安全感($k=1;n=1$)
18.希望	①对希望的描述($k=5;n=7$)
19.其他正向的情绪	①对治疗感觉良好($k=4;n=7$)
主题三:认知经历	
1.自我概念	①积极的自我概念($k=6;n=12$);②消极的自我概念($k=9;n=19$)
2.自我期待	①对自由的向往($k=2;n=3$);②期待回归正常生活($k=5;n=14$);③期待变得强大($k=2;n=2$)
3.医学知识	①医学术语的知识($k=3;n=7$);②疾病相关的知识($k=7;n=25$);③医学知识的来源($k=7;n=14$);④关于治疗的知识($k=17;n=67$);⑤知识缺乏($k=8;n=24$)
4.疾病身份	①疾病是一种惩罚($k=5;n=7$);②疾病是魔鬼造成的($k=1;n=4$);③疾病是神秘的($k=1;n=2$)
5.认知成长	①生命的意义($k=1;n=3$);②痛苦的意义($k=2;n=2$)

续表

主题和子主题	代码和引用数量
主题四:信仰经历	
1. 对信仰经历的描述	①关于上帝的描述($k=1$;$n=3$);②宗教的描述($k=2$;$n=3$)
2. 信仰	①相信上帝的介入($k=4$;$n=32$);②相信上帝的支持($k=4$;$n=23$);③对上帝或会众的不满($k=1$;$n=2$);④灵性审视($k=1$;$n=8$);⑤疾病是上帝的惩罚($k=1$;$n=1$)
3. 宗教仪式	①信仰表达($k=3$;$n=34$);②宗教联结($k=1$;$n=2$);③仪式性回应($k=2$;$n=7$)
4. 基于信仰的社会连接	①基于信仰的社会支持($k=4$;$n=10$)
主题五:应对疾病的策略	
1. 积极应对	①解决问题($k=24$;$n=53$);②情绪调节($k=6$;$n=11$);③寻求帮助($k=8$;$n=17$);④自我鼓励和激励($k=9$;$n=11$)
2. 适应性应对	①分散注意力($k=15$;$n=27$);②积极的重组($k=7$;$n=13$);③合作($k=6$;$n=7$);④忍耐($k=3$;$n=7$)
3. 消极应对	①逃避($k=9$;$n=13$);②撤离($k=5$;$n=10$);③否认($k=5$;$n=6$);④攻击($k=1$;$n=4$)
主题六:社会互动经历	
1. 与家庭的互动	①一般支持($k=5$;$n=7$);②寻求来自家庭的安慰($k=2$;$n=3$);③陪伴($k=6$;$n=6$);④情绪支持($k=2$;$n=5$);⑤灵性支持($k=1$;$n=1$);⑥安慰家庭成员($k=1$;$n=1$);⑦对家庭的负面影响($k=1$;$n=1$);⑧家庭对孩子的负面影响($k=1$;$n=1$);⑨与家人的联系减少($k=1$;$n=1$)
2. 与父母的互动	①寻求父母的支持($k=2$;$n=2$);②日常照料($k=9$;$n=20$);③信息支持($k=7$;$n=11$);④寻求来自父母的安慰($k=8$;$n=16$);⑤陪伴($k=11$;$n=25$);⑥情感支持($k=6$;$n=10$);⑦灵性支持($k=2$;$n=3$);⑧其他支持($k=7$;$n=9$);⑨对儿童的负面影响($k=3$;$n=4$);⑩父母的负面情绪($k=4$;$n=7$);⑪消极的教养方式($k=7$;$n=14$);⑫照顾父母($k=4$;$n=6$);⑬与父母的联系减少($k=4$;$n=5$)

续表

主题和子主题	代码和引用数量
3. 与兄弟姐妹的互动	①陪伴($k=4$;$n=5$);②日常照料($k=3$;$n=3$);③一般支持($k=2$;$n=2$);④情绪支持($k=1$;$n=1$);⑤精神支持($k=1$;$n=1$);⑥信息支持($k=1$;$n=1$);⑦被兄弟姐妹欺负($k=1$;$n=2$);⑧与兄弟姐妹的联系减少($k=1$;$n=1$);⑨对兄弟姐妹的负面影响($k=2$;$n=2$)
4. 与其他家庭成员的互动	①陪伴($k=1$;$n=2$);②日常照料($k=1$;$n=1$);③寻求其他家庭成员的理解($k=1$;$n=1$)
5. 与同辈群体的互动	①同伴入画($k=3$;$n=4$);②陪伴($k=9$;$n=15$);③寻求来自同辈群体的安慰($k=2$;$n=2$);④信息支持($k=4$;$n=4$);⑤情绪支持($k=4$;$n=6$);⑥其他支持($k=6$;$n=8$);⑦与同辈群体的练习减少($k=4$;$n=6$);⑧被同辈群体欺负($k=2$;$n=5$)
6. 与医护人员的互动	①医疗保健提供者的重要性($k=6$;$n=8$);②对医疗保健者提供者的描述($k=9$;$n=17$);③医疗保健提供者的治疗($k=8$;$n=15$);④信息支持($k=6$;$n=10$);⑤陪伴($k=3$;$n=5$);⑥来自医疗保健者的安慰($k=2$;$n=5$);⑦情绪支持($k=4$;$n=6$);⑧其他支持($k=6$;$n=10$);⑨对医疗保健提供者的信任($k=6$;$n=8$);⑩寻求医疗保健提供者的帮助($k=2$;$n=3$);⑪对医疗保健提供者的正面评价($k=9$;$n=37$);⑫对医疗保健提供者的正面评价($k=7$;$n=7$);⑬对医疗保健提供者的期待($k=10$;$n=32$);⑭对医疗保健提供者的恐惧($k=1$;$n=7$)
7. 在学校的社会互动	①学校的支持($k=4$;$n=5$);②学校里的歧视($k=6$;$n=7$);③学校里的不方便的规则($k=1$;$n=1$)
主题七:医院环境	
1. 一般环境	①医院环境的重要性($k=8$;$n=17$);②医院环境的影响($k=4$;$n=10$);③对医院环境的期待($k=4$;$n=57$)
2. 带到医院的物品	①玩具($k=6$;$n=17$);②宠物($k=1$;$n=3$);③其他东西($k=4$;$n=7$)
主题八:社会污名	
1. 歧视的来源	①由疾病导致的歧视($k=3$;$n=6$)
2. 歧视的结果	①无法获得服务($k=2$;$n=2$);②被区别对待($k=1$;$n=2$);③社会排斥($k=6$;$n=16$);④被霸凌($k=6$;$n=20$)

续表

主题和子主题	代码和引用数量
主题九:社会福利体系	
1.个人层面	①有限的食物选择($k=3$;$n=11$);②治疗缺乏($k=1$;$n=3$);③经济困难($k=3$;$n=8$);④缺乏通信设备($k=1$;$n=2$)
2.社区层面	①缺乏交通工具($k=1$;$n=5$);②缺乏教育资源($k=1$;$n=3$);③缺乏基础设施($k=2$;$n=9$);④申请程序($k=1$;$n=1$)

注:k=研究数量,n=引用数量。

一、生理方面的疾病经历

纳入研究报告了儿童出现的各种疾病症状(如颤抖、头晕、呼吸困难等)以及儿童经历的各种医疗程序(如血液测试、X光、注射和手术等)。大多数儿童都描述了医疗程序导致的负面生理体验,如疼痛、疲乏、外貌变化等,其中疼痛是儿童最常提到的体验。儿童描述的第二种最常见的生理体验是受限感,疾病不仅极大地限制了他们的运动或玩耍,还限制了其上学等生产行为,有时甚至说话和走路等本能行为也受到影响。一些研究指出疾病导致的外貌改变也是一些儿童重要的生理体验,特别是患有布鲁里溃疡或特应性皮炎等具有显性疾病症状疾病的儿童,以及因接受癌症治疗造成脱发或留疤的儿童。①

二、心理方面的疾病经历

无论是从质性资料的总量上看,还是从代码或主题的数量上看,本研究

---

① Meta 整合资料来源:i. Aujoulat I, Johnson C, Zinsou C, et al. Psychosocial aspects of health seeking behaviours of patients with Buruliulcer in southern Benin [J]. Tropical medicine & international health, 2003, 8(8): 750-759. ii. Boles J C, Winsor D L. "My school is where my friends are": Interpreting the drawings of children with cancer[J]. Journal of research in childhood education, 2019, 33(2): 225-241. iii. Rollins J A. Tell me about it: Drawing as a communication tool for children with cancer[J]. Journal of pediatric oncology nursing, 2005, 22(4): 203-221.

发现在儿童各种疾病经历中,纳入研究最关心的是他们的心理方面的体验。有生理健康问题的儿童普遍表现出更多的负面情绪,如恐惧、悲伤或抑郁、愤怒、担心、焦虑、尴尬、无聊、孤独、沮丧、无助、压力、紧张、不确定感、不安全感、羞愧、内疚等。有 7 项研究指出儿童负面情绪跟医疗程序有关。疾病带来的一些后果,如疾病复发或死亡的可能性、对生活的失控感、他人的歧视等也是儿童负面情绪的重要来源。此外,因疾病导致外貌改变以及患有危及生命的疾病(特别是癌症)会让儿童感受到很大的压力。[①] 一些研究也描述了儿童的积极情绪,如快乐、情感慰藉、期望、安全和希望等。例如,当儿童与家人在一起时,他们会表现出幸福感。[②] 当他们感觉自己获取到关于疾病或治疗的足够信息时,他们会觉得很有安全感。[③]

三、认知方面的疾病经历

整体来看,有生理健康问题的儿童对世界的理解以及对他们自己的认知

① Meta 整合资料来源:i. Ben-David B,Nel N. Applying Bronfen Brenner's ecological model to identify the negative influences facing children with physical disabilities in rural areas in Kwa-Zulu Natal[J]. Africa education review,2013,10(3):410-430. ii. Rollins J A. Tell me about it:Drawing as a communication tool for children with cancer[J]. Journal of pediatric oncology nursing,2005,22(4):203-221.

② Meta 整合资料来源:i. Ångström-Brännström C,Norberg A. Children undergoing cancer treatment describe their experiences of comfort in interviews and drawings[J]. Journal of pediatric oncology nursing,2014,31(3):135-146. ii. Bice A A,Hall J,Devereaux M J. Exploring holistic comfort in children who experience a clinical venipuncture procedure[J]. Journal of holistic nursing,2018,36(2):108-122. iii. Horstman M,Bradding A. Helping children speak up in the health service[J]. European journal of oncology nursing,2002,6(2):75-84. iv. Woodgate R,Kristjanson L J. "My hurts":Hospitalized young children's perceptions of acute pain [J]. Qualitative health research,1996,6(2):184-201.

③ Meta 整合资料来源:i. Petronio-Coia B J,Schwartz-Barcott D. A description of approachable nurses:An exploratory study,the voice of the hospitalized child[J]. Journal of pediatric nursing,2020(54):18-23. ii. Wennström B,Hallberg L R M,Bergh I. Use of perioperative dialogues with children undergoing day surgery[J]. Journal of advanced nursing,2008,62(1):96-106.

既有消极的一面，也有积极的一面。一些纳入研究的结果表明，儿童在生病后可能会发展出一些消极的自我概念或自我认知，例如缺乏自尊、自我形象受损、感觉自己丑陋或肮脏等。幸运的是，也有一些儿童从疾病的经历中认识到自己的独立性，相信自己控制生活的能力，相信自己内心的美，或是为他们的疤痕感到骄傲等。甚至有两项研究指出，一些儿童能够在经历疾病后对生命和痛苦的意义产生全新的理解，并在苦痛中获得内在成长。他们认为与疾病作斗争的经历让他们学会了"欣赏所有形式的生命"[1]。此外，许多研究还表明，一些儿童还会因为他们的疾病而获得相关医学知识，例如有研究发现 6 岁的儿童也可以掌握一些疾病和医疗程序相关的知识。[2]

四、疾病经历中的信仰体验

宗教信仰被描述为在儿童疾病经历中非常重要的一个部分。许多儿童相信上帝是爱他们的，会保护和支持他们，甚至可以治愈他们。一些儿童表示鉴于对上帝的信任，他们将疾病逆境视为积极的事件，有的甚至表达了对死亡的无惧。当儿童在面临与疾病相关的挑战时，他们常常向上帝祈祷和去教堂做礼拜。有 4 项研究表明宗教可以帮助儿童与有相同信仰的人联结在一起，在进行宗教互动的过程中，他人也可为孩子们提供日常照顾和支持。然而，一些儿童认为疾病是上帝对他们的惩罚。[3]

五、应对疾病的策略

儿童如何应对和处理疾病症状或医疗程序也形成了主体经验的重要部

---

[1]　Meta 整合资料来源：Woodgate R L，West C H，Tailor K. Existential anxiety and growth：An exploration of computerized drawings and perspectives of children and adolescents with cancer[J]. Cancer nursing，2014，37(2)：146-159.

[2]　Meta 整合资料来源：Ford K. "I didn't really like it，but it sounded exciting"：Admission to hospital for surgery from the perspectives of children[J]. Journal of child health care，2011，15(4)：250-260.

[3]　Meta 整合资料来源：Pendleton S M，Cavalli K S，Pargament K I，et al. Religious/spiritual coping in childhood cystic fibrosis：A qualitative study[J]. Pediatrics，2002，109(1)：e8.

分。研究所描述的儿童应对策略可分为 3 种类型:(1)积极应对,例如解决问题、情绪调节、寻求帮助、动员或激励等;(2)适应性应对,例如分散注意力、重新诠释、合作、忍耐等;(3)消极应对,例如逃避、撤离、否认、攻击等。其中,纳入研究对积极应对的描述最多,对消极应对的描述最少。儿童也会针对不同的情况选择表现出不同的应对方式。例如,在应对疾病症状时,一些儿童试图积极地自我鼓励和激励;而另一些儿童则倾向于向上帝祈祷或默默忍受。在经历住院或医疗程序时,一些儿童倾向于积极向成年人寻求帮助或信息,释放或调节他们的负面情绪,或者通过看电视、阅读、玩耍和思考等其他事情来分散注意力。相反地,有 4 项研究描述了儿童为逃避治疗而躲起来,甚至有攻击护士的情况。① 有 1 项研究称一名儿童为了逃避疾病的困扰而试图自杀。②

六、社会互动方面的疾病经历

许多研究记录了儿童与周围人的积极互动,包括他们的父母、兄弟姐妹、其他家庭成员、医护人员、同辈群体以及老师。总体来说,孩子与父母和兄弟姐妹的互动是最频繁的。父母通常会为孩子提供日常护理、疾病相关信息支持、治疗决策帮助、陪伴和情感支持等,这些互动使儿童感到舒适,并且受到鼓励和激励;有时,孩子们也想不让父母感到失望,会去鼓励他们的父母。兄弟姐妹通常和儿童一起玩耍,有时也会提供日常护理。只有 1 项研究提到祖父母和姑姑等其他家庭成员为孩子提供陪伴和日常护理。③ 儿童表达了他

---

① Meta 整合资料来源:do Vale Pinheiro I, da Costa A G, Rodrigues D C B, et al. Hospital psychological assessment with the drawing of the human figure: A contribution to the care to oncologic children and teenagers[J]. Psychology, 2015, 6 (4): 484-500.

② Meta 整合资料来源:Anderson M, Tulloch-Reid M K. "You cannot cure it, just control it": Jamaican adolescents living with diabetes[J]. Comprehensive child and adolescent nursing, 2019, 42(2): 109-123.

③ Meta 整合资料来源:Ångström-Brännström C, Norberg A. Children undergoing cancer treatment describe their experiences of comfort in interviews and drawings[J]. Journal of pediatric oncology nursing, 2014, 31(3): 135-146.

们喜欢跟朋友在一起玩耍。有 4 项研究描述了儿童患者之间会提供与疾病相关的信息和支持。一些研究指出儿童与医护人员的互动对他们非常重要。总体而言，在纳入研究中儿童对医护人员的正面评价比负面评价更多，面带微笑和幽默风趣的护士和医生更受儿童的欢迎。与医生相比，儿童认为护士提供了更多的陪伴、情感安慰和支持。此外，儿童期望医护人员能提供更多的与疾病相关的信息，并直接告诉他们疾病发展的真实情况。一些研究也描述了儿童与周围人消极的互动。例如，父母将疾病归咎于孩子[①]，向儿童传授错误的应对方式来处理疾病症状[②]，甚至忽视孩子[③]。

七、疾病经历中的医疗环境

在纳入研究的图画和访谈资料中，有大量的证据表明医院环境对儿童来说是非常重要的。一些儿童喜欢医院内的活动，比如与同龄人在花园或活动室里玩游戏和玩电脑。儿童常常将医院里五颜六色的墙壁、适宜的温度、儿童友好的家具和装饰品与他们的积极情感和体验联系在一起。相比之下，

---

① Meta 整合资料来源：i. Jongudomkarn D，Aungsupakorn N，Camfield L. The meanings of pain：A qualitative study of the perspectives of children living with pain in north-eastern Thailand[J]. Nursing & health sciences，2006，8（3）：156-163. ii. Rollins J A. Tell me about it：Drawing as a communication tool for children with cancer[J]. Journal of pediatric oncology nursing，2005，22（4）：203-221. iii. Stafstrom C E，Havlena J. Seizure drawings：Insight into the self-image of children with epilepsy[J]. Epilepsy & behavior，2003，4（1）：43-56. iv. Woodgate R，Kristjanson L J. "My hurts"：Hospitalized young children's perceptions of acute pain[J]. Qualitative health research，1996，6（2）：184-201.

② Meta 整合资料来源：i. Purdy J M，True P M. Using drawings and a child-centered interview to explore the impact of pediculosis on elementary school children in a rural town[J]. Children & schools，2012，34（2）：114-123. ii. Singh V，Ghai A. Notions of self：Lived realities of children with disabilities[J]. Disability & society，2009，24（2）：129-145.

③ Meta 整合资料来源：Stafstrom C E，Havlena J. Seizure drawings：Insight into the self-image of children with epilepsy[J]. Epilepsy & behavior，2003，4（1）：43-56.

1 项研究中的儿童则报告了医院里嘈杂环境带来负面影响。[①] 纳入研究描述了孩子们希望有一个更适合儿童的医院环境,有五颜六色的墙壁、更大的病房和活动空间以及其他支持他们在医院生活的设施,如电脑和无线网络。

八、疾病经历中的社会污名

纳入研究发现有生理健康问题的儿童通常会经历社会污名和歧视,特别是在学校环境中。这些儿童透露,他们因疾病或疾病的后果而被同龄人欺负,如外貌变化或体育能力弱等。一些老师甚至将有生理健康问题的儿童与其他健康儿童分开教学,而从医疗角度上看并没有这个必要。而患有残疾、特应性皮炎、艾滋病、头虱的儿童通常会遭遇社会排斥,甚至无法获得应有的社会服务。[②]

九、疾病经历与社会福利系统

一些有生理健康问题的儿童可能得不到来自社会福利系统足够的资源或支持,进而增加了他们在日常生活中的挑战。纳入研究发现,由于医疗费

---

① Meta 整合资料来源：Bice A A，Hall J，Devereaux M J. Exploring holistic comfort in children who experience a clinical venipuncture procedure［J］. Journal of holistic nursing，2018，36(2)：108-122.

② Meta 整合资料来源：i. Anderson M，Tulloch-Reid M K. "You cannot cure it，just control it"：Jamaican adolescents living with diabetes［J］. Comprehensive child and adolescent nursing，2019，42(2)：109-123. ii. Ben-David B，Nel N. Applying Bronfen Brenner's ecological model to identify the negative influences facing children with physical disabilities in rural areas in Kwa-Zulu Natal［J］. Africa education review，2013，10(3)：410-430. iii. Boyd J R，Hunsberger M. Chronically ill children coping with repeated hospitalizations：Their perceptions and suggested interventions［J］. Journal of pediatric nursing，1998，13(6)：330-342. iv. Ibrahim S，Vasalou A，Benton L，et al. A methodological reflection on investigating children's voice in qualitative research involving children with severe speech and physical impairments［J］. Disability & society，2022，37(1)：63-88. v. Moola F J. Passive on the periphery：Exploring the experience of physical activity among children and youth with congenital heart disease using the draw-and-write technique［J］. The arts in psychotherapy，2020(69)：1-10.

用太高、父母因照护责任没有时间工作、学校缺乏助学金等原因，一些儿童经历着经济困难，他们的家庭甚至负担不起治疗费用。① 此外，有 3 项研究指出，缺乏基础设施和教育资源是儿童面临的最大挑战。② 一些残疾儿童表示，由于社区缺乏无障碍交通工具和轮椅等设施，他们的日常活动受到很大限制。③

十、通过绘画表达出的儿童疾病经历的本质

本研究基于整体交互作用论④和疾病的"生物—心理—社会"模式⑤的基本假设以及质性资料分析所获得的主题和子主题之间的联系和相互作用，形成了一个有关罹患生理健康问题儿童疾病经历本质的概念框架（见图 2.2），提供在"人—环境"系统中对儿童疾病相关经历本质的全面理解。总体而言，纳入的研究将有生理健康问题的儿童描述为在"人—环境"系统中积极主动

---

① Meta 整合资料来源：i. Ben-David B，Nel N. Applying Bronfen Brenner's ecological model to identify the negative influences facing children with physical disabilities in rural areas in Kwa-Zulu Natal[J]. Africa education review，2013，10(3)：410-430. ii. Gibson F，Shipway L，Barry A，et al. What's it like when you find eating difficult：Children's and parents' experiences of food intake[J]. Cancer nursing，2012，35(4)：265-277.

② Meta 整合资料来源：i. Aujoulat I，Johnson C，Zinsou C，et al. Psychosocial aspects of health seeking behaviours of patients with Buruli ulcer in southern Benin[J]. Tropical medicine & international health，2003，8(8)：750-759. ii. Moola F J. Passive on the periphery：Exploring the experience of physical activity among children and youth with congenital heart disease using the draw-and-write technique[J]. The arts in psychotherapy，2020(69)：1-10.

③ Meta 整合资料来源：Ben-David B，Nel N. Applying Bronfen Brenner's ecological model to identify the negative influences facing children with physical disabilities in rural areas in Kwa-Zulu Natal[J]. Africa education review，2013，10(3)：410-430.

④ Magnusson D，Stattin H. The person in context：A holistic-interactionistic approach [M]//Lerner R M，Damon W. Handbook of child psychology theoretical models of human development. Hoboken：John Wiley & Sons Inc. ，2006：400-464.

⑤ Engel G L. The clinical application of the biopsychosocial model[J]. The American journal of psychiatry，1980，137(5)：535-544.

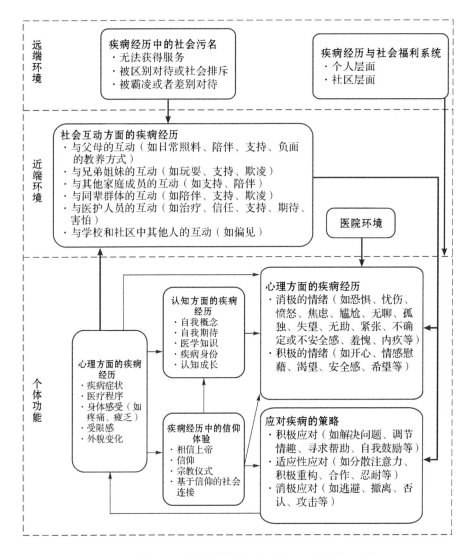

图 2.2　罹患生理健康问题儿童疾病经历本质的概念框架

的个体,他们的疾病经历受到个体功能、近端环境和远端环境中多种因素协同交互作用的影响。第一,疾病的症状以及生理方面的疾病经历似乎是直接导致他们负面情绪的起点,塑造着他们对疾病、对自身以及对生命意义的认知,并加强了他们与上帝或信仰的链接。个体功能层面的生理体验在很大程度上影响了儿童与近端环境中人的社会互动和关系。第二，虽然儿童有时可能会消极地应对疾病和医疗程序，但他们个人的信仰和来自近端环境中的支持会帮助他们积极地解决问题以及重新诠释疾病带来的挑战。第三，远端环境中与疾病相关的社会污名可能会通过造成近端环境中的父母责备、同伴欺凌和社会歧视对儿童的心理、情绪产生负面影响。由于远端环境中的社会福利系统提供的资源有限，总体上影响了儿童的个体功能，特别是对于残疾儿童群体。第四，儿童的心理、情绪似乎是他们其他疾病经历的终点或最终后果。个体功能层面的因素（如疾病症状、认知或宗教信仰）以及近端环境中的人际关系或医院环境都可能导致儿童产生积极或消极的情绪反应。

第四节　对方法应用的启示

一、获取儿童声音的有效性

本节系统评价中大部分的纳入研究是在 2011—2021 年间发表的。可见，在过去的 10 年里，针对罹患生理健康问题儿童的质性研究越来越多地使用基于绘画的研究方法。这一发现与社会科学和儿童健康领域中以权利为基础和"以儿童为中心"研究范式的发展趋势是一致的。① 本研究发现，这些纳入的质性研究深入了解和展现了患有生理健康问题儿童主体经验的复杂性和多样性，而在质性研究中使用基于绘画的方法在吸引儿童参与研究、放大他们的声音、揭示他们的内心世界方面是非常有效的。这一发现与既有研

---

① i. Ford K，Campbell S，Carter B，et al. The concept of child-centered care in healthcare：A scoping review protocol[J]. JBI evidence synthesis，2018，16(4)：845-851. ii. O'Farrelly C. Bringing young children's voices into programme development，randomized controlled trials and other unlikely places[J]. Children & society，2021，35(1)：34-47. iii. van der Riet P，Jitsacorn C，Thursby P. Hospitalized children's experience of a fairy garden in Northern Thailand[J]. Nursing open，2020，7(4)：1081-1092.

究中的观点是一致的。①

　　通过有效的方式积极了解儿童对其疾病经历或健康状况的主体经验,对医护人员加强实践以及改善医患关系至关重要。② 然而,由于词汇或语言发展阶段的限制,儿童在口头表达上存在困难,因此捕捉患有生理健康问题儿童的真实声音并从他们那里收集准确的信息对于医护人员以及研究者而言都是一项巨大的挑战。③ 幸运的是,基于绘画的研究方法可能会为解决此困难打开一扇窗户。儿童能够通过绘画构建视觉符号、传达并分享意义,这有助于他们描绘内心想法,使看不见的东西可视化。④ 常言道:"一幅画能代表一千个词汇。"绘画作为儿童自我表达的另一种方式,能够避免语言障碍或词汇量不足带来的交流困难。⑤ 在人类的知识中除了口头或书面文字外,还存

① i. Liesch S K, Elertson K M. Drawing and dialogue: Youth's experiences with the "face" of diabetes[J]. Journal of patient experience, 2020, 7(6): 1158-1163. ii. Petronio-Coia B J, Schwartz-Barcott D. A description of approachable nurses: An exploratory study, the voice of the hospitalized child[J]. Journal of pediatric nursing, 2020(54): 18-23.

② i. Baghdadi Z D, Jbara S, Muhajarine N. Children's drawing as a projective measure to understand their experiences of dental treatment under general anesthesia[J]. Children, 2020, 7(7): 73. ii. Fernandes L M S, Souza A M. The meaning of childhood cancer: The occupation of death with life in childhood[J]. Psicologia em Estudo, 2019(24): 1-12.

③ i. Bryan G, Bluebond-Langner M, Kelly D, et al. Studying children's experiences in interactions with clinicians: Identifying methods fit for purpose[J]. Qualitative health research, 2019, 29(3): 393-403. ii. Wennström B, Hallberg L R M, Bergh I. Use of perioperative dialogues with children undergoing day surgery[J]. Journal of advanced nursing, 2008, 62(1): 96-106.

④ Einarsdottir J, Dockett S, Perry B. Making meaning: Children's perspectives expressed through drawings[J]. Early child development and care, 2009, 179(2): 217-232.

⑤ Farokhi M, Hashemi M. The analysis of children's drawings: Social, emotional, physical, and psychological aspects[J]. Procedia-social and behavioral sciences, 2011 (30): 2219-2224.

在"隐性知识"(tacit knowledge)。[①] 而绘画能帮助儿童通过视觉形式表达出无法通过语言或文字描绘的"隐性知识"。[②] 另外,绘画可以起到催化剂的作用,为儿童表达敏感的个人经历或负面的情绪提供渠道,例如关于儿童压力情绪或创伤性经历的表达和交流。除了能够反映儿童所处的真实世界,绘画还可以帮助儿童表达想象中的世界,如他们想象中的朋友、神话人物以及他们的愿望和期待等。[③] 正如先前研究者所言,"蜡笔和纸可以成为儿童表达真理的工具"[④]。

本研究还强调,使用基于绘画的研究方法可以使研究本身变得有趣、没有威胁性,并能够让大多数儿童接受。本篇系统评价共包含 1151 名儿童,其中 1129 名是患有生理健康问题的儿童,其年龄跨度从 2 岁到 18 岁。根据纳入研究的描述,大多数儿童愿意参与研究并对绘画感兴趣。事实上,绘画一直被认为是在儿童整个发展阶段中的通用语言。[⑤] 对于大多数儿童而言,绘画是一种令人愉悦并易于接受的活动。[⑥] 特别是年龄较小的儿童对绘画的接受度通常

---

① Alerby E, Brown J. Voices from the margins: School experiences of refugee, migrant and indigenous children[M]. New York: Sense Publishers, 2008.

② i. Kinnunen S, Einarsdottir J. Feeling, wondering, sharing and constructing life: Aesthetic experience and life changes in young children's drawing stories [J]. International journal of early childhood, 2013, 45(3): 359-385. ii. Purdy J M, True P M. Using drawings and a child-centered interview to explore the impact of pediculosis on elementary school children in a rural town[J]. Children & schools, 2012, 34(2): 114-123.

③ Clark C D. In a younger voice: Doing child-centered qualitative research [M]. Oxford: Oxford University Press, 2010.

④ Guillemin M. Understanding illness: Using drawings as a research method[J]. Qualitative health research, 2004, 14(2): 272-289.

⑤ Petronio-Coia B J, Schwartz-Barcott D. A description of approachable nurses: An exploratory study, the voice of the hospitalized child[J]. Journal of pediatric nursing, 2020 (54): 18-23.

⑥ Sapsaglam Ö. Examining the value perceptions of preschool children according to their drawings and verbal expressions: Sample of responsibility value[J]. Egitim ve Bilim, 2017, 42(189): 287-303.

较高,他们可以享受这项活动内在的艺术乐趣。儿童在掌握语言能力之前(婴儿期)就具有理解图片相关关系的能力。① 多数儿童在幼儿园或学校有机会练习绘画技巧,并学习如何通过视觉绘画手段表达自己。由于对绘画有较为充分的学习和实践经验,绘画是一种能够引起儿童兴趣的、使儿童感到熟悉和自在的活动②,可以减少儿童在参与研究过程中焦虑和无聊的感受。

在质性研究的访谈过程中,绘画活动可以为儿童提供一个焦点,使他们能够按照自己的方式进行互动,这可能会让他们对交流或访谈有一种控制感。③与传统的质性访谈相比,使用基于绘画的研究方法可以减少儿童在访谈中口头表达或解释的压力。他们既不用担心自己的回答正确与否,也不需要一直与访谈者保持眼神接触。④ 绘画会减少研究对儿童的要求以及带给儿童的压力,让儿童在参与研究的过程中更自然。总之,基于绘画的研究方法是一种适合儿童自我表达和交流的方式,可以让他们轻松地参与社会科学研究。

二、具体研究技术的类别

本研究还发现,大多数的纳入研究都采用了一种综合的方法,即将绘画活动与传统的基于文字的方法相结合。其中,最常见是"绘—说"(draw-and-speak)和"绘—写"(draw-and-write)技术,儿童被要求画与他们经历有关的

① Callaghan T C, Rochat P. Children's understanding of artist-picture relations: Implications for their theories of pictures[M]//Milbrath C, Trautner H M. Children's understanding and production of pictures, drawings and arts: Theoretical and empirical approaches. Toronto:Hogrefe & Huber, 2008: 187-206.
② Yurtal F, Artut K. An investigation of school violence through Turkish children's drawings [J]. Journal of interpersonal violence, 2010, 25(1): 50-62.
③ Carter B, Ford K. Researching children's health experiences: The place for participatory, child-centered, arts-based approaches[J]. Research in nursing & health, 2013, 36(1): 95-107.
④ i. Farokhi M, Hashemi M. The analysis of children's drawings: Social, emotional, physical, and psychological aspects[J]. Procedia-social and behavioral sciences, 2011(30): 2219-2224. ii. Einarsdottir J, Dockett S, Perry B. Making meaning: Children's perspectives expressed through drawings[J]. Early child development and care, 2009, 179 (2): 217-232.

图画,然后口头解释他们的画作("绘—说")或写下对画作的解释("绘—写")。在这些研究中,儿童的绘画不是由研究者直接进行解读,而是根据儿童自己的口头表达或书面陈述来进行解读。事实上,越来越多的学者建议,不应该基于成人的解释去理解儿童的画作,而是应该基于儿童自己对画作的解释来理解他们的经历或认知。① 之前的研究者从理论上将儿童绘画研究方法分为"绘画即作品"和"绘画即过程"两种类别。虽然"绘画即过程"也强调儿童对绘画的解释,但是本研究更倾向于将这种结合绘画活动与文字表达的方法视为第三类方法,是一种综合方法。在使用综合方法的研究中,资料分析的代码和主题以及整体研究结果主要来自对儿童的口头表达或书面陈述的分析。在大多数的研究中,尽管儿童的画作有时会为理解或分析文字资料提供重要信息,但绘画过程和画作其实都没有被正式分析。

　　本研究建议未来的研究更多地使用结合绘画和文字的综合方法。如果只依靠绘画或文字中的一种方法,儿童在研究中的视觉表达和文字描述之间的互动可能无法实现。② 首先,使用基于绘画的综合方法给予儿童直接解释自己绘画的机会,不仅强调了他们的参与权,还将他们视为其主体经验的专家或代理人。③ 这样的方式可以通过构建一个儿童和研究者都能参与研究的场景,将儿童和成年研究者之间的权力不平等降至最低。④ 其次,使用基于绘画的综合方法可以收集关于儿童主体经验的更深入的质性资料或数据。

---

① van der Riet P, Jitsacorn C, Thursby P. Hospitalized children's experience of a fairy garden in Northern Thailand[J]. Nursing open, 2020, 7(4): 1081-1092.

② Alerby E. "A picture tells more than a thousand words": Drawings used as research method[M]//Children's images of identity. Rotterdam: Springer, 2015: 15-25.

③ Harden J, Black R, Pickersgill M, et al. Children's understanding of epilepsy: A qualitative study[J]. Epilepsy & behavior, 2021(120): 107994.

④ i. Tay-Lim J, Lim S. Privileging younger children's voices in research: Use of drawings and a co-construction process [J]. International journal of qualitative methods, 2013, 12 (1): 65-83. ii. van der Riet P, Jitsacorn C, Thursby P. Hospitalized children's experience of a fairy garden in Northern Thailand[J]. Nursing open, 2020, 7(4): 1081-1092.

以往的研究表明,在质性研究中使用绘画的研究方法可以促进儿童的言语表达,提高他们在访谈中的表现。[1] 绘画作为一种多感官的活动,可以通过提供视觉线索和物理道具增强记忆提取,促进儿童的言语行为,并唤起儿童对其相关主体经验的记忆和反思。当儿童围绕画作进行讨论时,他们表达的观点往往会得到充分的扩展和启发。[2] 与仅仅使用访谈或其他传统的自我报告方法相比,基于绘画的访谈不仅可以延长访谈的持续时间,还可以增加儿童在访谈期间报告的信息量。[3] 最后,基于绘画的综合方法可以通过数据的三角互证来提高质性研究结果的信度和效度。[4] 一方面,研究者可以从儿童的画作和文字表达中多方面了解儿童的主体经验[5];另一方面,儿童对自己画作的口头或书面解释使研究者更容易理解他们的画作,可以避免将成人的

[1] Guillemin M. Understanding illness: Using drawings as a research method[J]. Qualitative health research, 2004, 14(2): 272-289.

[2] i. Eldén S. Inviting the messy: Drawing methods and "children's voices"[J]. Childhood, 2013, 20(1): 66-81. ii. Petronio-Coia B J, Schwartz-Barcott D. A description of approachable nurses: An exploratory study, the voice of the hospitalized child[J]. Journal of pediatric nursing, 2020(54): 18-23.

[3] i. Constantinou C, Payne N, van den Akker O, et al. A qualitative exploration of health-related quality of life and health behaviours in children with sickle cell disease and healthy siblings[J]. Psychology & health, 2021, 38(1): 1-22. ii. Wennström B, Hallberg L R M, Bergh I. Use of perioperative dialogues with children undergoing day surgery[J]. Journal of advanced nursing, 2008, 62(1): 96-106.

[4] i. Ångström-Brännström C, Norberg A. Children undergoing cancer treatment describe their experiences of comfort in interviews and drawings[J]. Journal of pediatric oncology nursing, 2014, 31(3): 135-146. ii. Pate J W, Noblet T, Hush J M, et al. Exploring the concept of pain of Australian children with and without pain: Qualitative study[J]. BMJ open, 2019, 9(10): e033199.

[5] Boles J C, Winsor D L. "My school is where my friends are": Interpreting the drawings of children with cancer[J]. Journal of research in childhood education, 2019, 33(2): 225-241.

价值观和期望投射到儿童画作上而造成偏见。[①] 值得注意的是，相比"绘—写"技术，纳入研究更多地使用"绘—说"技术。虽然"绘—写"技术已经成功地用于研究儿童的感知和态度[②]，但这种技术需要仔细考虑儿童的年龄和写作技能，可能会限制参与者的范围。相比之下，"绘—说"技术似乎增加了研究过程的灵活性，也可以纳入更大年龄范围的儿童参与研究。

三、既有研究中的方法论困境

（一）忽视了儿童人口社会学特征和艺术发展的差异性

大多数的纳入研究在应用基于绘画方法时没有考虑儿童的人口社会学特征对样本选取、数据收集和数据分析等可能产生的影响。例如，很少有研究清楚地解释选择某一特定年龄或发展阶段的儿童参与者的具体原因。儿童的年龄和发展阶段不仅会影响他们的绘画技能和表现，还会影响他们对绘画的兴趣。[③] 绘画技巧的个体差异可能影响访谈过程中儿童口头表达的质量或数量。研究表明，由于儿童的绘画技巧水平不同，绘画作为研究方法的效果对儿童可能存在个体差异。[④] 例如，由于具体和真实的绘画可以为儿童记忆中的目标事件提供更好的检索线索，因此表现出更高的绘画技巧或绘画更加贴近现实的儿童可能会在访谈中报告更多的信息。[⑤]

---

① Walker K，Caine-Bish N，Wait S. "I like to jump on my trampoline"：An analysis of drawings from 8-to 12-year-old children beginning a weight-management program[J]. Qualitative health research，2009，19(7)：907-917.

② Rollins J A. Tell me about it：Drawing as a communication tool for children with cancer[J]. Journal of pediatric oncology nursing，2005，22(4)：203-221.

③ i. Cherney I D，Seiwert C S，Dickey T M，et al. Children's drawings：A mirror to their minds[J]. Educational psychology，2006，26(1)：127-142. ii. Clark C D. In a younger voice：Doing child-centered qualitative research [M]. Oxford：Oxford University Press，2010.

④ Wesson M，Salmon K. Drawing and showing：Helping children to report emotionally laden events[J]. Applied cognitive psychology：The official journal of the society for applied research in memory and cognition，2001，15(3)：301-319.

⑤ Gross J，Hayne H. Drawing facilitates children's verbal reports of emotionally laden events[J]. Journal of experimental psychology：Applied，1998，4(2)：163-179.

　　儿童的艺术发展是一个复杂的过程,受年龄、绘画技巧和社会文化环境等众多因素影响,在研究中使用基于绘画的方法有必要了解和考虑这些因素。虽然纳入研究的参与者年龄差异较大,但我们发现几乎所有纳入研究的样本中都包含了6～12岁年龄阶段的参与者。如果将视觉作品能否表达现实作为标准,年龄较大的儿童通常表现出比年龄较小的儿童具有更好的绘画技能。根据吕凯(Luquet)对儿童绘画发展阶段的描述,一般6～7岁的儿童开始学会画图示意,5岁以下的儿童一般只能创作简单的涂鸦或类似涂鸦的绘画;而年龄稍大的儿童具备以更成熟、形式更合理的绘画来表达意图的能力。① 12岁以下的儿童通常由于对绘画的内在乐趣的享受而对绘画产生兴趣;但是随着年龄的增长,儿童对绘画的兴趣可能会随之下降。12岁之后儿童逐渐进入青春期,将与年龄较小的儿童有很大不同,绘画往往仅是某一部分儿童的特殊兴趣。② 因此,在未来的研究在选取研究对象时,非常有必要了解儿童艺术发展的阶段且解释选取某一特殊发展阶段儿童的原因。

　　(二)低估了儿童画作揭示宏观环境的效果

　　纳入研究的内容主要集中在有生理健康问题的儿童的个体功能层面和近端环境中的社会互动上,很少探索这些儿童对更加宏观的社会文化环境的认知和理解。实际上,儿童的画作可以是一个揭示儿童与环境或社会文化关系的非常好的载体。③ 绘画可以反映儿童对社会文化环境的认知,而社会文

① Boyatzis C J. The artistic evolution of mommy: A longitudinal case study of symbolic and social processes [M]// Boyatzis C J, Watson C W. Symbolic and social constraints on the development of children's artistic style. San Francisco: Jossey-Bass, 2000: 5-29.

② Stafstrom C E, Havlena J. Seizure drawings: Insight into the self-image of children with epilepsy[J]. Epilepsy & behavior, 2003, 4(1): 43-56.

③ i. Kamens S R, Constandinides D, Flefel F. Drawing the future: Psychosocial correlates of Palestinian children's drawings [J]. International perspectives in psychology, 2016, 5(3): 167-183. ii. Sapsaglam Ö. Examining the value perceptions of preschool children according to their drawings and verbal expressions: Sample of responsibility value[J]. Egitim ve Bilim, 2017, 42(189): 287-303.

化环境又会反作用于儿童的认知。[①] 因此，在研究中选择基于绘画的方法时不仅必须适合于相应的社会文化环境，还需要在儿童画作的分析和解释中纳入儿童对环境的看法、态度和情感。[②] 未来的研究应该更多地信任儿童在研究中的能力，从更广泛的角度、更深入地去探索关于他们的疾病体验，这有助于更好地了解儿童在医疗系统中的需求。

（三）研究方法论中的不足

在纳入研究的方法论质量评估方面，我们发现纳入的混合研究中质性部分具有较高的方法论偏差。可能是因为在同一篇文章中需要展示质性和量性研究两部分的方法，一些研究对质性方法的描述存在不清和不详的现象。因此，本研究建议未来的混合研究需要提供关于质性部分更详细的描述。此外，有近一半的研究没有考虑或没有描述到研究者和参与者之间的关系，未来的研究也应该仔细考虑研究者的角色对数据收集和分析可能会产生的影响。

四、本书研究的局限性

（一）对儿童健康的狭义理解

由于本研究采用的是有关"生理健康问题"狭义层面的定义，所以一些在广义层面上具有生理健康问题的儿童可能被排除在本研究之外，例如超重或肥胖的儿童。此外，本研究仅对有生理健康问题的儿童的主体经验进行了概括性的描述，并依此展示基于绘画的研究方法的有效性。未来的研究可能需要包括患有其他生理或心理健康问题的儿童，甚至是健康的儿童，才能更加深入地了解基于绘画的研究方法在儿童研究中的应用状况。

（二）数据来源的可能偏差

由于本研究的原始数据只来源于纳入研究的部分结果而不是整篇文章，

---

① Cherney I D, Seiwert C S, Dickey T M, et al. Children's drawings: A mirror to their minds[J]. Educational psychology, 2006, 26(1): 127-142.

② Farokhi M, Hashemi M. The analysis of children's drawings: Social, emotional, physical, and psychological aspects[J]. Procedia-social and behavioral sciences, 2011 (30): 2219-2224.

因此本研究对质性数据综合分析的结果可能存在偏差。由于本研究只纳入了质性研究或混合研究中的质性部分，因此学者们在解读本研究有关基于绘画的研究方法的相关结果时需要谨慎。有一些基于绘画的研究方法（如投射绘画技术）可能被广泛地应用在量性研究中。因此未来的研究也有必要进一步探索儿童绘画在量性研究中是如何被使用的。

（三）质性证据合成中的不足

由于本研究涵盖的质性资料数据量较大，在进行质性证据合成的时候没有区分笔者的描述和原引文，而这两种类型的数据作为证据的级别并不相同。因此，建议未来的研究以更加细化的方式合成质性资料，提供更加严谨的研究证据。

第五节　本章小结

每个人的声音都应该被这个世界听见，包括那些罹患生理健康问题的儿童的声音。儿童健康领域的研究者需要仔细考虑所使用的研究方法，让儿童以合适且有意义的方式参与到与之相关的研究中。本章系统回顾了54项质性研究或包含质性部分的混合研究，这些研究都采用基于绘画的研究方法探索了有生理健康问题的儿童的主体经验。本研究不仅分析了纳入研究中所使用的基于绘画研究方法的特点，还使用主题合成分析法对纳入研究的质性数据进行合成分析，全面展示了罹患生理健康问题的儿童的主体经验的本质。本研究从方法论层面，对基于绘画的研究方法在儿童健康研究领域中的应用进行了深刻的讨论，强调在儿童健康相关研究中使用基于绘画方法的适当性和有效性，能够促进更广泛的、更有意义的儿童参与。

第三章
湿疹对儿童生理、心理和社会功能的影响：描述性文献综述

从本章开始，将以湿疹儿童为研究对象，探索儿童的声音与研究证据的融合。儿童期是个体生理和心理成长的关键阶段，也是个体接触社会并学习人际沟通互动技能的关键时期。长期且反复发作的湿疹不仅严重影响着患儿的身体健康，还对其心理和社会功能产生负面影响，导致其整体生活质量显著低于健康的同龄群体。了解有关疾病的基本医疗知识以及该疾病对儿童的影响不仅是专业社会工作者与患儿、家属以及医务人员进行对话的基本要求，更是为有生理健康问题的儿童提供有效的社会心理干预或服务的重要前提。本章通过描述性文献综述（narrative review）的方法，梳理有关儿童湿疹的基本医疗知识以及湿疹对儿童生理、心理和社会功能的影响，为接下来探索湿疹儿童群体的主体经验以及评估针对这一儿童群体的社会心理干预的效果奠定基础。

第一节　有关儿童湿疹的基本医疗认识

一、湿疹和特应性皮炎的概念

"湿疹"（eczema）和"特应性皮炎"（atopic dermatitis）这两个概念关系十分紧密，欧洲变态反应与临床免疫学会（EAACI）①还提出过"特应性皮炎/湿疹综合

---

① 成立于 1956 年，是一个活跃于过敏与免疫性疾病（如哮喘、鼻炎、湿疹、职业过敏、食物与药物过敏和过敏症）领域的非营利性机构，现已成为欧洲过敏与临床免疫学领域最大的医学会。

征"的概念。湿疹是一种形态学的描述,是一类特殊皮肤炎症性疾病的总称,在临床上凡是具备瘙痒、丘疹、红斑、水泡、脱屑等特点且难以明确诊断的皮疹均可先拟诊断为湿疹[①],因此特应性皮炎在被明确诊断之前多被诊断为湿疹。特应性皮炎的皮肤损害表现为湿疹,在美国和日本皮肤病学会的诊断标准中,湿疹症状的皮肤损害是诊断特应性皮炎的必备依据。从分类的角度上来说,特应性皮炎是一种特殊类型的湿疹,有时也被称为"特应性湿疹"。

本书不严格区分"湿疹"和"特应性皮炎"这两个概念。相较于特应性皮炎,湿疹这一概念对非医学领域的读者来说可能更容易理解和接受。本书中的实证研究在香港实施,参与研究的儿童及其父母在与研究者的交流中均习惯使用"湿疹"而非"特应性皮炎"指代儿童所患的皮肤病。因此,本书在介绍疾病与医学相关基本知识时使用"特应性皮炎"这一概念,在其他大部分内容中使用"湿疹"这一概念。本书中所指或所研究的湿疹儿童既包括明确诊断患有特应性皮炎的儿童,也包括有湿疹症状的皮损但未被明确诊断为患有特应性皮炎的儿童。

医学界对特应性皮炎的认识经历了一个漫长的过程。1808 年,罗伯特·威兰(Robert Willan)首先提出将特应性皮炎作为一种独立疾病,并将该疾病描述为痒疹症状。1891 年,布罗克(Brocq)和雅克盖(Jacquet)将这一疾病界定为播散性神经性皮炎,用以强调它与个体情绪的密切关系。[②] 1892年,贝斯尼尔(Besnier)确认了瘙痒在该疾病中的重要地位,并称之为贝斯尼尔痒疹。1923 年,美国变态反应学家古柯(Coca)及库克(Cooke)等人提出了"atopy"这一概念,英文原意是"奇怪的疾病"或"超出正确位置",用以界定个体的过敏反应现象,现中文翻译为"特应性"。[③] 1933 年,怀斯(Wise)和苏兹伯格(Sulzberger)等建议将这组慢性、复发性、瘙痒性、炎症性的皮肤疾病命名为"特应性皮炎"。在国内,"特应性皮炎"曾被称为异位性皮炎、遗传过敏

---

① 李邻峰. 特应性皮炎[M]. 北京:北京大学医学出版社,2006.
② 郝飞,宋志强. 特应性皮炎[M]. 北京:人民军医出版社,2008.
③ Coca A F, Cooke R A. On the classification of the phenomena of hypersensitiveness [J]. The journal of immunology, 1923,8(3):163-182.

性皮炎、内源性湿疹、体质性湿疹等。目前国内外学者普遍接受"特应性皮炎"这一命名。

二、特应性皮炎的诊断和严重程度评价

由于特应性皮炎临床表现和发病机制都较为复杂，患者的病史差异很大，又缺乏试验室特异性诊断指标，因此对其诊断并不容易。全世界有许多学者对特应性皮炎的皮肤临床表现做过研究并制定出多种诊断标准。19 世纪 80 年代，哈芬（Hanifin）和拉杰卡（Rajka）提出关于特应性皮炎的诊断标准，包括 4 项基本特征和 23 项次要特征。基本特征为瘙痒、典型性形态和分布、慢性或复发性皮炎、特应性个人病史或家族病史。[1] 次要特征包括干皮症、鱼鳞病/掌纹症/毛周角化症、即刻型（I 型）皮试反应、血清 IgE 增高、早年发病、皮肤感染倾向或损伤的细胞介导免疫等。当患者符合基本特征中 3 项或 3 项以上，同时符合次要特征中任意 3 项或 3 项以上即可诊断为特应性皮炎。在此之后，医学领域在改进特应性皮炎诊断标准方面做出了很多努力。例如，利勒哈默尔（Lillehammer）在 1994 年国际特应性皮炎研讨会上提出将特应性皮炎分为婴儿期、儿童期和青少年成人期三个阶段分别诊断的标准。1994 年，英国特应性皮炎协作组威廉姆斯（Williams）等制定并发表了特应性皮炎的简化诊断标准。1999 年，日本皮肤病协会也制定了特应性皮炎的诊断标准。2003 年，美国皮肤病学会发表特应性皮炎的诊断标准，将其临床表现分为 3 类：必备指标、重要特征、相关表现。我国康克非、田润梅等对哈芬和拉杰卡标准进行修订，提出康—田标准。总的来说，特应性皮炎的诊断迄今还没有确定的客观标准或试验指标，哈芬和拉杰卡提出的标准仍然被视为当前全球范围内的金标准。[2] 在临床实践中，对特应性皮炎的诊断还是综合

[1]　HanifIn J M，Rajka G. Diagnostic features of atopic dermatitis[J]. Acta dermato-venereologica，1980(92)：44-47.

[2]　Nygaard U，Riis J L，Deleuran M，et al. Attention-deficit/hyperactivity disorder in atopic dermatitis：An appraisal of the current literature[J]. Pediatric allergy，immunology，and pulmonology，2016，29(4)：181-188.

征诊断，主要依赖医生的观察而非严格的标准。

医学界对特应性皮炎皮肤损害的严重程度提出过若干种评价方法，但仍未有被广泛统一采用的方法。最常用的评价方法分别是 SCORAD、EASI 以及 SASSAD。1993 年，欧洲特应性皮炎研究组（European Task Force on Atopic Dermatitis, ETFAD）提出 SCORAD（Scoring Atopic Dermatitis Index）评分法，包括客观体征（皮肤病变范围和皮损严重程度）和主观症状（瘙痒和睡眠影响程度）。1998 年，查里尔（Charil）及哈芬等参照银屑病的评价方法，根据特应性皮炎的特点提出 EASI（Eczema Area and Severity Index）评分法，根据不同部位皮损症状严重程度、占全身面积的比例进行综合积分。1996 年，索登（Sowden）等提出 SASSAD（Six Area, Six Sign Atopic Dermatitis）方法，把全身皮肤表面分为 6 个区域进行评价。这 3 种评分已经应用于许多临床研究，其有效性和可靠性已得到认可。本书中对于儿童湿疹严重程度的评价采用 SCORAD 评分法，详情见第七章第三节中对随机对照试验测量工具的描述。

三、儿童特应性皮炎的发病情况

特应性皮炎一般起病于婴儿早期或儿童期，因此在总体患病群体中，儿童和青少年居多。在儿童群体中，特应性皮炎是最常见的皮肤疾病之一。由于不同国家和地区采用的诊断和评价标准不统一，应用研究的方法也存在差异，全面确切地评估全球儿童特应性皮炎的流行病学现状非常困难。因此，既有研究中关于儿童特应性皮炎发病率的结果有很大差异。有研究显示，特应性皮炎在全球儿童和青少年中的发病率为 15%～30%。[1] 相较于发展中国家而言，在工业化程度高的发达国家中，儿童特应性皮炎的发病率更高。我国有关儿童特应性皮炎发病率的调查资料相对较少。顾恒等于 2002 年在我国不同地区的 10 个城市对 1～7 岁儿童进行特应性皮炎流行病学调查[2]，

---

[1] Archer C B. Atopic eczema[J]. Medicine, 2013, 41(6): 341-344.

[2] 顾恒, 尤立平, 刘永生, 等. 我国 10 城市学龄前儿童特应性皮炎现况调查[J]. 中华皮肤科杂志, 2004(1): 29-31.

调查人口总数为 49241 人,确诊患者共 1371 例,其中男性 768 例,女性 603 例,总患病率为 2.78%,其中男性患病率为 3.03%,女性患病率为 2.53%。国际研究表明,气候或物理环境因素(如湿度和温度)与特应性皮炎的发病率显著相关。[①] 据此推断,我国香港地区地处温度和湿度都较高的沿海地区,儿童患有特应性皮炎的情况相较北方地区可能更为常见。尽管没有代表性的研究数据,一项 2004 年的研究称,特应性皮炎是香港一家儿科皮肤病诊所中最常见的疾病。[②] 本书中实证研究的地点在我国香港地区也是一种需求导向的选择。

值得注意的是,全球儿童特应性皮炎的发病率在过去 40 年里增加了 3 倍。[③] 我国特应性皮炎的发病率也呈上升的趋势。2016 年的一项研究显示,我国 1~7 岁儿童特应性皮炎的发病已达到 12.94%[④],相较 2002 年研究结果显示的该年龄阶段儿童群体的总患病率 2.78%[⑤]增加了数倍。虽然有关特应性皮炎是否为遗传性疾病的讨论至今仍意见不一,但遗传因素的作用并不能解释近 40 年来特应性皮炎发病率不断上升的现象。因此,目前大

---

① i. Langan S M, Irvine A D. Childhood eczema and the importance of the physical environment[J]. Journal of investigative dermatology, 2013, 133(7): 1706-1709. ii. Silverberg J I, Hanifin J, Simpson E L. Climatic factors are associated with childhood eczema prevalence in the United States[J]. Journal of investigative dermatology, 2013, 133(7): 1752-1759.

② Hon K L, Leung T F, Wong Y, et al. Skin diseases in Chinese children at a pediatric dermatology center[J]. Pediatric dermatology, 2004, 21(2): 109-112.

③ i. Lee S, Shin A. Association of atopic dermatitis with depressive symptoms and suicidal behaviors among adolescents in Korea: The 2013 Korean Youth Risk Behavior Survey[J]. BMC psychiatry, 2017, 17(1): 1-11. ii. Mitchell A E, Fraser J A, Ramsbotham J, et al. Childhood atopic dermatitis: A cross-sectional study of relationships between child and parent factors, atopic dermatitis management, and disease severity[J]. International journal of nursing studies, 2015, 52(1): 216-228.

④ Guo Y, Li P, Tang J, et al. Prevalence of atopic dermatitis in Chinese children aged 1-7 ys[J]. Scientific reports, 2016, 6(1): 1-7.

⑤ 顾恒,尤立平,刘永生,等. 我国 10 城市学龄前儿童特应性皮炎现况调查[J]. 中华皮肤科杂志,2004(1):29-31.

部分研究认为,特应性皮炎是在一定遗传的基础上,对环境中多种因素发生异常反应的结果。事实上,环境因素对特应性皮炎、过敏性鼻炎、过敏性哮喘等特应性疾病发生和发展的影响早就为人们所重视。随着工业化与城市化的加速,工业污染、汽车尾气排放等因素被认为是工业发达国家中儿童特应性皮炎发病率不断上升的重要原因。有研究认为家庭结构变化也是一个原因。大家庭中的交叉感染可能对特应性疾病起着一定的预防作用,然而社会发展以及家庭结构变化导致家庭成员减少、家庭卫生状况得到较大改善,交叉感染的机会明显减少,因而特应性皮炎发病率也随之增加。还有研究认为烟草暴露的增加也与特应性皮炎发病率增加有一定关系。近30年来欧美女性吸烟比例大幅增加,而妊娠期或哺乳期女性吸烟可能会增加其子女患有特应性皮炎的风险。也有学者提出,人们对特应性皮炎认识和诊断能力的提高可能使针对该病症的流行病学报告也增多。[①] 虽然目前少量研究数据发现我国儿童特应性皮炎的发病情况不如欧美等发达国家严重,但随着我国工业化和城镇化进程的加速,对患有特应性皮炎儿童群体的研究十分必要。

四、特应性皮炎的治疗与预后

临床用于治疗特应性皮炎的方法众多,并有一定疗效,在一定程度上可以改善患者的临床症状。目前对特应性皮炎进行药物治疗的主要目的是控制瘙痒、治疗现有皮损、防止复发。常用的药物治疗手段包括恰当使用保湿剂、肾上腺糖皮质激素、钙调神经磷酸酶制剂、抗组胺药、免疫抑制剂、抗生素、生物反应调节剂等。近20年来,特应性皮炎的治疗模式发生了很大变化,从单纯使用皮质类固醇类制剂等免疫抑制和抗感染治疗转向恢复患者的皮肤屏障(skin barrier)的治疗模式。但是,目前医学领域尚缺乏安全且有效

---

① i. Carroll C L, Balkrishnan R, Feldman S R, et al. The burden of atopic dermatitis: Impact on the patient, family, and society[J]. Pediatric dermatology, 2005, 22(3): 192-199. ii. Wright J. Coping with atopic eczema[J]. Journal of community nursing (JCN), 2007, 21(5): 30-33.

控制特应性皮炎发生和发展的方法。湿疹治疗的长期性导致儿童的依从性较低,且过度的药物医治还可能还会导致皮肤屏障功能进一步受损而加重湿疹。

慢性和复发性是特应性皮炎的特点。一般认为大多数特应性皮炎的预后较好,病情会随儿童的年龄增加而减轻。婴儿期的特应性皮炎多发生于出生后 2~6 个月,一部分患儿在儿童期可以自行缓解或改善。不过,病程和预后受许多因素影响,也有一部分患儿的病情会继续发展至儿童期。儿童期特应性皮炎可为婴儿期的继续,也可以是儿童期新发病。一般认为发病年龄越早,预后越差,发展为持续性特应性皮炎的风险越高。维特里希(Wuthrich)研究了 121 例自婴儿时期就开始有特应性皮炎症状的患者在儿童期和青春期的预后情况,在患者平均年龄为 15 岁(儿童期)和 23 岁(青春期)时分别进行两次随访,结果显示,在儿童期后,11%的患者特应性皮炎症状消失且不复发;在青春期后,25%的患者特应性皮炎症状消失且不复发;然而,在青春期时仍有 63%的患者具有症状,其中 32%的患者发展为慢性连续性病程。有研究发现,在 7～12 岁学龄儿童群体中,终生患有特应性皮炎的约占34.1%。[1] 总之,由于特应性皮炎复杂的发病机制,对于大部分患儿而言,复发是难免的,一些儿童的症状是无法完全治愈的。总之,有大量儿童不得不长期生活在严重的皮肤状况中。[2]

第二节 湿疹对儿童生理功能的影响

湿疹作为一种皮肤疾病,首先需要关注其对儿童生理功能的影响,主要包括瘙痒和搔抓、睡眠障碍、皮肤损伤以及诱发的其他并发症状。既有研究

---

[1] Matterne U, Schmitt J, Diepgen T L, et al. Children and adolescents' health-related quality of life in relation to eczema, asthma and hay fever: Results from a population-based cross-sectional study[J]. Quality of life research, 2011, 20(8): 1295-1305.

[2] Ou H T, Feldman S R, Balkrishnan R. Understanding and improving treatment adherence in pediatric patients [J]. Seminars in cutaneous medicine and surgery, 2010, 29(2): 137-140.

多关注湿疹的瘙痒症状引起的睡眠障碍以及皮肤损伤,很少有研究探索和了解儿童自身是如何感受和理解这些症状的,以及他们是如何应对的。

一、瘙痒与搔抓

湿疹最主要、最常见的症状是瘙痒,可为局部性或全身性的。在日常生活中,一些轻微刺激,如摩擦、粉尘、温度变化、出汗、干燥、精神压力、特殊衣物、热水等都可能加重湿疹瘙痒的程度。持续的、剧烈的瘙痒会让患儿感到明显不舒服,甚至难以忍受,引起本能的搔抓反应。患儿不断地搔抓皮肤,可能会造成皮肤损伤,继发感染,出现痒疹,导致皮肤苔藓化,进而激发更强烈的瘙痒感,陷入越抓越痒的恶性循环。可以说,瘙痒引起的搔抓是特应性皮炎的皮疹发生、发展、恶化、再发和持续存在的重要原因。

二、睡眠障碍

湿疹引起的瘙痒最常发于夜间,特别是临睡前。夜间持续的瘙痒严重影响了湿疹儿童的睡眠质量,约83％的患儿表示在病情恶化期间遭受过睡眠障碍的困扰。[①] 与未患有湿疹的同龄人相比,他们更容易出现入睡困难、夜间频繁醒来、总睡眠时间不足等睡眠障碍。[②] 睡眠障碍可能会影响幼儿的睡眠模式并导致长期的睡眠问题。[③] 湿疹导致的睡眠障碍还会进一步造成其他负面影响。研究发现,湿疹儿童往往白天嗜睡、精神不振,注意力不集中,导致学业表现不佳,更易引发行为和情绪问题。长期夜间睡眠不足会对湿疹儿

---

① Camfferman D, Kennedy J D, Gold M, et al. Eczema, sleep, and behavior in children [J]. Journal of clinical sleep medicine, 2010, 6(6): 581-588.

② Barilla S, Felix K, Jorizzo J L. Stressors in atopic dermatitis[J]. Management of atopic dermatitis, 2017(1027): 71-77.

③ Chamlin S L, Frieden I J, Williams M L, et al. Effects of atopic dermatitis on young American children and their families[J]. Pediatrics, 2004, 114(3): 607-611.

童智力发育和神经认知功能造成负面影响，易引发生长发育障碍。[①] 此外，湿疹儿童的睡眠障碍还可能会对其父母和兄弟姐妹的睡眠质量和整体生活质量产生负面影响，使得整个家庭的关系变得糟糕。[②]

三、明显的皮肤损伤

湿疹对儿童的皮肤屏障造成破坏。皮肤屏障是指由角质层、脂质以及天然保湿因子等构成的天然防御系统，可以有效阻止外界化学物质和微生物等因素的侵害以及水分的丢失，是维护皮肤健康的关键。[③] 湿疹儿童常常存在皮肤屏障功能异常，皮肤角质层含水量降低，油脂分泌能力低，皮肤干燥，耐受性低。许多在正常情况下不易对皮肤产生刺激的因素均有可能对湿疹儿童产生刺激，比如反复接触洗涤剂、反复摩擦、动物毛、羊毛衣物、化纤衣物、粉尘、花粉、沙土等对一般人可能不构成威胁，却可能对湿疹儿童产生皮肤刺激，继而破坏局部皮肤组织产生炎症。

湿疹临床表现复杂多变，各种炎症性皮肤损害单独出现或合并出现。主要的皮肤损害表现为皮肤干燥、红斑、水肿、丘疹、渗出、溃脓、脱屑等，还会有炎症后色素减退和色素沉着现象。由于反复搔抓导致皮损增厚，常出现苔藓样变，在四窝、膝盖和手腕周围比较明显。儿童的手部和口唇部位损害易发生皲裂，时轻时重，经久不愈。这些皮肤损伤也因人而异，有的患儿只有轻度的刺激性斑块，有的患儿十分严重，皮肤损伤遍布全身，造成剧烈瘙痒和局部性疼痛，有的甚至影响膝盖和手肘部位的弯曲。患有严重湿疹的儿童的皮肤表面常见大量抓痕和血痂，皮肤损害处反复不愈，外观惨不忍睹。与其他慢

① i. Chang H Y，Seo J H，Kim H Y，et al. Allergic diseases in preschoolers are associated with psychological and behavioural problems［J］. Allergy，asthma & immunology research，2013，5（5）：315-321. ii. Silverberg J I，Paller A S. Association between eczema and stature in 9 US population-based studies[J]. JAMA dermatology，2015，151(4)：401-409.

② Lewis-Jones S. Quality of life and childhood atopic dermatitis：The misery of living with childhood eczema［J］. International journal of clinical practice，2006，60（8）：984-992.

③ 郝飞，宋志强. 特应性皮炎［M］. 北京：人民军医出版社，2008.

性疾病不同,湿疹这一疾病对儿童造成的伤害是显性的、肉眼可见的,暴露部位的皮肤损害严重影响儿童的容貌和外观。

四、由特应性皮炎诱发的其他症状

特应性皮炎还易诱发其他并发症状,除了皮肤表现外,还可能有其他器官脏器受累表现,如出现锥形角膜/过敏性结膜炎、前囊下白内障等。此外,特应性皮炎、哮喘、过敏性鼻炎被称为儿童特应性三联征,其中特应性皮炎是发病年龄最早的疾病。研究表明,湿疹儿童更容易在日后发展出哮喘和/或过敏性鼻炎。研究发现,高达80%的湿疹儿童患病后可能会患上哮喘和/或过敏性鼻炎。[1] 这种由皮肤炎症最后发展为呼吸道炎症的过程称为特应性进程。还有研究发现有40%的湿疹儿童可能会患上食物过敏。[2] 此外,湿疹儿童还存在免疫功能低下的情况,不恰当的忌口常常造成患儿营养失衡,进一步加剧原有的免疫功能障碍,使原有异常免疫反应加剧,形成忌口—营养失衡—免疫障碍的恶性循环,产生难治性湿疹。[3] 可见,患有特应性皮炎的儿童常常处于多重疾病的困扰中。

第三节 湿疹对儿童心理功能的影响

由于湿疹的病程长,治愈难,对患儿心理功能的影响不容忽视。既有研究主要探索了儿童湿疹与注意缺陷多动障碍(attention deficit and hyperactivity disorder,ADHD)、压力与情绪困扰、焦虑症(anxiety)以及抑郁症(depression)的相关关系。

一、注意缺陷多动障碍

在儿童心理功能方面,湿疹与注意缺陷多动障碍的关系最受研究关注。

---

[1] Eichenfield L F, Hanifin J M, Beck L A, et al. Atopic dermatitis and asthma: Parallels in the evolution of treatment[J]. Pediatrics, 2003, 111(3): 608-616.

[2] Hauk P J. The role of food allergy in atopic dermatitis[J]. Current allergy and asthma reports, 2008, 8(3): 188-194.

[3] 李邻峰.特应性皮炎[M].北京:北京大学医学出版社,2006.

注意缺陷多动障碍俗称多动症，发生于儿童期，表现为注意集中困难、注意持续时间短、活动过度或冲动以及难以控制不合适的行为等。从 20 世纪 80 年代开始就有研究讨论湿疹与多动症之间的联系。在过去 30 年里，二者的发病率都有所上升，其相关性受到了更多的研究关注。[①] 一些大样本的横断面或追踪研究结果发现，与未患有湿疹的儿童相比，诊断为湿疹的儿童更有可能患有多动症。[②] 有 3 项 Meta 分析更是为儿童湿疹和多动症的相关性提供了有力证据。[③] 有研究发现，同时患有其他特应性疾病或睡眠障碍的湿疹儿童被诊断为多动症的风险高于仅患有湿疹的儿童。[④] 此外，多动症经常与抽动障碍（tic disorder）和孤独症谱系障碍（autism spectrum disorder，ASD）共存。最新研究证据表明，与健康同龄人相比，患有湿疹的儿童患抽动障碍和

① Nygaard U，Riis J L，Deleuran M，et al. Attention-deficit/hyperactivity disorder in atopic dermatitis：An appraisal of the current literature［J］. Pediatric allergy，immunology，and pulmonology，2016，29(4)：181-188.

② i. Horev A，Freud T，Manor I，et al. Risk of attention-deficit/hyperactivity disorder in children with atopic dermatitis［J］. Acta dermatovenerologica croatica，2017，25(3)：210-214. ii. Lee C Y，Chen M H，Jeng M J，et al. Longitudinal association between early atopic dermatitis and subsequent attention-deficit or autistic disorder：A population-based case-control study［J］. Medicine，2016，95(39)：e 5005.

③ i. Schmitt J，Apfelbacher C，Heinrich J，et al. Association of atopic eczema and attention-deficit/hyperactivity disorder-meta-analysis of epidemiologic studies［J］. Zeitschrift fur Kinder-und Jugendpsychiatrie und Psychotherapie，2013，41(1)：35-42. ii. Schmitt J，Buske-Kirschbaum A，Roessner V. Is atopic disease a risk factor for attention-deficit/hyperactivity disorder? A systematic review［J］. Allergy，2010，65(12)：1506-1524. iii. van der Schans J，Cicek R，de Vries T W，et al. Association of atopic diseases and attention-deficit/hyperactivity disorder：A systematic review and meta-analyses［J］. Neuroscience & biobehavioral reviews，2017(74)：139-148.

④ i. Lee C Y，Chen M H，Jeng M J，et al. Longitudinal association between early atopic dermatitis and subsequent attention-deficit or autistic disorder：A population-based case-control study［J］. Medicine，2016，95(39)：e 5005. ii. Romanos M，Gerlach M，Warnke A，et al. Association of attention-deficit/hyperactivity disorder and atopic eczema modified by sleep disturbance in a large population-based sample ［J］. Journal of epidemiology & community health，2010，64(3)：269-273.

孤独症谱系障碍的风险显著增加。[①] 一些研究认为儿童湿疹和多动症可能存在基因或环境方面的共同诱因，例如胎儿发育受损、婴儿出生体重偏低、母亲产前焦虑、父母吸烟、家庭社会经济地位低等。[②]

二、情绪困扰与心理压力

湿疹儿童的压力和情绪困扰也是以往研究的一个重点。有研究表明，与健康的同龄人相比，湿疹儿童更容易遭受情绪困扰或心理压力。[③] 在湿疹发生和发展过程中，患儿更容易产生情绪波动以及诸如害怕、紧张、悲伤、厌恶、

[①]　i. Billeci L，Tonacci A，Tartarisco G，et al. Association between atopic dermatitis and autism spectrum disorders：A systematic review[J]. American journal of clinical dermatology，2015，16(5)：371-388. ii. Chang Y T，Li Y F，Muo C H，et al. Correlation of tourette syndrome and allergic disease：Nationwide population-based case-control study[J]. Journal of developmental & behavioral pediatrics，2011，32 (2)：98-102. iii. Chen M H，Su T P，Chen Y S，et al. Attention deficit hyperactivity disorder，tic disorder，and allergy：Is there a link? A nationwide population-based study[J]. Journal of child psychology and psychiatry，2013，54(5)：545-551.

[②]　i. Becker-Haimes E M，Diaz K I，Haimes B A，et al. Anxiety and atopic disease：Comorbidity in a youth mental health setting [J]. Child psychiatry & human development，2017，48(4)：528-536. ii. Johansson E K，Ballardini N，Kull I，et al. Association between preschool eczema and medication for attention-deficit/hyperactivity disorder in school age[J]. Pediatric allergy and immunology，2017，28 (1)：44-50.

[③]　i. Kelsay K，Klinnert M，Bender B. Addressing psychosocial aspects of atopic dermatitis[J]. Immunology and allergy clinics，2010，30(3)：385-396. ii. Oak J W，Lee H S. Prevalence rate and factors associated with atopic dermatitis among Korean middle school students[J]. Journal of Korean academy of nursing，2012，42(7)：992-1000.

愤怒、烦躁、沮丧、尴尬等负面情绪。① 也有研究指出，湿疹儿童可能会否认或抑制自己的负面情绪，或是无法有效地表达情绪，从而易发展出不健全的人格。② 患儿的情绪困扰和压力程度与其湿疹的严重程度紧密相关，湿疹越严重，引发的情绪困扰和压力越大。③ 儿童的压力状态也会反过来影响湿疹的严重程度，例如当患儿经历转学、暴力、考试等压力时湿疹严重程度会加重。然而，既有研究结果并不一致，一些研究并不支持湿疹与儿童情绪压力的相关性。④

三、抑郁或焦虑症状

相比对多动症的研究，较少研究关注湿疹与儿童焦虑症或抑郁症等心理障碍的相关性，且现有研究结果不一致。⑤ 研究发现，湿疹儿童群体中焦虑体质者更多，患儿的焦虑症状可能造成中枢神经系统兴奋性加强，血管舒缩和皮肤汗液的分泌增强，皮肤更瘙痒，激发搔抓反应，反复搔抓则可以使湿疹

① i. Basra M K A, Shahrukh M. Burden of skin diseases[J]. Expert review of pharmacoeconomics & outcomes research, 2009, 9(3): 271-283. ii. Chamlin S L, Frieden I J, Williams M L, et al. Effects of atopic dermatitis on young American children and their families[J]. Pediatrics, 2004, 114(3): 607-611. iii. Roje M, Rezo I, Buljan Flander G. Quality of life and psychosocial needs of children suffering from chronic skin diseases[J]. Alcoholism and psychiatry research: Journal on psychiatric research and addictions, 2016, 52(2): 133-148.

② Barilla S, Felix K, Jorizzo J L. Stressors in atopic dermatitis[J]. Management of atopic dermatitis, 2017(1027): 71-77.

③ Schut C, Weik U, Tews N, et al. Coping as mediator of the relationship between stress and itch in patients with atopic dermatitis: A regression and mediation analysis [J]. Experimental dermatology, 2015, 24(2): 148-150.

④ Buske-Kirschbaum A, Jobst S, Wustmans A, et al. Attenuated free cortisol response to psychosocial stress in children with atopic dermatitis[J]. Psychosomatic medicine, 1997, 59(4): 419-426.

⑤ Slattery M J, Essex M J. Specificity in the association of anxiety, depression, and atopic disorders in a community sample of adolescents[J]. Journal of psychiatric research, 2011, 45(6): 788-795.

病情进一步加重,造成"湿疹—焦虑"的恶性循环。[①] 与健康的同龄人相比,湿疹儿童患抑郁症的风险更高。[②] 心理障碍对湿疹儿童日常生活造成消极影响,还可能引发或强化自杀意念。有研究表明湿疹儿童比健康的同龄人具有更高的自杀风险。[③]

第四节　湿疹对儿童社会功能的影响

相比对湿疹儿童身心功能的研究,探索湿疹对儿童社会功能的实证研究较少。整体而言,既有研究发现湿疹消极地影响着患儿对自我的认知,与父母、朋辈的关系以及整体生活质量。

一、自尊与身体意象

可见的、破损性的皮肤症状是湿疹重要的生理特征。由湿疹引起的面容改变和皮肤颜色变化等可见的皮肤症状可能会造成患儿消极的身体意象(body image)。通常,湿疹患者会对自己的外表和身体感到尴尬、害羞、不安、悲伤和愤怒。[④] 糟糕的身体意象可能会造成湿疹儿童自尊较低和自我满

① Cheng C M, Hsu J W, Huang K L, et al. Risk of developing major depressive disorder and anxiety disorders among adolescents and adults with atopic dermatitis: A nationwide longitudinal study[J]. Journal of affective disorders, 2015(178): 60-65.

② Yaghmaie P, Koudelka C W, Simpson E L. Mental health comorbidity in patients with atopic dermatitis[J]. Journal of allergy and clinical immunology, 2013, 131(2): 428-433.

③ i. Gupta M A, Pur D R, Vujcic B, et al. Suicidal behaviors in the dermatology patient[J]. Clinics in dermatology, 2017, 35(3): 302-311. ii. Lee S, Shin A. Association of atopic dermatitis with depressive symptoms and suicidal behaviors among adolescents in Korea: The 2013 Korean Youth Risk Behavior Survey[J]. BMC psychiatry, 2017, 17(1): 1-11.

④ i. Carroll C L, Balkrishnan R, Feldman S R, et al. The burden of atopic dermatitis: Impact on the patient, family, and society[J]. Pediatric dermatology, 2005, 22(3): 192-199. ii. Chernyshov P V. Stigmatization and self-perception in children with atopic dermatitis[J]. Clinical, cosmetic and investigational dermatology, 2016(9): 159-166.

意度不高①,并且会进一步加剧皮肤症状带来的负面影响,例如造成更严重的心理困扰以及更差的人际关系②。

二、与父母的关系

亲子关系是父母和孩子之间特有的行为、感受和期望。亲子关系质量对儿童的成长至关重要,对那些罹患生理健康问题的儿童更是如此。总体而言,关注湿疹儿童与其父母之间的关系质量的研究很少且研究结果不一致。③ 有研究表明,儿童湿疹的发生和发展与功能失调或消极的亲子关系存在相关性。④ 在父母与湿疹儿童的互动中普遍存在抵触、敌意、忽视、缺乏支持等问题,湿疹儿童经常同不慈爱、不称职、不关心自己的父母处于对立关系之中。有资料显示,近98%的湿疹患儿曾被其母亲嫌弃,而在非湿疹儿童群体中则很少出现这种现象。不融洽的亲子关系容易引起儿童内心的紧张,产

① Roje M, Rezo I, Buljan Flander G. Quality of life and psychosocial needs of children suffering from chronic skin diseases[J]. Alcoholism and psychiatry research: Journal on psychiatric research and addictions, 2016, 52(2): 133-148.

② Ashwanikumar B P, Das S, Punnoose V P, et al. Interphase between skin, psyche, and society: A narrative review[J]. Indian journal of social psychiatry, 2018, 34(2): 99-104.

③ i. Absolon C M, Cottrell D, Eldridge S M, et al. Psychological disturbance in atopic eczema: The extent of the problem in school-aged children[J]. British journal of dermatology, 1997, 137(2): 241-245. ii. Daud L R, Garralda M E, David T J. Psychosocial adjustment in preschool children with atopic eczema[J]. Archives of disease in childhood, 1993, 69(6): 670-676.

④ i. Gustafsson P A, Kjellman N I M, Björkstén B. Family interaction and a supportive social network as salutogenic factors in childhood atopic illness[J]. Pediatric allergy and immunology, 2002, 13(1): 51-57. ii. Mitchell A E, Fraser J A, Morawska A, et al. Parenting and childhood atopic dermatitis: A cross-sectional study of relationships between parenting behaviour, skin care management, and disease severity in young children[J]. International journal of nursing studies, 2016(64): 72-85. iii. Pinquart M. Do the parent-child relationship and parenting behaviors differ between families with a child with and without chronic illness? A meta-analysis[J]. Journal of pediatric psychology, 2013, 38(7): 708-721.

生失望、沮丧和敌对情绪,儿童进而以自我刺激和自暴自弃的搔抓来满足自我,导致皮肤症状进一步加重。[①]

既有研究发现,湿疹主要通过抑制依恋的发展、增加父母的压力、增加家庭经济负担等途径影响儿童与父母的关系质量。第一,根据依恋理论,每个孩子都有与生俱来的与他人联系的愿望,以便发展必要的安全和保障,父母对婴幼儿的抚触与拥抱等身体接触对建立依恋关系至关重要。[②] 然而,由于湿疹患儿敏感的皮肤状况可能会减少父母与患儿的身体接触,缩短相处的时间,降低他们互动的质量,从而阻碍患儿与父母建立和发展依恋关系。[③] 第二,养育照护一个患有湿疹的儿童的难度远远大于养育一个健康的儿童,湿疹儿童所有的生活细节都要特别注意,如饮食、环境、刺激物、致敏源等,而且患儿情绪起伏较大,为患有湿疹的儿童提供日常护理会耗费父母大量的时间和精力,对父母的日常生活、休闲和社交活动、夫妻关系、就业和工作表现、睡眠时间与质量以及他们的整体生活质量都有着相当大的影响。[④] 患儿反复发作的病情以及漫长的治疗过程会造成父母过度的育儿压力并产生诸如沮

[①] Sarkar R, Raj L, Kaur H, et al. Psychological disturbances in Indian children with atopic eczema[J]. The journal of dermatology, 2004, 31(6): 448-454.

[②] Bowlby J. The making and breaking of affectional bonds[J]. The British journal of psychiatry, 1977, 130 (3): 201-210.

[③] i. Hong J, Koo B, Koo J. The psychosocial and occupational impact of chronic skin disease[J]. Dermatologic therapy, 2008, 21(1): 54-59. ii. Schneider C. Parent-child interactional factors that mediate medical adherence behaviors in children with atopic dermatitis[D]. Saint Louis: Saint Louis University, 2016.

[④] Mitchell A E, Fraser J A, Morawska A, et al. Parenting and childhood atopic dermatitis: A cross-sectional study of relationships between parenting behaviour, skin care management, and disease severity in young children[J]. International journal of nursing studies, 2016(64): 72-85.

丧、内疚、无助、愤怒、焦虑、抑郁等消极情绪。[①]　第三,高额的治疗开支会给父母造成巨大的经济压力。美国的一项研究表明,湿疹患者平均每人每月需花费 167 美元,约占普通家庭总经济负担的 27.4%。[②]　湿疹治疗的开支既包括用于门诊医疗费用的直接医疗支出,还包括购买医疗药物和特殊家用物品的费用,例如经常需要接受药物治疗、购买润肤霜和皮肤用品、购置特别的衣服和床上用品、使用特别的洗衣方法等,这些费用大大增加了家庭的经济负担。总之,不安全的亲子依恋、父母所承受的养育压力以及经济压力都会给亲子关系质量带来负面影响。

三、与同伴的关系

学校是儿童在家庭之外进行社会化的重要场所。虽然有研究探索了湿疹儿童的同伴关系,但鲜少有研究关注他们在学校情境中的疾病经历。校园欺凌或同伴伤害被公认是一个普遍存在的社会问题,对儿童的心理和行为健康有着重大和长期的不利影响。同伴伤害通常包括故意和持续的口头欺凌(例如辱骂、戏弄等)、身体欺凌(例如殴打、恐吓等)以及社会欺凌(例如疏远、回避和排斥等)。[③]　研究表明,由于明显的皮肤破损状况,湿疹儿童更容易受到同伴伤害,经常会被同伴取难听的绰号并遭到取笑和欺负,与同伴关系紧张。[④]　加之湿疹儿童因皮肤原因很少参加体育运动或集体活动、同伴害怕被

① i. Walker C, Papadopoulos L, Hussein M. Paediatric eczema and psychosocial morbidity: How does eczema interact with parents' illness beliefs? [J]. Journal of the European academy of dermatology and venereology, 2007, 21(1): 63-67. ii. Carroll C L, Balkrishnan R, Feldman S R, et al. The burden of atopic dermatitis: Impact on the patient, family, and society[J]. Pediatric dermatology, 2005, 22(3): 192-199.

② Chamlin S L, Frieden I J, Williams M L, et al. Effects of atopic dermatitis on young American children and their families[J]. Pediatrics, 2004, 114(3): 607-611.

③ Litman L, Costantino G, Waxman R, et al. Relationship between peer victimization and posttraumatic stress among primary school children[J]. Journal of traumatic stress, 2015, 28(4): 348-354.

④ Bronkhorst E, Schellack N, Motswaledi M H. Effects of childhood atopic eczema on the quality of life[J]. Current allergy & clinical immunology, 2016, 29(1): 18-22.

传染等原因，他们常常被孤立和排斥，缺少朋友。[1]

四、歧视与污名

在皮肤病学领域中，污名化（stigmatization）是指患有皮肤病的个体由于其异常的皮肤外观而遭到负面评价和社区排斥的过程。[2] 研究表明，湿疹儿童在社区环境中经常真实遭受或自我感知到来自其他居民的歧视、偏见和污名化。歧视和污名不仅可能造成患儿的社会隔离，还可能导致他们内心的痛苦和自卑，增加出现心理障碍的风险。[3]

五、总体生活质量

生活质量（quality of life，QoL）一般是指个体对与生活目标、期望、标准及所关心事物有关的生活状态的体验。在医学研究中，生活质量一般指与健康相关的生活质量（health-related quality of life，HRQOL），是对健康状态的评估手段，包括从生理状态、心理状态、社会适应能力和对生活状态的总体感受等多个维度评估病人的健康状况。在儿童皮肤病学领域，一般使用儿童皮肤病生活质量指数（Children's Dermatology Life Quality Index，CDLQI）评估湿疹对儿童和/或其家人的生活质量的影响程度。虽然湿疹与其临床疾病的严重程度并不一致，但儿童的生活质量可提供湿疹与其他皮肤病之间的信息比较。既有研究发现，湿疹对儿童的生活质量有着显著的负面影响。[4] 值

---

①　Chernyshov P V. Stigmatization and self-perception in children with atopic dermatitis [J]. Clinical, cosmetic and investigational dermatology, 2016(9)：159-166.

②　Hrehorów E, Salomon J, Matusiak L, et al. Patients with psoriasis feel stigmatized [J]. Acta dermato-venereologica, 2012, 92(1)：67-72.

③　i. Ashwanikumar B P, Das S, Punnoose V P, et al. Interphase between skin, psyche, and society: A narrative review[J]. Indian journal of social psychiatry, 2018, 34(2)：99-104. ii. Shah R B. Psychological assessment and interventions for people with skin [M]// Bewley A, Taylor R E, Reichenberg J S. Practical psychodermatology. Hoboken: John Wiley & Sons Inc., 2014：40-49.

④　Paller A S, Chren M M. Out of the skin of babes: Measuring the full impact of atopic dermatitis in infants and young children[J]. Journal of investigative dermatology, 2012, 132(11)：2494-2496.

得注意的是,湿疹儿童报告的生活质量不仅低于一般健康人群,还低于患有其他慢性疾病的儿童,如患有哮喘、糖尿病或其他皮肤病的儿童。①

第五节　本章小结

相较于健康儿童而言,湿疹儿童在成长过程中通常不得不面临更多的来自生理、心理和社会方面的挑战,严重地影响了他们的整体生活质量。在本章的文献综述中,我们不难发现,以往的研究通常聚焦于湿疹的持续性瘙痒带来的负面影响,尤其是睡眠障碍、心理障碍和行为问题等。虽然先前研究在讨论湿疹对儿童的影响方面已经做了很多探索和努力,但该领域仍有许多值得进一步研究的空间。首先,关于湿疹儿童的主体经验以及他们是如何经历疾病的研究十分有限,湿疹的患病经历对儿童自身的意义尚不清楚。倾听儿童的声音可以帮助医疗专业人士加强护理实践并改善临床关系。然而,在有关儿童湿疹与不良健康结果之间关联的研究中,最常使用的是以父母或照料者为代理人的问卷调查,很少能听到儿童的声音。显然,有必要通过"以儿童为中心"的研究方法,对湿疹儿童的主体经验进行更多的探索。其次,大多数研究都集中在湿疹引起的消极问题上,在理解湿疹儿童的经历方面缺乏优势视角,尤其是他们如何应对危机和挑战的,以及他们从患有湿疹的经历中获得了什么。最后,社会文化因素在塑造儿童主体经验方面也很重要,然而,既有研究中关于湿疹儿童所在的社会文化情境常常被忽略。因此,需要有更多的研究去倾听湿疹儿童自己的声音并了解不同社会文化情境中患儿的主体经验,这对准确评估他们的需求,并为他们提供有效的社会心理干预服务至关重要。

---

① i. Ersser S J, Cowdell F, Latter S, et al. Psychological and educational interventions for atopic eczema in children[J]. Cochrane database of systematic reviews, 2014(1): CD004054. ii. Urrutia-Pereira M, Solé D, Rosario N A, et al. Sleep-related disorders in Latin-American children with atopic dermatitis: A case control study [J]. Allergologia et immunopathologia, 2017, 45(3): 276-282. iii. Yaghmaie P, Koudelka C W, Simpson E L. Mental health comorbidity in patients with atopic dermatitis[J]. Journal of allergy and clinical immunology, 2013, 131(2): 428-433.

第四章
湿疹儿童心理障碍风险：
系统评价与 Meta 分析

在过去的数十年间，儿童湿疹和儿童心理疾病的发生率都显著上升，两者之间的相关性受到越来越多的关注。在美国等经济发达国家中，用于皮肤病和心理疾病的医疗费用都位居儿童和青少年个人医疗费用排行榜的前 20 名。[①] 越来越多的学者认为，深入且系统地了解湿疹给孩子造成的心理影响对有效的疾病管理非常重要。[②] 在上一章中，对既有研究的描述性文献综述（narrative review）初步展现了湿疹对儿童生理、心理和社会功能的影响。本章通过系统评价（systematic review）与 Meta 分析（meta-analysis）的研究方法，进一步深入分析湿疹儿童发生心理障碍的风险、不同类型心理障碍风险的差异性以及潜在调节因素的作用。

第一节　系统了解湿疹儿童心理障碍风险的重要性

虽然研究者们在探索湿疹儿童的心理障碍风险方面已经付出了大量努力，也贡献了一系列重要的研究成果，但这一研究领域仍存在着一些知识空

---

① Bui A L, Dieleman J L, Hamavid H, et al. Spending on children's personal health care in the United States, 1996—2013[J]. JAMA pediatrics, 2017, 171(2): 181-189.

② Dertlioǧlu S B, Cicek D, Balci D D, et al. Dermatology life quality index scores in children with vitiligo: Comparison with atopic dermatitis and healthy control subjects [J]. International journal of dermatology, 2013, 52(1): 96-101.

白。第一,既有研究中关于湿疹儿童心理障碍风险的结果非常不一致,难有定论。[1] 第二,以往大多数研究只集中在儿童湿疹与某一特定类型心理障碍之间的关系,特别是注意缺陷多动障碍[2],湿疹儿童发生心理障碍风险的总体趋势尚不清楚。第三,既有的系统评价研究也存在不足。最近的一篇相关的 Meta 分析结果显示儿童湿疹与抑郁症(depression)之间存在正相关关系[3],但这项研究只检索了 3 个医学数据库,可能没有覆盖足够的相关研究,也没有分析湿疹儿童发生其他几种重要心理障碍的风险,如焦虑症、孤独症谱系障碍、行为障碍(conduct disorder)等。第四,迄今为止,尚未有研究比较分析过湿疹儿童发生不同类型心理障碍风险的差异性。第五,之前的研究表明湿疹的发病率不仅与年龄、性别、种族等人口社会学因素相关[4],还与家庭

[1] i. Cheng C M, Hsu J W, Huang K L, et al. Risk of developing major depressive disorder and anxiety disorders among adolescents and adults with atopic dermatitis: A nationwide longitudinal study[J]. Journal of affective disorders, 2015(178): 60-65. ii. Lee C Y, Chen M H, Jeng M J, et al. Longitudinal association between early atopic dermatitis and subsequent attention-deficit or autistic disorder: A population-based case-control study[J]. Medicine, 2016, 95(39).

[2] i. Horev A, Freud T, Manor I, et al. Risk of attention-deficit/hyperactivity disorder in children with atopic dermatitis[J]. Acta dermatovenerologica croatica, 2017, 25(3): 210-214. ii. van der Schans J, Cicek R, de Vries T W, et al. Association of atopic diseases and attention-deficit/hyperactivity disorder: A systematic review and meta-analyses[J]. Neuroscience & biobehavioral reviews, 2017(74): 139-148.

[3] Rønnstad A T M, Halling-Overgaard A S, Hamann C R, et al. Association of atopic dermatitis with depression, anxiety, and suicidal ideation in children and adults: A systematic review and meta-analysis [J]. Journal of the American academy of dermatology, 2018, 79(3): 448-456.

[4] i. Carson C G. Risk factors for developing atopic dermatitis[J]. Danish medical journal, 2013, 60(7): B4687-B4687. ii. Silverberg J I, Paller A S. Association between eczema and stature in 9 US population-based studies [J]. JAMA dermatology, 2015, 151(4): 401-409.

经济地位、国家经济状况等社会经济因素相关①。然而，目前还没有研究探索这些因素对儿童湿疹与心理障碍风险两者关系的影响。

因此，本章将通过系统评价与 Meta 分析的研究方法，全面且深入地了解湿疹儿童患心理障碍的风险，具体的研究目的包括：(1)系统回顾既有研究证据，分析湿疹儿童是否比未患有湿疹的儿童在发生心理障碍上有更大的风险；(2)探析湿疹儿童发生不同类型心理障碍的风险以及风险之间的差异性；(3)通过探索与研究对象和研究特征相关的效应值差异，分析潜在调节因素的作用。本章的研究结果已于 2019 年发表，具体细节可参考该期刊论文。②

第二节　系统评价和 Meta 分析的方法与过程

一、系统评价和 Meta 分析的基本介绍

Meta 分析是常在系统评价中用于进行量性综合分析的统计学方法，有时又称为"荟萃分析"或"元分析"。系统评价既可以对质性文献进行综合分析(如本书第二章)，又可以对量性研究进行 Meta 分析。Meta 分析以提供一个量化的平均效果和联系强度回答所研究的问题，其最大的优点是通过综合原始文献的研究结果，增大研究样本量，克服传统经验样本量较小的困难。Meta 分析的起源最早可追溯到天文学领域。1861 年，英国天文学家乔治·比德尔·艾里(George Biddell Airy)在其研究专著中阐释了该方法，标志着Meta 分析从理论走向实践。19 世纪早期，Meta 分析开始在医学领域得到应

---

① i. Mercer M J，Joubert G，Ehrlich R I，et al. Socioeconomic status and prevalence of allergic rhinitis and atopic eczema symptoms in young adolescents［J］. Pediatric allergy and immunology，2004，15(3)：234-241. ii. Stewart A W，Mitchell E A，Pearce N，et al. The relationship of per capita gross national product to the prevalence of symptoms of asthma and other atopic diseases in children (ISAAC)［J］. International journal of epidemiology，2001，30(1)：173-179.

② Xie Q W，Dai X，Tang X，et al. Risk of mental disorders in children and adolescents with atopic dermatitis：A systematic review and meta-analysis［J］. Frontiers in psychology，2019(10)：1773.

用，卡尔·皮尔逊（Karl Pearson）在研究中采用了合并相关系数的方法，并提出了进行 Meta 分析的必要性。遗传学家罗纳德·艾尔默·费歇尔（Ronald Aylmer Fisher）提出"合并 p 值"的思想，这被视为 Meta 分析的前身。直到 1930 年，社会科学领域才开始使用 Meta 分析的方法进行研究，特别是在 1976 年教育心理学家吉恩·V. 格拉斯（Gene V. Glass）对其进行定义后，Meta 分析才作为一种对以往研究结果进行系统量性综合分析的统计学方法受到社会科学研究者的青睐。

　　系统评价和 Meta 分析已被广泛地应用于众多学科领域的研究中。当前，该方法在医学领域中的应用最为广泛，不仅可以用于揭露流行病学规律，还可以用于评价和检验临床治疗和干预的效果，成为临床证据的重要来源之一，有助于改进和规范医务工作者的医疗实践行为，大大推动了循证医学的发展。在教育领域，这两种方法被用于评价或比较各种教育模式、教育政策的实施效果，如远程教育和传统教室学习效果比较等。在心理学领域，这两种方法被用以分析行为与心理问题的关系、生命过程中的个性差异、心理问题的治疗效果等。在商业领域，这两种方法被用于比较工作过程中不同劳工的能力差异，研究结果用于指导如何降低缺勤、旷工等影响工作效率的行为等，还用于评价或检验职工评估和培训项目、雇佣过程测试方式的有效性。在生态学领域，这两种方法被用于确定某一地域的环境影响因子、动植物对全球气候变化的反应、管理和保护项目的效果等，以指导开展人类对自然的保护行为。除了以上领域，系统评价和 Meta 分析还被使用在犯罪学、计算机科学、新材料合成、社会工作、社会政策等学科领域，能够及时深入地反映学科和行业的新动态。总体而言，系统评价和 Meta 分析能够反映当前学科领域中重要专题的最新进展和学术见解。更重要的是，基于这些新动态、新趋势、新水平、新原理和新技术等，政策出台、项目设计、新药物和新技术投入使用等有据可依、有证可循，直接影响实践的改变。①

　　由于量性的系统评价较质性的系统评价的应用更为广泛，操作流程也更

---

① 詹思延. 系统评价与 Meta 分析[M]. 北京：人民卫生出版社，2019.

加标准化,因此笔者决定在本章(而不是在第二章中)的研究方法部分添加对系统评价与 Meta 分析操作过程以及软件的基本介绍和说明,供相关领域读者酌情参考。

二、方案注册

系统评价常用的注册平台有 Cochrane、PROSPERO、SYREAF 等。本研究选择在 PROSPERO[①] 平台上进行注册,它是一个国际性的系统评价注册平台,在此平台上注册的系统评价主要涉及健康与护理、福利、公共卫生、教育、犯罪、司法等领域,其中以健康为结局指标的研究为主。系统评价的注册是一个研究者向平台提交研究计划后,平台确认研究计划提供了所需的信息并在数据库中公布注册记录的过程,平台并不会对研究计划进行质量评估或是同行评审。PROSPERO 会为每个注册的系统评价研究分配一个唯一的注册编号,供研究者在出版物或研究报告中引用。研究注册使得系统评价的过程更加透明化,也有助于对同一或相似研究话题感兴趣的研究者做重复的工作。本研究的注册编号为 CRD42018087957。

三、报告规范

系统评价和 Meta 分析的撰写和汇报非常的结构化,并且有越来越标准化的趋势。本研究根据 2018 年 JAMA 发表的 PRISMA-DTA[②] 标准进行汇报。事实上,该汇报标准不仅是对撰写研究报告的要求,也告知了研究者系统评价的具体步骤以及需要注意的细节。

四、纳入与排除标准

(一)确定系统评价的纳入与排除标准

确定纳入与排除标准对于系统评价研究而言至关重要。在考虑系统评

---

① 官方网页:https://www.crd.york.ac.uk/PROSPERO/。
② McInnes M D F，Moher D，Thombs B D，et al. Preferred reporting items for a systematic review and meta-analysis of diagnostic test accuracy studies: The PRISMA-DTA statement[J]. JAMA，2018，319(4)：388-396.

价的纳入与排除标准时，首先可将研究问题分解为若干个具体的要素。例如，如果是对某类干预的效果进行系统评价，一般可从研究对象（population）、干预（intervention）、对照（comparison）、结局指标（outcome）以及研究设计（study design）这 5 个主要要素进行考虑。除此之外，可能还需要考虑其他的一些限定要素，例如文献类型、语种、出版年份等。以 2018 年笔者曾发表过的一篇系统评价[①]为例，研究问题是亲子共读干预是否对提升儿童及其父母的社会心理功能有显著效果。对该研究问题进行分解即可得出相应的纳入与排除标准：研究对象是儿童，干预是亲子共读项目，对照是没有参与亲子共读干预项目的儿童，结局指标是儿童或父母的社会心理功能，研究设计是随机对照试验。当然，如果是有关发生率或是变量之间相关关系的系统评价就不需要考虑干预等因素。此外，确定纳入与排除标准需要一个探索的过程。事实上，有时在进行一项系统评价的初期，纳入与排除标准不一定明确，甚至需要根据研究问题的创新性、初步搜索的文献数量、研究团队计划付出的时间等情况进行调整。例如在上述提及的系统评价研究中，笔者只纳入了随机对照试验研究，排除了其他设计的研究，例如准试验研究，一方面是因为要保证纳入研究的高质量，另一方面也是因为当时研究团队计划付出的时间不适合纳入过多数量的研究。总之，系统评价的一些纳入和排除标准可能不存在绝对的对错之分，而是合适与不合适之分。是否合适则需要研究者根据研究问题和研究经验进行权衡和判断。

（二）本研究的纳入与排除标准

本研究的纳入标准如下。

（1）研究对象是罹患湿疹的 18 岁以下的儿童和/或青少年；

（2）研究中的对照组是未患有湿疹的儿童和/或青少年；

（3）研究的结局指标是发生心理障碍的风险，对于确认研究中的结局指标是否属于心理障碍，本研究既包括那些被美国精神病学协会（The

---

① Xie Q W, Chan C H Y, Ji Q, et al. Psychosocial effects of parent-child book reading interventions: A meta-analysis[J]. Pediatrics, 2018, 141(4): e20172675.

American Psychiatric Association,APA)于 2013 年出版的《精神障碍诊断与统计手册(第 5 版)》(*Diagnostic and Statistical Manual 5th Edition*,DSM-5)认定的心理障碍,也包括在研究中笔者明确指出结局指标为"心理健康问题""精神疾病"的情况;

(4) 研究采用量性研究方法并汇报了效应值,或可以通过提取数据计算出效应值;

(5) 研究为已发表的并经过同行评议的英文期刊论文。

本研究的排除标准如下。

(1) 研究为会议摘要、二手数据分析报告、案例报告;

(2) 研究所提供的数据无法确定效应量大小。

五、检索文献

(一)制定检索策略

在正式进行文献检索之前,研究者需要根据研究问题制定检索策略,包括选择可能覆盖研究问题的数据库、选择恰当的检索词和运算符、针对所选数据库的特点制定检索策略、评估检索结果、修改完善检索策略等步骤。研究者需要了解与自己研究领域相关的数据库有哪些,或者一些常用数据库的覆盖范围,从中进行选择时首要考虑的是要适合研究问题。例如,Pubmed、Medline、Embase 都是常用的医学数据库,如果研究问题与疾病或生理健康相关,这几个数据库非常重要,但是如果研究问题并不涉及疾病或生理健康等相关领域,选择它们作为重点搜索的数据库可能是不适合的。由于所选择的数据库数量越多,所产生的文献数量可能就越多,因此选择数据库时还需要权衡研究团队计划投入的时间。但是,如果选择的数据库过少就可能失去了进行系统评价的意义。因此,研究者需要清楚知道与研究问题相关的"第一梯队"数据库,即必须检索的数据库;"第二梯队"数据库,即团队有时间和精力时尽量去检索的数据库;"第三梯队"数据库,即可能会用到的但不检索也影响不大的数据库;以及"第四梯队"数据库,即一些会议等灰色文献。

制定检索策略的第二个步骤是列出与研究问题相关的检索词,检索词可以来自主题词表。例如如果研究问题与健康或医学相关,可以参照美国国立医学图书馆所编制的《医学主题词表》(Medical Subject Headings,简称MeSH)①列出主题词。在确定检索词之间的逻辑关系和检索步骤之后,可以使用 AND、OR、NOT 3 种运算符连接检索词制定出检索表达式。在检索过程中可能会根据实际检索情况修改和完善检索表达式。需要注意的是,不同数据库的检索表达式可能存在差异,需要根据所选数据库的特点制定检索表达式。在制定检索策略时,还可以参考哈佛医学院图书馆(The Francis A. Countway Library)或是麦克马斯特大学(McMaster University)的循证医学中心制定的较为成熟的检索策略。待检索策略初步制定之后可以进行尝试性检索,判断和评估检索到的证据能否回答研究问题。如发现检索结果不能很好地回答研究问题,就有必要再次检索已检索过的数据库或另行检索新的数据库。

(二)本研究的检索策略

笔者于 2018 年 9 月对 8 个英文数据库进行了系统检索,包括 British Nursing Index、EMBASE、ERIC、Family & Society Studies Worldwide、MEDLINE、PsycINFO、Social Work Abstracts 以及 Sociological Abstracts。使用如下 3 组英文检索词进行系统检索:(1)与"湿疹"相关的检索词:eczema OR atopic dermatitis OR atopic eczema OR neurodermatitis;(2)与"儿童"相关的检索词:child * OR boys OR girls OR juvenil * OR minors OR adolesc * OR preadolesc * OR pre-adolesc * OR pre-school OR preschool OR paediatric * OR pediatric * OR pubescen * OR puberty OR school * OR campus OR teen * OR young OR youth * ;(3)与"心理障碍"相关的检索词:psychiatri * OR psycho * OR mental ORdepress * OR anxiet * OR disorder * OR therap * OR counsel * 。为提高检索结果的相关度,笔者在系统检索时限制检索范围为标题(title)、摘要(abstract)、关键词(keyword)。

---

① 官方网页:https://www.nlm.nih.gov/mesh/meshhome.html。

笔者使用上述检索词对 8 个数据库进行了两次系统检索，初次检索时限为数据库建库至 2017 年 12 月 6 日。在 2018 年 9 月 30 日笔者对数据库进行了补充检索。除此之外，笔者还手动检索了已经发表的 4 项相关主题系统评价研究的参考文献①，将电子数据库和手动检索的所有记录合并后纳入本研究。

六、文献筛选与纳入

筛选文献时需要使用到文献管理软件，常见的文献管理软件有Endnote、NoteExperss、Zotero、Mendeley 等，各软件各具优势，可按个人偏好进行选择。本研究选用 EndNote X9 软件，将所有电子数据库和手动检索到的文献条目导入软件进行管理和筛选。在进行文献筛选时，先对文献的标题进行筛选，排除完全与研究问题不相关的文献；然后对文献的摘要进行筛选，排除不符合纳入和排除标准的文献；最后对初步保留的文献进行全文阅读并进一步的筛选。文献筛选的每一个阶段都由两位研究者独立进行，当筛选过程中出现分歧时，通过与第三位研究者②讨论来解决。

七、数据提取

表 4.1 显示的是预先设计好的一个标准化数据提取方案。两位研究者对编码本和数据提取标准进行充分讨论并达成一致认识，对纳入研究的数据

---

① i. Chida Y，Hamer M，Steptoe A. A bidirectional relationship between psychosocial factors and atopic disorders：A systematic review and meta-analysis［J］. Psychosomatic medicine，2008，70(1)：102-116. ii. Schmitt J，Buske-Kirschbaum A，Roessner V. Is atopic disease a risk factor for attention-deficit/hyperactivity disorder? A systematic review［J］. Allergy，2010，65(12)：1506-1524. iii. van der Schans J，Cicek R，de Vries T W，et al. Association of atopic diseases and attention-deficit/hyperactivity disorder：A systematic review and meta-analyses［J］. Neuroscience & biobehavioral reviews，2017(74)：139-148. iv. Rønnstad A T M，Halling-Overgaard A S，Hamann C R，et al. Association of atopic dermatitis with depression，anxiety，and suicidal ideation in children and adults：A systematic review and meta-analysis［J］. Journal of the American academy of dermatology，2018，79(3)：448-456.

② 除笔者外，现任中国人民大学心理学系的唐信峰博士和香港大学的博士候选人戴晓露女士也参与了文献筛选、数据提取以及质量评价的过程。

分别进行独立提取，数据提取显示了高度的一致性(Cohen's Kappa＝0.90)。数据提取初步完成后，两位研究者对不一致的地方进行讨论并形成最终的数据库。

表 4.1　系统评价和 Meta 分析的数据提取方案

编号	变量	定义和代码
A	样本量	湿疹儿童组人数/非湿疹儿童组人数
B	儿童的平均年龄	总样本中儿童的平均年龄
C	儿童年龄范围	总样本中儿童的年龄范围
D	儿童性别	女性在总样本中的比例
E	儿童种族	总样本中少数族裔儿童的比例
F	儿童哮喘	在湿疹儿童组/非湿疹儿童组中，患有哮喘儿童的比例
G	家庭社会经济状况	被定义为低社会经济地位的家庭在总样本中的比例
H	研究地点	开展研究的国家或地区
I	研究类型	1＝队列研究；2＝病例对照研究；3＝横断面研究
J	样本的代表性	1＝方便样本或临床样本；2＝随机样本或社区样本
K	对照组的特点	1＝未患有湿疹的健康儿童；2＝普通人群；3＝有其他健康问题的人群
L	等效性	湿疹儿童组和非湿疹儿童组人数的等效性：1＝是；2＝否
M	湿疹的诊断或识别	诊断或识别儿童湿疹的方法：1＝由医生或专业人士直接诊断；2＝由儿童自己或父母提供诊断报告；3＝自汇报调查问卷
N	质量评价	根据 The Newcastle-Ottawa Scale(NOS)计算质量评价的总分
O	结果指标	心理障碍的具体类型

续表

编号	变量	定义和代码
P	结果指标的测量方法	用于测量儿童心理障碍的量表或其他方法
Q	结果指标的评定或汇报者	评定或汇报儿童心理障碍结果的人：1＝儿童/青少年自己；2＝父母/照顾者；3＝医生/专业人士
R	原始指标	用于计算效应值的原始数据：1＝比值比；2＝平均值和标准差；3＝发生率或事件

八、质量评价

文献质量评价的方法有很多，需要根据纳入研究的类型决定采用的评价方法或工具。一般而言，可采用科克伦风险偏倚评估工具评价随机对照试验的质量；可采用 The Newcastle-Ottawa Scale（NOS）评估其他非随机对照的量性研究的质量；可采用 Critical Appraisal Skills Programme （CASP） Checklist 评价质性研究的质量。由于本系统评价纳入的都是非随机对照的量性研究，其中包含病例对照研究、队列研究以及横断面研究 3 种类型的量性研究。因此本研究采用 3 种针对不同研究类型的 NOS 量表①分别对纳入研究的研究方法进行质量评价并打分。NOS 量表包括研究对象的选择、组间可比性以及结果测量三大指标。当一篇研究满足所有标准时，最高可得 9 分。

九、数据分析

（一）数据合成与 Meta 分析

对数据进行 Meta 分析可以使用多种类型的软件进行操作，例如 R、Stata、RevMan、Metafor、JASP、Comprehensive Meta-Analysis（CMA）等等。

---

① i. Wells G，Shea B，O'connell D，et al. The Newcastle-Ottawa Scale （NOS） for assessing the quality of nonrandomized studies in meta-analyses[EB/OL]. [2022-07-14]. Ottawa：University of Ottawa，2012. ii. Herzog R，Álvarez-Pasquin M J，Díaz C，et al. Are healthcare workers' intentions to vaccinate related to their knowledge，beliefs and attitudes? A systematic review[J]. BMC public health，2013，13（1）：1-17.

本研究选择采用 CMA 软件对数据进行量性合成与分析。Meta 分析计算出所有纳入研究的总效应量，来说明与未患有湿疹的儿童相比，患有湿疹的儿童发生心理障碍的总体风险。首先计算每篇纳入研究的效应量。当一项研究中的结果指标使用多种方法进行测量时，则采用平均效应值；当一篇研究不止包含一个结果指标时，则通过平均方法来合成不同结果指标的效应量以产生总效应量。这种方法避免了一个样本被重复计算而产生多个效应量的风险。[①] 接下来，本研究采用独立的 Meta 分析分别计算与未患有湿疹的儿童相比，患有湿疹的儿童发生多动症、睡眠障碍、焦虑症、抑郁症等特定类型心理障碍的风险。本研究采用比值比（odd ratio，OR）以及 95％ 置信区间来汇报患有湿疹儿童发生心理障碍的风险。当置信区间不包括 1 且 Z 检验中的 $p<0.05$，那么合成效应量则被认为是显著的。

（二）异质性检验

通过 Q 检验和 I^2 统计量对纳入研究进行异质性检验。当 Q 检验中的 $p<0.05$ 则否定纳入研究是同质性的假设。当 I^2 值小于 50％ 时，表示异质性可以接受，研究之间存在同质性，采用固定效应模型进行数据合成；当 I^2 值大于 50％ 时，表明研究之间的异质性较大，使用随机效应模型进行数据合成。

（三）敏感性分析、亚组分析及调节变量分析

如果发现纳入研究存在较大的异质性，则进一步进行敏感性分析、亚组分析及调节变量分析，探索潜在混杂因素或调节因素对心理障碍的总体效应量带来的影响，寻找异质性来源。本研究采用逐一删除单项研究的方法进行敏感性分析，即删除某一单项研究后重新进行 Meta 分析，判断是否影响结果从而评估儿童湿疹与心理障碍风险之间的关联强度。按照不同类型的心理障碍结果指标进行亚组分析，比较患有湿疹的儿童与非湿疹儿童在不同类型

---

① i. Borenstein M，Hedges L V，Higgins J P T，et al. Introduction to meta-analysis [M]. Hoboken：John Wiley & Sons，2009. ii. Lipsey M W，Wilson D B. Practical meta-analysis[M]. Ann Arbor：Sage Publications，2001.

心理障碍结果指标上的效应量,每个结果指标也被视为独立的因素进行分析。按照研究类型将纳入研究进行分类,通过比较潜在因素的效应量来对分类变量进行调节因素分析。

(四)发表偏倚检验

一般情况下,那些发现湿疹儿童有显著的心理障碍风险的研究相较于没有显著结果的研究更有可能被发表在同行评议的期刊上。由于本研究只纳入了已经发表的期刊论文,因此可能存在因没有包含未发表的研究而导致对湿疹儿童发生心理障碍风险估计的偏倚。本研究采用多种方法评估发表偏倚。首先,通过漏斗图法(funnel plot)来检验可能存在的发表性偏倚。漏斗图法是识别发表偏倚的一种较为普适的方法,以效应量标准误为纵坐标,效应量为横坐标做散点图,样本量小的研究分布在漏斗图的底部,样本量大的研究分布在漏斗图的顶部。漏斗图可以直观反映原始研究的效应量是否与样本量有关,可以通过观察散点图分布是否对称来判断 Meta 分析结果有无发表偏倚。当漏斗图上的点对称分布在中轴线附近,呈现出相对对称的漏斗形,表明不存在发表偏倚。当漏斗图显示可能存在发表偏倚时,通过艾格氏(Eegger's)线性回归法进一步使之量化,检验偏倚大小。[①] 使用罗森塔尔失安全系数(Rosenthal's fail-safe number)计算最少需要多少个未发表的研究才能使 Meta 分析的结论逆转。使用剪补法(trim and fill method)评估去掉明显的偏倚以后效应量是否会发生改变,提供考虑偏倚之后的效应量的估计值。

第三节　系统评价和 Meta 分析的研究结果

一、纳入研究的特征

(一)纳入研究的数量

通过系统检索电子数据库得到 5788 篇文献记录,通过手动检索早期系

---

① Sterne J A C, Egger M, Smith G D. Investigating and dealing with publication and other biases in meta-analysis[J]. BMJ open, 2001, 323(7304): 101-105.

统综述的参考文献列表获得 6 篇额外的相关文献。去掉重复文献后剩有 3452 篇文献，对其进行标题和摘要筛选，剔除了 3207 篇不相关的文献，留下 245 项可能符合条件的研究。进行全文阅读后，根据纳入与排除标准进一步筛除了 210 篇文献。有两项研究①只提供了调整后的风险比（hazard ratio，HR），无法确定效应量大小。敏感性分析显示，删除这两项研究后总体结果没有显著变化，本研究未纳入这两项研究。本研究最终纳入 35 项研究。图 4.1 呈现了研究的筛选过程。

（二）研究对象的特征

本系统评价纳入 35 项研究，样本量在 30～774524 之间，共包含 1935147 名儿童与青少年的数据，女性约占 48.5%，男女生比例接近 1∶1。儿童的平均年龄为 9.1 岁（SD=3.3 岁）。约有 1/4 是白人儿童群体，少数族裔占比约为 73.6%，有 10 项研究完全以亚洲儿童为研究对象（$n=1089330$）。在总人数中有 521976 名患有湿疹，约占 27.0%。在大多数研究中，儿童湿疹是由医生或专业人员诊断的。在患有湿疹的儿童群体中，有 22.7% 的儿童也被诊断患有哮喘，而在没有患有湿疹的儿童群体中这一比例仅为 7.8%。有 21.5% 的儿童来自社会经济地位较低的家庭。本研究根据 2020 年联合国开发计划署（United Nations Development Programme，UNDP）发布的人类发展指数（Human Development Index，HDI）②对研究开展的国家或地区进行分类，将指数得分为 8 分及以上的划分为发达国家或地区。表 4.2 展示了纳入研究中研究对象的特征。

---

① i. Cheng C M，Hsu J W，Huang K L，et al. Risk of developing major depressive disorder and anxiety disorders among adolescents and adults with atopic dermatitis：A nationwide longitudinal study[J]. Journal of affective disorders，2015(178)：60-65.
ii. Riis J L，Vestergaard C，Deleuran M S，et al. Childhood atopic dermatitis and risk of attention deficit/hyperactivity disorder：A cohort study[J]. Journal of allergy and clinical immunology，2016，138(2)：608-610.
② United Nations Development Programme. (2020). The 2020 Human Development Report[R/OL]. http://hdr. undp. org/sites/default/files/hdr2020. pdf.

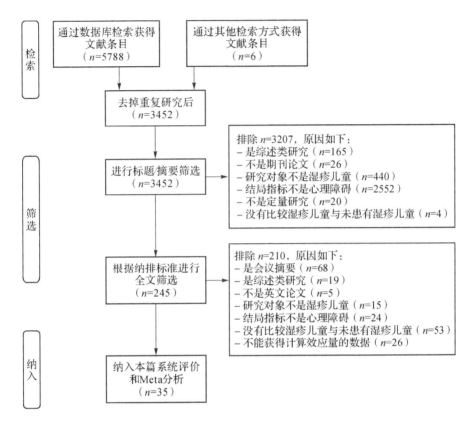

图 4.1　系统评价和 Meta 分析研究筛选与纳入研究的过程

（三）研究设计的特征

所有纳入研究都是量化的观察性研究,包括 11 项队列研究、12 项病例对照研究、12 项横断面研究。在样本的代表性方面,有 22 项研究使用了随机样本或社区样本。有 19 项研究未设置健康对照组,而是比较了湿疹儿童与普通人群发生心理障碍的风险。表 4.3 展示了纳入研究的研究设计特征。

（四）结果指标与测量

纳入研究中报告了 13 种类型的心理障碍,包括注意缺陷多动障碍($n=$1414406)、睡眠障碍($n=82051$)、焦虑症($n=3881$)、抑郁症($n=449591$)、行为障碍($n=94091$)、孤独症谱系障碍($n=890966$)、情感障碍($n=3429$)、饮食障碍($n=3026$)、对立违抗性障碍($n=711$)、依恋障碍($n=154$)、广泛性发育障碍($n=557$)、人格障碍($n=2872$)、言语障碍($n=336763$)、抽搐性运动障碍($n=154$)。儿童的心理障碍主要是由医生或专业人士诊断、父母或照顾者汇报或者自主汇报。表 4.4 呈现了纳入研究的结局指标及其测量方式。

二、质量评价的结果

纳入研究 NOS 量表评估得分范围为 3～9 分，有 25 项研究的质量较高（NOS 分数为 7 分以上），10 项研究的质量为中等（NOS 分数为 3～6 分）。表 4.5、表 4.6 以及表 4.7 分别展示了所纳入的队列研究、病例对照研究、横断面研究的质量评价结果。

三、Meta 分析的结果

与没有患有湿疹的儿童相比，湿疹儿童发生心理障碍的风险更高，结果具有统计学意义（$OR = 1.652$；$95\% CI [1.463, 1.864]$；$Z = 8.112$，$p < 0.001$）。每项研究的效应量以及总效应量见图 4.2。具体来说，与没有患有湿疹的儿童相比，湿疹儿童有更高的风险发生以下 6 种类型的心理障碍：注意缺陷多动障碍（$OR = 1.563$；$95\% CI [1.382, 1.769]$；$Z = 7.095$，$p < 0.001$）；睡眠障碍（$OR = 2.100$；$95\% CI [1.322, 3.336]$；$Z = 3.144$，$p < 0.01$）；焦虑症（$OR = 1.339$；$95\% CI [1.062, 1.687]$；$Z = 2.471$，$p < 0.05$）；抑郁症（$OR = 1.402$；$95\% CI [1.256, 1.565]$；$Z = 6.012$，$p < 0.001$）；行为问题（$OR = 1.494$；$95\% CI [1.230, 1.815]$；$Z = 4.049$，$p < 0.001$）以及孤独症谱系障碍（$OR = 2.574$；$95\% CI [1.469, 4.510]$；$Z = 3.305$，$p < 0.01$）。湿疹儿童患有这 6 种不同类型心理障碍的风险没有显著差异（$Q_b = 8.344$，$p = 0.138$）。图 4.3 显示了每种类型心理障碍的效应量。与没有患有湿疹的儿童相比，湿疹儿童发生情感障碍、饮食障碍以及对立违抗性障碍风险的效应值没有显著差异。由于分别只有一项研究汇报了依恋障碍、广泛性发育障碍、人格障碍、言语障碍以及抽搐性运动障碍的相关结果，因此未计算效应量。

表 4.2 系统评价和 Meta 分析纳入研究中研究对象的特征

纳入研究	样本量	儿童平均年龄	儿童年龄范围	儿童性别	儿童种族	儿童哮喘	家庭社会经济状况	研究地点
Absolon et al., 1997	30/30	9.3	5-15	51.7	53.5	47.0/10.0	21.5	英国*
Augustin et al., 2015	30354/263827	未报告	0-18	48.8	未报告	未报告	未报告	德国*
Beyreiss et al., 1988	81/81	未报告	5-12	未报告	未报告	未报告	未报告	未报告
Brew et al., 2018	3152/11045	9.0	9	49.6	未报告	未报告	未报告	瑞典*
Buske-Kirschbaum et al., 1997	15/15	11.9	9-14	53.3	未报告	未报告	未报告	德国*
Camfferman et al., 2010	77/30	9.9	6-16	50.2	未报告	未报告	未报告	澳大利亚*
Catal et al., 2016	80/74	2.1	3-5	48.6	未报告	未报告	28.6	土耳其
Chang et al., 2013	84/473	4.8	3-7	48.7	未报告	未报告	40.7	韩国*
Chun et al., 2015	325/2867	15.1	10-18	43.4	100	未报告	16.9	韩国*
Covaciu et al., 2013	508/2648	8.0	8	49.7	未报告	未报告	未报告	瑞典*
Genuneit et al., 2014	200/570	11.0	11	50.1	未报告	未报告	未报告	德国*
Horev et al., 2017	840/900	10.2	2-18	49.2	未报告	未报告	43.5	以色列*
Johansson et al., 2017	1178/2428	未报告	10-18	49.4	未报告	未报告	16.4	瑞典*
Khandaker et al., 2014	994/5121	12.9	13	53.2	2.0	未报告	未报告	英国*
Kuniyoshi et al., 2018	1641/8313	未报告	7-14	50.0	100	未报告	未报告	日本*
Lee et al., 2016	18473/18473	未报告	3-13	46.2	100	38.3/17.1	未报告	中国台湾*
Lee and Shin, 2017	4904/67531	未报告	12-17	53.0	100	未报告	10.9	韩国*

续表

纳入研究	样本量	儿童平均年龄	儿童年龄范围	儿童性别	儿童种族	儿童哮喘	家庭社会经济状况	研究地点
Liao et al.，2016	387262/387262	未报告	6～10	47.4	100	未报告	30.3	中国台湾*
Lien et al.，2010	1030/2320	未报告	15～16	56.7	未报告	未报告	2.4	挪威*
Romanos et al.，2010	1952/11366	9.9	3～17	50.4	未报告	12.6/3.9	25.6	德国*
Sarkar et al.，2004	22/20	4.8	3～9	40.5	未报告	未报告	未报告	印度
Schmitt et al.，2009	1436/1436	12.6	6～17	59.9	未报告	10.3/2.9	未报告	德国*
Schmitt et al.，2010a	780/2136	10.0	10	49.0	未报告	12/5	8	德国*
Schmitt et al.，2011	367/1162	10.0	10	48.5	未报告	11/4	14	德国*
Schmitt et al.，2018	42/47	9.9	6～12	36.5	未报告	未报告	11.4	德国*
Shani-Adir et al.，2009	57/37	7.0	4～10	50.8	未报告	未报告	未报告	以色列*
Shyu et al.，2012	10620/178093	未报告	0～17	47.8	100	未报告	未报告	中国台湾*
Silverberg and Simpson，2013	10333/69334	8.0	0～17	49.1	45.2	25.1/12.3	17.9	美国*
Slattery and Essex，2011	48/197	13.0	13	34.7	11	未报告	未报告	美国*
Strom and Silverberg，2016	33808/302955	未报告	2～17	未报告	未报告	未报告	未报告	美国*
Afsar et al.，2010	36/36	11.6	9～16	41.7	未报告	未报告	未报告	土耳其
Urrutia-Pereira et al.，2017	340/454	6.8	4～10	未报告	100	未报告	未报告	♯
Wang et al.，2017	95/434	2.0	1～2	48.9	未报告	未报告	27.3	中国大陆

续表

纳入研究	样本量	儿童平均年龄	儿童年龄范围	儿童性别	儿童种族	儿童哮喘	家庭社会经济状况	研究地点
Yaghmaie et al., 2013	10401/ 69095	未报告	0~18	48.6	44.5	25.2/ 未报告	18.1	美国*
Yang et al., 2018	411/ 2361	未报告	3~6	46.6	100	未报告	32	中国台湾*

注:* = 发达国家或地区;♯ = 拉丁美洲的 9 个国家,包括阿根廷、巴西、哥伦比亚、古巴、多米尼加共和国、洪都拉斯、墨西哥、巴拉圭和乌拉圭。

表 4.3　系统评价和 Meta 分析纳入研究的研究设计特征

纳入研究	研究类型	样本的代表性	对照组	等效性	湿疹的诊断或识别	质量评价总分
Absolon et al., 1997	病例对照研究	方便样本或临床样本	有其他健康问题的人群	是	由医生或专业人士直接诊断	6
Augustin et al., 2015	横断面研究	随机样本或社区样本	有其他健康问题的人群	否	由医生或专业人士直接诊断	6
Beyreiss et al., 1988	病例对照研究	未报告	未报告	是	未报告	3
Brew et al., 2018	队列研究	随机样本或社区样本	普通人群	否	自汇报调查问卷	6
Buske-Kirschbaum et al., 1997	病例对照研究	方便样本或临床样本	未患有湿疹的健康儿童	是	由医生或专业人士直接诊断	7
Camfferman et al., 2010	病例对照研究	方便样本或临床样本	未患有湿疹的健康儿童	是	由医生或专业人士直接诊断	6
Catal et al., 2016	病例对照研究	方便样本或临床样本	普通人群	是	由医生或专业人士直接诊断	3
Chang et al., 2013	横断面研究	随机样本或社区样本	普通人群	否	自汇报调查问卷	7
Chun et al., 2015	横断面研究	随机样本或社区样本	普通人群	否	由儿童自己或父母提供诊断报告	8
Covaciu et al., 2013	队列研究	随机样本或社区样本	普通人群	否	由医生或专业人士直接诊断	7

续表

纳入研究	研究类型	样本的代表性	对照组	等效性	湿疹的诊断或识别	质量评价总分
Genuneit et al., 2014	队列研究	随机样本或社区样本	普通人群	否	由医生或专业人士直接诊断	8
Horev et al., 2017	病例对照研究	方便样本或临床样本	有其他健康问题的人群	是	由医生或专业人士直接诊断	7
Johansson et al., 2017	队列研究	随机样本或社区样本	普通人群	否	由儿童自己或父母提供诊断报告	9
Khandaker et al., 2014	队列研究	随机样本或社区样本	普通人群	是	由儿童自己或父母提供诊断报告	7
Kuniyoshi et al., 2018	横断面研究	随机样本或社区样本	普通人群	否	自汇报调查问卷	7
Lee et al., 2016	病例对照研究	随机样本或社区样本	有其他健康问题的人群	是	由医生或专业人士直接诊断	9
Lee and Shin, 2017	横断面研究	随机样本或社区样本	普通人群	是	由儿童自己或父母提供诊断报告	8
Liao et al., 2016	队列研究	随机样本或社区样本	有其他健康问题的人群	是	由医生或专业人士直接诊断	9
Lien et al., 2010	横断面研究	方便样本或临床样本	普通人群	否	自汇报调查问卷	7
Romanos et al., 2010	横断面研究	随机样本或社区样本	普通人群	否	由儿童自己或父母提供诊断报告	8
Sarkar et al., 2004	病例对照研究	方便样本或临床样本	未患有湿疹的健康儿童	是	由医生或专业人士直接诊断	6
Schmitt et al., 2009	病例对照研究	随机样本或社区样本	有其他健康问题的人群	是	由医生或专业人士直接诊断	7
Schmitt et al., 2010a	队列研究	随机样本或社区样本	普通人群	否	由医生或专业人士直接诊断	7

续表

纳入研究	研究类型	样本的代表性	对照组	等效性	湿疹的诊断或识别	质量评价总分
Schmitt et al.，2011	队列研究	随机样本或社区样本	普通人群	是	由儿童自己或父母提供诊断报告	8
Schmitt et al.，2018	横断面研究	方便样本或临床样本	未患有湿疹的健康儿童	否	由医生或专业人士直接诊断	5
Shani-Adir et al.，2009	病例对照研究	方便样本或临床样本	未患有湿疹的健康儿童	否	由医生或专业人士直接诊断	4
Shyu et al.，2012	队列研究	随机样本或社区样本	有其他健康问题的人群	否	由医生或专业人士直接诊断	9
Silverberg and Simpson，2013	横断面研究	随机样本或社区样本	普通人群	否	由儿童自己或父母提供诊断报告	7
Slattery and Essex，2011	队列研究	随机样本或社区样本	有其他健康问题的人群	否	自汇报调查问卷	7
Strom and Silverberg，2016	队列研究	随机样本或社区样本	普通人群	否	由儿童自己或父母提供诊断报告	7
Afsar et al.，2010	病例对照研究	方便样本或临床样本	普通人群	是	由医生或专业人士直接诊断	5
Urrutia-Pereira et al.，2017	病例对照研究	方便样本或临床样本	未患有湿疹的健康儿童	是	由医生或专业人士直接诊断	7
Wang et al.，2017	横断面研究	方便样本或临床样本	有其他健康问题的人群	是	由医生或专业人士直接诊断	7
Yaghmaie et al.，2013	横断面研究	随机样本或社区样本	普通人群	否	由儿童自己或父母提供诊断报告	7
Yang et al.，2018	横断面研究	随机样本或社区样本	普通人群	否	由儿童自己或父母提供诊断报告	7

表 4.4 系统评价和 Meta 分析纳入研究的结局指标及其测量方式

纳入研究	结局指标	测量方法	结果的汇报者	原始指标
Absolon et al. , 1997	心理障碍（包括睡眠障碍）	Rutter A2 scale	临床医生	发生率或事件数
Augustin et al. , 2015	注意缺陷多动障碍，抑郁症	医生或专业人士诊断	临床医生	比值比
Beyreiss et al. , 1988	注意缺陷多动障碍	Parents Rating Scale	父母/照顾者	发生率或事件数
Brew et al. , 2018	焦虑症、抑郁症	SCARED、SMFQ	父母/照顾者	比值比
Buske-Kirschbaum et al. , 1997	焦虑症	Anxiety Inventory for Children	儿童/青少年	比值比
Camfferman et al. , 2010	注意缺陷多动障碍、睡眠障碍	SDSC，Conners Parent Rating Scale	父母/照顾者	平均值和标准差
Catal et al. , 2016	精神疾病（包括注意缺陷多动障碍、焦虑症、依恋障碍、行为障碍、饮食障碍、对立违抗性障碍、睡眠障碍、抽动障碍）	ECI-4	父母/照顾者	发生率或事件数
Chang et al. , 2013	注意缺陷多动障碍、情感障碍、焦虑症、外化问题、内化问题、对立违抗性障碍、广泛性发育障碍、睡眠障碍	CBCL	父母/照顾者	平均值和标准差
Chun et al. , 2015	抑郁症	自制问卷	父母/照顾者	发生率或事件数
Covaciu et al. , 2013	焦虑症、抑郁症	EQ-5D	父母/照顾者	发生率或事件数
Genuneit et al. , 2014	注意缺陷多动障碍	医生或专业人士诊断	临床医生	发生率或事件数
Horev et al. , 2017	注意缺陷多动障碍	医生或专业人士诊断	临床医生	比值比
Johansson et al. , 2017	注意缺陷多动障碍	医生或专业人士诊断	临床医生	比值比

续表

纳入研究	结局指标	测量方法	结果的汇报者	原始指标
Khandaker et al.，2014	精神经验	PLIKSi	儿童/青少年	比值比
Kuniyoshi et al.，2018	精神健康问题(包括注意缺陷多动障碍、行为障碍)	SDQ	父母/照顾者	比值比
Lee et al.，2016	注意缺陷多动障碍、孤独症谱系障碍	医生或专业人士诊断	临床医生	发生率或事件数
Lee and Shin，2017	抑郁症	自制问卷	儿童/青少年	发生率或事件数
Liao et al.，2016	注意缺陷多动障碍、孤独症谱系障碍	医生或专业人士诊断	临床医生	发生率或事件数
Lien et al.，2010	内化和外化心理健康问题	HSCL-10、SDQ	儿童/青少年	比值比
Romanos et al.，2010	注意缺陷多动障碍	医生或专业人士诊断	临床医生	比值比
Sarkar et al.，2004	心理障碍(包括焦虑症、行为障碍、抑郁症)	CPMS	父母/照顾者	平均值和标准差
Schmitt et al.，2009	注意缺陷多动障碍、情感障碍、饮食障碍、人格障碍	医生或专业人士诊断	临床医生	发生率或事件数
Schmitt et al.，2010a	心理健康问题(包括注意缺陷多动障碍、行为障碍)	SDQ	父母/照顾者	比值比
Schmitt et al.，2011	心理健康问题(包括注意缺陷多动障碍、行为障碍)	SDQ	父母/照顾者	比值比
Schmitt et al.，2018	注意缺陷多动障碍、心理健康问题(包括焦虑症/抑郁症)、睡眠障碍	CBCL、CSHQ、SSR、Conners Parent Rating Scale	儿童/青少年和父母/照顾者	平均值和标准差
Shani-Adir et al.，2009	睡眠障碍	CSHQ	父母/照顾者	比值比

续表

纳入研究	结局指标	测量方法	结果的汇报者	原始指标
Shyu et al. , 2012	注意缺陷多动障碍	医生或专业人士诊断	临床医生	比值比
Silverberg and Simpson, 2013	睡眠障碍	自制问卷	父母/照顾者	发生率或事件数
Slattery and Essex, 2011	焦虑症、抑郁症	HBQ、OCHS	儿童/青少年	平均值和标准差
Strom and Silverberg, 2016	言语障碍	医生或专业人士诊断	临床医生	发生率或事件数
Afsar et al. , 2010	焦虑症	STAI-C	儿童/青少年	平均值和标准差
Urrutia-Pereira et al. , 2017	睡眠障碍	CSHQ	父母/照顾者	平均值和标准差
Wang et al. , 2017	睡眠障碍	BISQ	父母/照顾者	比值比
Yaghmaie et al. , 2013	注意缺陷多动障碍、焦虑症、孤独症谱系障碍、行为障碍、抑郁症	医生或专业人士诊断	临床医生	发生率或事件数
Yang et al. , 2018	注意缺陷多动障碍	医生或专业人士诊断	临床医生	比值比

注：BISQ = Brief Infant Sleep Questionnaire；CBCL = Child Behavior Checklist；CPMS＝Childhood Psychopathology Measurement Schedule questionnaire；CSHQ = Children's Sleep Habits Questionnaire；ECI-4 = Early Childhood Inventory-4；EQ-5D = EuroQol Five Dimensions Questionnaire；HBQ = Health and Behavior Questionnaire（parental assessed）；HSCL-10 = The ten-item version of Hopkins Symptoms Checklist；OCHS＝ The Ontario Child Health Study scale（self-assessed by child）；PLIKSi = Psychosis-like Symptoms interview；SCARED = Child Anxiety Related Emotional Disorders；SDQ＝The Strengths and Difficulties Questionnaire；SDSC＝Sleep Disturbance Scale for Children；SMFQ = Shorted Mood and Fellings；SSR = Sleep Self Report（self-assessed by child）；STAI-C＝State-Trait Anxiety Inventory for Children。

表 4.5   系统评价和 Meta 分析中队列研究质量评价结果

纳入研究	选择				可比性	结果			总分
	暴露队列	非暴露队列	暴露的确定性	目标结果	队列的可比性	评估	随访时长	随访的充分性	
Brew et al.，2018	1	1	0	1	2	0	1	0	6
Covaciu et al.，2013	1	1	0	1	2	0	1	1	7
Genuneit et al.，2014	1	1	1	1	2	0	1	1	8
Johansson et al.，2017	1	1	1	1	2	1	1	1	9
Khandaker et al.，2014	1	1	0	1	2	0	1	1	7
Liao et al.，2016	1	1	1	1	2	1	1	1	9
Schmitt et al.，2010	1	1	0	1	2	0	1	1	7
Schmitt et al.，2011	1	1	1	1	2	0	1	1	8
Shyu et al.，2012	1	1	1	1	2	1	1	1	9
Slattery et al.，2011	1	1	0	1	2	0	1	1	7
Strom et al.，2016	1	1	0	1	2	0	1	1	7

表 4.6   系统评价和 Meta 分析中病例对照研究质量评价结果

纳入研究	选择				可比性	暴露			总分
	病例界定	病例代表性	对照选择	对照界定	病例与对照的可比性	暴露的确定性	确定方法	无响应率	
Absolon et al.，1997	1	0	0	1	2	1	1	0	6
Beyreiss et al.，1988	0	0	0	0	2	0	1	0	3
Buske-Kirschbaum et al.，1997	1	0	1	1	2	0	1	1	7
Camfferman et al.，2010	1	0	1	1	2	0	1	0	6
Catal et al.，2016	1	0	0	1	0	0	1	0	3
Horev et al.，2017	1	1	0	1	2	0	1	1	7
Lee et al.，2016	1	1	1	1	2	1	1	1	9

续表

纳入研究	选择				可比性	暴露			总分
	病例界定	病例代表性	对照选择	对照界定	病例与对照的可比性	暴露的确定性	确定方法	无响应率	
Sarkar et al., 2004	1	0	0	1	2	0	1	1	6
Schmitt et al., 2009	1	0	0	1	2	1	1	1	7
Shani-Adir et al., 2009	1	0	0	1	0	0	1	1	4
Sule Afsar et al., 2010	0	0	0	1	2	0	1	1	5
Urrutia-Pereira et al., 2017	1	1	0	1	2	0	1	1	7

表 4.7 系统评价和 Meta 分析中横断面研究质量评价结果

纳入研究	选择				可比性	结果			总分
	代表性	样本量	非受访者	暴露的确定性	受试者的可比性	评估	统计检验		
Augustin et al., 2015	1	1	0	2	0	1	1	6	
Chang et al., 2013	1	1	1	2	0	1	1	7	
Chun et al., 2015	1	1	1	1	2	1	1	8	
Kuniyoshi et al., 2018	1	1	0	1	2	1	1	7	
Lee et al., 2017	1	1	1	1	2	1	1	8	
Lien et al., 2010	1	1	0	1	2	1	1	7	
Romanos et al., 2010	1	1	1	1	2	1	1	8	
Schmitt et al., 2018	1	1	0	1	0	1	1	5	
Silverberg et al., 2013	1	1	0	1	2	1	1	7	
Wang et al., 2017	0	1	0	2	2	1	1	7	
Yaghmaie et al., 2013	1	1	0	1	2	1	1	7	
Yang et al., 2018	1	1	0	1	2	1	1	7	

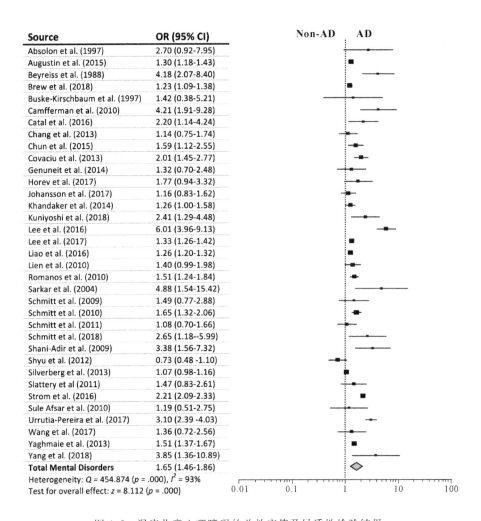

图 4.2　湿疹儿童心理障碍的总效应值及异质性检验结果

注:Source＝数据来源即纳入研究;OR＝比值比;95％CI＝95％置信区间的下限和上限;AD＝湿疹或特应性皮炎。

Source	OR (95% CI)
ADHD	
Augustin et al. (2015)	1.36 (1.30-1.42)
Beyreiss et al. (1988)	4.18 (2.07-8.40)
Camfferman et al. (2010)	2.95 (1.35-6.42)
Catal et al. (2016)	2.57 (1.05-6.30)
Chang et al. (2013)	1.08 (0.71-1.64)
Genuneit et al. (2014)	1.32 (0.70-2.48)
Horev et al. (2017)	1.77 (0.94-3.32)
Johansson et al. (2017)	1.16 (0.83-1.62)
Kuniyoshi et al. (2018)	1.80 (0.97-3.35)
Lee et al. (2016)	3.43 (2.93-4.02)
Liao et al. (2016)	1.28 (1.25-1.31)
Romanos et al. (2010)	1.51 (1.24-1.84)
Schmitt et al. (2009)	1.54 (1.06-2.22)
Schmitt et al. (2010)	1.42 (1.11-1.82)
Schmitt et al. (2011)	1.65 (1.10-2.47)
Schmitt et al. (2018)	3.87 (1.69-8.85)
Shyu et al. (2012)	0.73 (0.48-1.10)
Yaghmaie et al. (2013)	1.17 (1.09-1.26)
Yang et al. (2018)	3.85 (1.36-10.89)
Subtotal	1.56 (1.38-1.77)
Heterogeneity: Q = 198.465 (p = .000), I^2 = 91%	
Test for overall effect: z = 7.095 (p < .001)	
Sleep Disorders	
Absolon et al. (1997)	13.59 (3.67-50.27)
Camfferman et al. (2010)	6.01 (2.70-13.4)
Catal et al. (2016)	1.45 (0.75-2.79)
Chang et al. (2013)	1.06 (0.69-1.61)
Schmitt et al. (2018)	1.28 (0.73-2.24)
Shani-Adir et al. (2009)	3.38 (1.56-7.32)
Silverberg et al. (2013)	1.07 (0.98-1.16)
Urrutia-Pereira et al. (2017)	3.10 (2.39-4.03)
Wang et al. (2017)	1.36 (0.72-2.56)
Subtotal	2.10 (1.32-3.34)
Heterogeneity: Q = 94.466 (p = .000), I^2 = 92%	
Test for overall effect: z = 3.144 (p < .001)	
Anxiety	
Buske-Kirschbaum et al. (1997)	1.42 (0.38-5.21)
Catal et al. (2016)	0.64 (0.19-2.11)
Chang et al. (2013)	1.01 (0.66-1.53)
Sarkar et al. (2004)	3.61 (1.17-11.21)
Slattery et al. (2011)	1.24 (0.70-2.19)
Sule Afsar et al. (2010)	1.19 (0.51-2.75)
Yaghmaie et al. (2013)	1.50 (1.38-1.64)
Subtotal	1.34 (1.06-1.69)
Heterogeneity: Q = 8.257 (p = .220), I^2 = 27%	
Test for overall effect: z = 2.471 (p < .05)	
Depression	
Augustin et al. (2015)	1.24 (1.09-1.42)
Chun et al. (2015)	1.59 (1.12-2.25)
Lee et al. (2017)	1.33 (1.26-1.42)
Sarkar et al. (2004)	5.75 (1.80-18.34)
Slattery et al. (2011)	1.75 (0.98-3.10)
Yaghmaie et al. (2013)	1.49 (1.35-1.64)
Subtotal	1.40 (1.26-1.57)
Heterogeneity: Q = 12.766 (p = .026), I^2 = 61%	
Test for overall effect: z = 6.012 (p < .001)	
Conduct Disorder	
Catal et al. (2016)	0.78 (0.25-2.43)
Kuniyoshi et al. (2018)	1.64 (0.88-3.05)
Sarkar et al. (2004)	5.59 (1.76-17.81)
Schmitt et al. (2010)	1.32 (1.04-1.67)
Schmitt et al, 2011	1.35 (0.80-2.28)
Yaghmaie et al, 2013	1.57 (1.43-1.73)
Subtotal	1.49 (1.23-1.82)
Heterogeneity: Q = 8.225 (p = .144), I^2 = 39%	
Test for overall effect: z = 4.049 (p < .001)	
ASD	
Lee et al. (2016)	10.53 (5.96-18.61)
Liao et al. (2016)	1.24 (1.16-1.32)
Yaghmaie et al. (2013)	1.92 (1.68-2.19)
Subtotal	2.57 (1.47-4.51)
Heterogeneity: Q = 83.200 (p = .000), I^2 = 98%	
Test for overall effect: z = 3.305 (p < .01)	

图 4.3 不同类型心理障碍的效应值及异质性检验结果

注：Source＝数据来源即纳入研究；OR＝比值比；95％CI＝95％置信区间的下限和上限；AD＝湿疹或特应性皮炎；ADHD＝注意缺陷多动障碍；Sleep Disorder＝睡眠障碍；Anxiety＝焦虑症；Depression＝抑郁症；Conduct Disorder＝行为问题；ASD＝孤独症谱系障碍。

四、调节因素分析的结果

由于纳入研究同质性的假设不成立($Q=454.874, p=0.000$)且异质性较大($I^2=92.53\%$),本研究一共对 15 个潜在调节因素进行了分析。调节因素分析结果显示,在人口统计学因素方面,种族是一个重要的调节因素($Q_b=4.963, p<0.05$),患有湿疹的少数族裔儿童发生心理障碍的风险高于白人儿童群体。在方法学因素方面,对照组类型($Q_b=32.464, p=0.000$)、研究设计类型($Q_b=19.464, p=0.000$)以及样本类型($Q_b=6.359, p=0.012$)、湿疹的诊断方式($Q_b=8.089, p=0.018$)、心理障碍的汇报者($Q_b=10.600, p=0.005$)均是重要的调节因素。具体而言,与健康组对照相比,患有湿疹的儿童发生心理障碍风险的效应量最高,与有其他健康问题的对照组相比次之,对照组为一般人群的研究效应量最低。病例对照研究的效应量最高,队列研究次之,横断面研究的效应量最低。采用方便或临床样本研究的效应量高于采用随机或社区样本的研究。采用医生或专业人员诊断湿疹的研究效应量最高,自己或父母的诊断报告次之,采用调查问卷的研究效应量最低。由父母或照顾者汇报儿童心理障碍的研究效应量最高,采用医生汇报次之,由儿童自主汇报心理障碍的研究效应量最低。调节因素分析结果显示,纳入研究的发表年份($Q_b=2.336, p=0.126$)、纳入研究的样本量($Q_b=6.687, p=0.083$)、儿童的平均年龄($Q_b=2.626, p=0.269$)、儿童的性别($Qb=0.099, p=0.753$)、儿童所在家庭的社会经济地位($Q_b=0.418, p=0.518$)、所在国家或地区的人类发展指数($Q_b=1.974, p=0.160$)、人均国民总收入($Q_b=2.188, p=0.139$)、湿疹儿童组与对照组人数的均衡性($Q_b=3.255, p=0.071$)、质量评价得分($Q_b=2.507, p=0.113$)均不是显著的调节因素。表4.8 呈现了调节因素分析结果。

表 4.8　系统评价和 Meta 分析调节因素分析结果

调节因素	k	随机效应值 OR (95% CI)	异质性		
			Q_w	p	I^2
样本量			$Q_b = 6.687$	0.083	
少于 100	6	2.419 (1.605, 3.647)	5.637	0.343	11.306
100~1000	8	2.046 (1.397, 2.997)	28.467	0.000	75.410
1001~10000	11	1.518 (1.308, 1.761)	16.572	0.084	39.656
多于 10000	10	1.477 (1.228, 1.777)	374.917	0.000	97.599
发表年份			$Q_b = 2.336$	0.126	
2010 年及之前	11	1.944 (1.532, 2.468)	21.936	0.015	54.413
2010 年之后	24	1.568 (1.365, 1.802)	427.818	0.000	94.624
平均年龄			$Q_b = 2.626$	0.269	
0~6 岁	6	1.829 (1.118, 2.993)	29.474	0.000	83.036
7~11 岁	11	1.641 (1.347, 1.999)	53.168	0.000	81.192
12~18 岁	6	1.364 (1.151, 1.616)	1.430	0.921	0.000
儿童性别			$Q_b = 0.099$	0.753	
主要是男生(>50%)	20	1.488 (1.316, 1.681)	120.600	0.000	84.245
主要是女生(>50%)	11	1.536 (1.314, 1.794)	19.937	0.030	49.843
儿童民族/种族			$Q_b = 4.963$	0.026	
主要是白种人(>50%)	4	1.287 (1.017, 1.630)	27.662	0.000	89.155
主要是少数族裔(>50%)	9	1.872 (1.487, 2.355)	112.859	0.000	92.912
家庭 SES			$Q_b = 0.418$	0.518	
低收入家庭多于 20%	8	1.458 (1.220, 1.743)	13.279	0.066	47.286
低收入家庭少于 20%	9	1.356 (1.192, 1.543)	40.365	0.000	80.181
2018 年的 HDI			$Q_b = 1.974$	0.160	
发达国家或地区	29	1.559 (1.376, 1.768)	408.119	0.000	93.139
发展中国家或地区	5	2.190 (1.387—3.457)	10.518	0.033	61.971
2017 年人均国民总收入			$Q_b = 2.188$	0.139	

续表

调节因素	k	随机效应值 OR (95% CI)	异质性		
			Q_w	p	I^2
高收入国家	25	1.528 (1.333, 1.752)	306.686	0.000	92.174
中低收入国家	5	2.190 (1.387, 3.457)	10.518	0.033	61.971
研究类型			$Q_b = 19.464$	0.000	
队列研究	11	1.362 (1.088, 1.704)	262.520	0.000	96.191
病例对照研究	12	2.809 (2.081, 3.790)	26.845	0.005	59.024
横断面研究	12	1.386 (1.242, 1.547)	45.166	0.000	75.645
对照组特点			$Q_b = 32.464$	0.000	
健康组	6	3.144 (2.525, 3.195)	2.736	0.741	0.000
一般人群	19	1.477 (1.256, 1.725)	286.948	0.000	93.727
有其他健康问题的人	9	1.565 (1.239, 1.977)	63.657	0.000	87.433
样本代表性			$Q_b = 6.359$	0.012	
方便/临床样本	12	2.211 (1.671, 2.925)	24.159	0.012	54.469
随机/社区样本	22	1.483 (1.297, 1.696)	392.730	0.000	94.653
等效性			$Q_b = 3.255$	0.071	
是	16	1.903 (1.548, 2.287)	124.684	0.000	87.970
否	19	1.511 (1.274, 1.792)	284.734	0.000	93.678
湿疹的诊断或识别			$Q_b = 8.089$	0.018	
医生或专业人员诊断	19	1.904 (1.562, 2.322)	139.674	0.000	87.113
儿童自己/父母诊断	10	1.439 (1.161, 1.784)	262.994	0.000	96.578
调查问卷	5	1.318 (1.118, 1.553)	5.145	0.273	22.257
心理障碍的评定或汇报			$Q_b = 10.600$	0.005	
儿童/青少年	5	1.331 (1.257, 1.409)	0.384	0.984	0.000
父母/照顾者	15	1.849 (1.481, 2.308)	114.477	0.000	87.770

续表

调节因素	k	随机效应值 OR (95% CI)	异质性		
			Q_w	p	I^2
临床医生	13	1.632 (1.321, 2.018)	296.077	0.000	95.947
质量评价			$Q_b = 2.507$	0.113	
方法学质量高	25	1.484 (1.445, 1.525)	410.627	0.000	94.614
方法学质量中等	10	1.339 (1.245, 1.441)	37.554	0.000	76.034

注:k＝研究数量;95% CI＝95% 置信区间的下限和上限;Q_w / Q_b＝组内(w)和组间(b)效应量的同质性检验。p 和 I^2 没有注释。

五、发表偏倚

观测漏斗图(见图 4.4)的散点分布呈现出相对对称的漏斗形,艾格氏线性回归法的结果也显示本研究不存在显著的发表偏倚($t = 1.020, p = 0.315$)。罗森塔尔失安全系数计算结果显示,需要增加 4591 项未发表的研究才能使 Meta 分析的结论逆转。剪补法分析的结果显示,考虑偏倚之后的效应量(OR＝1.500;95% CI[1.329, 1.694])略小于本研究计算出来的效应量(OR＝1.652)。

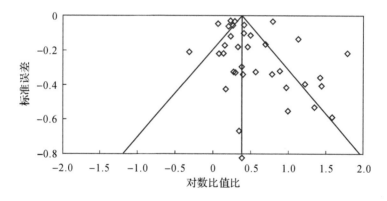

图 4.4 心理障碍总体风险的漏斗图

第四节　儿童湿疹与心理障碍的关系机制及实践启示

一、儿童湿疹与心理障碍的关系机制

本章对 35 项研究进行了 Meta 分析,为了解湿疹儿童心理障碍的风险提供了可靠的证据。既往的研究试图解释儿童湿疹与心理障碍的关系机制。一些研究认为儿童湿疹和心理障碍可能具有生物学、遗传和环境方面的共同诱因[①],例如慢性炎症、胎儿发育受损、儿童出生体重过轻、家庭社会经济地位较低、父母吸烟、母亲产前焦虑、暴露于恶劣的环境等。值得注意的是,目前研究中关于共同诱因的讨论聚焦在儿童湿疹和注意缺陷多动障碍的相关性上。大部分研究认为湿疹生理上的症状,例如严重且持续的瘙痒、慢性和复发性质、炎症反应、过敏性并发症等,可能直接引发儿童的心理障碍。[②] 此外,湿疹还有可能通过造成不良的社会关系间接诱发儿童的心理障碍。[③] 最近的一些研究认为,儿童湿疹与心理障碍之间存在相互作用的关系。一方面,儿童患有湿疹会增加其发生心理障碍的风险;另一方面,儿童心理功能问

---

① i. Lin Y T, Chen Y C, Gau S S F, et al. Associations between allergic diseases and attention deficit hyperactivity/oppositional defiant disorders in children[J]. Pediatric research, 2016, 80(4): 480-485. ii. Johansson E K, Ballardini N, Kull I, et al. Association between preschool eczema and medication for attention-deficit/hyperactivity disorder in school age[J]. Pediatric allergy and immunology, 2017, 28(1): 44-50. iii. Nygaard U, Riis J L, Deleuran M, et al. Attention-deficit/hyperactivity disorder in atopic dermatitis: An appraisal of the current literature[J]. Pediatric allergy, immunology, and pulmonology, 2016, 29(4): 181-188.

② i. Horev A, Freud T, Manor I, et al. Risk of attention-deficit/hyperactivity disorder in children with atopic dermatitis[J]. Acta dermatovenerologica croatica, 2017, 25(3): 210-214. ii. Shyu C S, Lin H K, Lin C H, et al. Prevalence of attention-deficit/hyperactivity disorder in patients with pediatric allergic disorders: A nationwide, population-based study[J]. Journal of microbiology, immunology and infection, 2012, 45(3): 237-242.

③ Chernyshov P V. Stigmatization and self-perception in children with atopic dermatitis[J]. Clinical, cosmetic and investigational dermatology, 2016(9): 159-166.

题也可能会反过来诱发或恶化湿疹并形成恶性循环。① 一项基于 43 篇前瞻性研究的 Meta 分析结果表明，心理健康症状和过敏性疾病会相互影响。心理压力过大会使特应性症状恶化，给患者带来更痛苦的疾病体验；反过来，特应性症状也可以预测心理健康风险。② 最近，儿童心理障碍对湿疹病情的反向作用得到越来越多的研究关注。生活紧张或长期心理压力不仅可能会破坏个体的免疫系统，还可能会诱发湿疹儿童的自我忽视和不良行为，加重儿童感知到的主观压力，同时降低患儿对瘙痒、痛感、容貌受损的接受度，降低其对治疗的依从性和对副作用的容忍度，最终加剧湿疹症状，形成恶性循环。③

二、对实践与未来研究的启示

首先，本研究发现，与未患湿疹的儿童相比，患有湿疹的儿童发生心理障碍的可能性平均高出 65.2%。心理障碍（特别是抑郁症）还有可能引发或强化儿童自杀的意念，造成更加严重的后果。研究表明湿疹儿童比健康的同辈

① Barilla S, Felix K, Jorizzo J L. Stressors in atopic dermatitis[J]. Management of atopic dermatitis, 2017(1027): 71-77.

② Chang H Y, Seo J H, Kim H Y, et al. Allergic diseases in preschoolers are associated with psychological and behavioural problems[J]. Allergy, asthma & immunology research, 2013, 5(5): 315-321.

③ i. Oh W O, Im Y J, Suk M H. The mediating effect of sleep satisfaction on the relationship between stress and perceived health of adolescents suffering atopic disease: Secondary analysis of data from the 2013 9th Korea Youth Risk Behavior Web-based Survey[J]. International journal of nursing studies, 2016(63): 132-138. ii. Nygaard U, Riis J L, Deleuran M, et al. Attention-deficit/hyperactivity disorder in atopic dermatitis: An appraisal of the current literature[J]. Pediatric allergy, immunology, and pulmonology, 2016, 29(4): 181-188. iii. Reid S, Wojcik W. Chronic skin disease and anxiety, depression and other affective disorders[M]// Bewley A, Taylor R E, Reichenberg J S. Practical psychodermatology. Hoboken: John Wiley & Sons, 2014: 104-113.

或一般群体具有更高的自杀风险。[1] 因此,对儿童湿疹这一疾病的有效管理需要多管齐下,关注患儿的心理健康状况十分重要,提供心理方面的干预服务也十分必要。既有研究表明,作为药物治疗的辅助手段,对湿疹儿童进行心理健康干预有重要的积极效果,不仅可以帮助儿童控制抓挠行为、缓解瘙痒,还有助于儿童从心理和情感上接受自己的疾病,提高皮肤护理和治疗的依从性,提高应对能力,提高总体生活质量。[2] 特别是对于一些病情反复发作的持续性湿疹患儿,从解决儿童的情绪困扰或心理障碍入手或许是打破湿疹与心理障碍之间恶性循环的关键。然而,当下治疗儿童湿疹的药物干预通常是针对病症的局部治疗,非药物干预主要是针对照护者的教育项目,直接针对湿疹儿童群体的心理干预很少。本研究建议,心理维度应该成为儿童湿疹管理的重要组成部分,在儿童湿疹的治疗和管理指南中应列出并推荐心理健康服务,以及在卫生保健系统中增加儿童精神卫生保健的保险覆盖范围。

其次,本研究还指出儿童湿疹与不同类型的心理障碍风险成正相关,如注意缺陷多动障碍(OR=1.563)、行为问题(OR=1.494)、抑郁症(OR=1.402)、焦虑症(OR=1.339)等,而且湿疹儿童患有不同类型心理障碍的风险没有呈现出显著差异。但目前有关儿童湿疹和心理障碍的研究主要关注注意缺陷多动障碍,对其他类型心理障碍的研究相对缺乏。本研究建议在为湿疹儿童提供心理健康诊断或服务时,不能只提供泛泛的常规服务或只关注注意缺陷多动障碍,需要通过不同的技术手段来瞄准不同类型的心理障碍。

同时,研究结果也说明了多学科协作在对儿童湿疹的管理中的重要性。一方面,包括皮肤科医生、过敏科医生、儿科医生等在内的医疗专业人员需要深入了解湿疹儿童发生心理障碍的风险,治疗患有严重湿疹的儿童时,应在

---

[1] Lee S, Shin A. Association of atopic dermatitis with depressive symptoms and suicidal behaviors among adolescents in Korea: The 2013 Korean Youth Risk Behavior Survey[J]. BMC psychiatry, 2017, 17(1): 1-11.

[2] Ersser S J, Cowdell F, Latter S, et al. Psychological and educational interventions for atopic eczema in children[J]. Cochrane database of systematic reviews, 2014 (1): CD004054.

给予药物治疗的同时关注儿童心理健康状况，对于有心理障碍风险的儿童应推荐心理障碍的筛查程序[①]；另一方面，包括精神病学家、心理学家和社会工作者在内的心理健康专业人士在治疗或提供服务给有心理障碍的儿童和青少年时，也需要注意观察儿童是否有湿疹症状或病史。

最后，本研究发现年龄、性别、家庭和国家的社会经济状况等人口社会学因素并没有调节湿疹对儿童心理障碍的风险。对于不同年龄阶段、不同性别、来自不同社会经济状况的家庭或者国家的儿童而言，湿疹对其发生心理障碍的影响没有显著差异。所以不管是在发达国家还是发展中国家，我们都应该为所有家庭中的患儿提供心理健康服务，并使其能够获得该项服务。但需要注意的是，需要对少数族裔的儿童进行更多的研究，因为心理健康干预对少数族裔儿童的影响效应量大于白人家庭儿童。本研究还发现，将父母或照顾者作为心理疾病评定者的研究效应量比那些由临床医生或儿童自己作为评定者的研究更大。这可能是因为父母需要为患儿提供复杂且长期的日常护理，导致其心理负担加重[②]，父母的心理压力则会使其在报告中夸大儿童心理障碍的严重程度，所以仅仅让作为孩子代理人的父母或照顾者来报告孩子的健康状况可能会使结果有偏差。因此有必要在未来的研究和实践中，倾听湿疹儿童的声音，以便使提供的干预服务更适合儿童。

---

① i. Cheng C M, Hsu J W, Huang K L, et al. Risk of developing major depressive disorder and anxiety disorders among adolescents and adults with atopic dermatitis：A nationwide longitudinal study[J]. Journal of affective disorders，2015(178)：60-65.
ii. Lee K J, Roberts G, Doyle L W, et al. Multiple imputation for missing data in a longitudinal cohort study：A tutorial based on a detailed case study involving imputation of missing outcome data [J]. International journal of social research methodology，2016，19(5)：575-591.

② Mitchell A E, Fraser J A, Ramsbotham J, et al. Childhood atopic dermatitis：A cross-sectional study of relationships between child and parent factors，atopic dermatitis management，and disease severity[J]. International journal of nursing studies，2015，52(1)：216-228.

三、本研究的局限性

除了上述重要发现，本研究也存在一些局限性。首先，在计算湿疹儿童心理障碍的总体效应量时，本研究纳入了广泛的结局指标，其中包括由多种工具测量的结局指标，这可能人为地造成了纳入研究的异质性较大。本研究通过进行独立的 Meta 分析来分别计算各类心理障碍的效应量，以及采用了随机效应模型来解决这一问题。其次，由于制定了严格的纳入标准，本研究只能纳入有限数量的研究，且本研究并未纳入灰色文献，所以某些类型的心理障碍没有足够的研究支持而无法进行 Meta 分析，如依恋障碍、人格障碍以及抽搐性运动障碍。最后，由于原文献中提供的信息量较少，本研究无法验证一些可能重要的调节因素的作用，例如一些医疗因素（如湿疹的严重程度、发病年龄和持续时间、接受过的药物治疗）、免疫因素（如血清免疫球蛋白[IgE]水平）、遗传因素（如湿疹家族史）以及社会因素（如社会关系）等。因此未来的研究可以增加对这些因素的探讨，以便进一步明确儿童湿疹与心理障碍之间的作用机制。

第五节　本章小结

湿疹是一种会导致个体身心痛苦的皮肤疾病。本章通过系统评价和 Meta 分析的方法发现湿疹儿童比健康的同龄人有更高的心理健康风险。本研究强调，在儿童湿疹的管理中需要纳入更多有效的心理健康服务，对儿童湿疹进行综合的、全面的以及多学科的管理。这也为本书第七章中基于身心灵全人健康模式的社会心理干预的合理性奠定了基础。

第五章
倾听童声：
湿疹儿童主观疾病经历的质性研究

  湿疹是最常见的儿童皮肤病，给儿童的身心健康和社会关系造成了深刻的影响。然而，湿疹儿童群体却很少受到社会大众和学术研究的关注，他们的声音和需求鲜少被听见。以往的质性研究大多关注父母和照顾者在儿童湿疹管理相关问题上的主观看法或经验[①]，鲜少有研究关注湿疹儿童的主体经验。此外，关于这些儿童是如何与他们所在的环境联系的，我们也知之甚少；社会文化因素如何影响他们的疾病经历尚不清楚。本章遵循"以儿童为中心"的研究范式，使用基于绘画的研究方法（drawing-based approach），放大湿疹儿童的声音，从"儿童的视角"全面且深入地探索"罹患湿疹"疾病经历的本质，旨在提高社会大众以及学术研究者对湿疹儿童群体的理解，并为相关社会心理干预服务的设计和发展提供研究证据。

[①] i. Halls A，Nunes D，Muller I，et al. "Hope you find your 'eureka' moment soon"：A qualitative study of parents/carers' online discussions around allergy，allergy tests and eczema[J]. BMJ open，2018，8(11)：e022861. ii. Santer M，Muller I，Yardley L，et al. "You don't know which bits to believe"：Qualitative study exploring carers' experiences of seeking information on the internet about childhood eczema[J]. BMJ open，2015，5(4)：e006339. iii. Santer M，Muller I，Yardley L，et al. Parents' and carers' views about emollients for childhood eczema：Qualitative interview study[J]. BMJ open，2016，6(8)：e011887. iv. Teasdale E J，Muller I，Santer M. Carers' views of topical corticosteroid use in childhood eczema：A qualitative study of online discussion forums[J]. British journal of dermatology，2017，176(6)：1500-1507.

第一节 理论基础与概念框架

一、疾病的"生物—心理—社会"模式

20 世纪 80 年代,乔治·L. 恩格尔(George L. Engel)提出了疾病的"生物—心理—社会"模式(the biopsychosocial model of disease)。[①] 传统的生物医学模式(biomedical model)关注疾病或健康的生物学机制,而"生物—心理—社会"模式则强调患者的健康结果受生物、心理和社会层面各种因素的协同影响。[②] 在过去 40 多年里,该理论模式在学术领域的应用取得了令人瞩目的进展,被认为是研究慢性疾病患者以及心理障碍患者疾病经历或体验的一个既综合又实用的理论模式。[③] 在该模式的影响下,健康与疾病动态平衡的理念被越来越多的学者接受和提倡。[④]

21 世纪初,范霍文(Verhoeven)等研究者基于素质应激模式(diathesis stress model)以及对已发表的关于慢性皮肤病患者瘙痒研究的叙述性文献

---

① i. Engel G L. The need for a new medical model: A challenge for biomedicine[J]. Science, 1977, 196(4286): 129-136. ii. Engel G L. The clinical application of the biopsychosocial model[J]. The American journal of psychiatry, 1980, 137(5): 535-544.

② Sumner L A, Nicassio P M. The importance of the biopsychosocial model for understanding the adjustment to arthritis[M]// Nicassio P. Psychosocial factors in arthritis. Cham: Springer, 2016: 3-20.

③ i. Buckner J D, Heimberg R G, Ecker A H, et al. A biopsychosocial model of social anxiety and substance use[J]. Depression and anxiety, 2013, 30(3): 276-284. ii. Jensen M P, Adachi T, Tomé-Pires C, et al. Mechanisms of hypnosis: Toward the development of a biopsychosocial model[J]. International journal of clinical and experimental hypnosis, 2015, 63(1): 34-75. iii. Sumner L A, Nicassio P M. The importance of the biopsychosocial model for understanding the adjustment to arthritis[M]//Nicassio P. Psychosocial factors in arthritis. Cham: Springer, 2016: 3-20.

④ i. Kontos N. The rise and fall of the biopsychosocial model: Reconciling art and science in psychiatry[J]. Journal of clinical psychiatry, 2011, 72(9): 1287-1288. ii. Wade D T, Halligan P W. The biopsychosocial model of illness: A model whose time has come[J]. Clinical rehabilitation, 2017, 31(8): 995-1004.

综述，提出了瘙痒的"生物—心理—社会"模式（the biopsychosocial model of itch）。① 该模式认为，慢性皮肤病的瘙痒受内部脆弱因素（internal vulnerability factors）与外部环境因素（external environmental factors）相互作用的影响，例如患者的瘙痒受其个性和外部压力源相互作用的影响。而这种影响会受到个体的认知（如无助和担忧）、行为（如搔抓和回避行为）和社会（领悟社会支持和社会网络）等因素的中介或调节。瘙痒的"生物—心理—社会"模式促进了人们对生物、心理和社会因素在健康和皮肤病动态平衡中复杂影响的认识。

目前为止，疾病或瘙痒的"生物—心理—社会"模式主要应用于对成年患者疾病经历的研究中，并未考虑儿童特殊的发展阶段。与成年患者相比，患有生理健康问题的儿童可能面临不同的挑战且表现出不同的应对方式。此外，从优势视角出发去了解患者的主体经验也很重要。然而，"生物—心理—社会"模式主要关注与疾病相关的困难，并没有包含患者的资源和潜力。此外，该理论模式未能充分考虑社会文化情境对塑造患者疾病经历的影响。

二、埃里克森社会心理发展理论

埃里克森（Erik Erikson）主要关注文化和社会对儿童身份和自我概念发展的影响。② 通过考虑文化和社会对儿童发展的影响以及增加生命周期的社会心理视角，埃里克森扩展了弗洛伊德（Sigmund Freud）的性心理发展理论（theory of psychosexual development）。埃里克森在发展心理学领域最令人印象深刻的贡献是提出了 8 种生命危机，将人的整个生命周期划分为 8 个社会心理发展（psycho-social development）阶段。在每一个阶段中，都有一个基本且不可避免的社会心理危机或冲突，这些冲突必须被成功地应对和处

---

① Verhoeven E W M, Klerk S, Kraaimaat F W, et al. Biopsychosocial mechanisms of chronic itch in patients with skin diseases: A review[J]. Acta derm venereol, 2008 (88): 211-218.

② i. Erikson E H. Identity and the life cycle: Selected papers[J]. Psychological issues, 1959(1): 1-171. ii. Erikson E H. Childhood and society[M]. 2nd ed. New York: Norton & Company, 1963.

理，才能为下一阶段的发展打好基础。这 8 个社会心理发展阶段包括：(1)基本信任对基本不信任；(2)自主对羞耻与疑虑；(3)主动对内疚；(4)勤奋对自卑；(5)同一性对角色混乱；(6)亲密对孤独；(7)繁衍对停滞；(8)自我整合对绝望。社会心理发展八阶段理论被视为生命周期阶段性变化最重要的理论之一。[①]

湿疹儿童在经历疾病的同时，也和其他健康儿童一样面临特定社会心理发展阶段中基本的危机和冲突。本研究的对象是 6~12 岁的学龄儿童。根据埃里克森的社会心理发展理论，学龄儿童处于勤奋对自卑的社会心理发展阶段。与早期阶段相比，这一阶段的儿童与学校以及社区中其他人的关系变得越来越重要，他们会更在意自己的外表，并喜欢将自己的表现与社区或学校里的同龄人进行比较。完成学校或社区里的任务带来的成功体验可以使儿童发展出勤奋和能力；然而，不成功的体验可能会带来一种自卑感或不足感。因此，在本研究中，湿疹儿童的学业表现以及在学校和社区中的人际关系对于理解其疾病经历的本质至关重要。

三、维果茨基的社会文化理论

维果茨基(Lev Vygotsky)是苏联卓越的心理学家，与皮亚杰(Jean Piaget)是同时期的人物，他主要研究儿童发展与教育心理，着重探讨儿童学习与发展的关系问题。20 世纪早期，维果茨基提出了关于社会和文化因素如何影响儿童认知发展的理论，他认为儿童的认知或智力发育过程发生在特定的社会文化背景下，受到其与世界的社会互动的影响。[②] 与埃里克森社会心理发展理论观点相似，维果茨基也重视社会和文化在儿童发展中的作

---

① Keil F. Developmental psychology：The growth of mind and behavior[M]. New York：W W Norton & Company，2013.

② i. Vygotsky L S. Mind in society：Development of higher psychological processes [M]. Cambridge：Harvard University Press，1978. ii. Vygotsky L S. Thought and language[M]. 2nd ed. Cambridge：MIT Press，1986.

用。① 皮亚杰和维果茨基的理论在发展心理学领域都产生了深远的影响,皮亚杰更关注个人经历对儿童认知发展的影响,而维果茨基则认为儿童对世界的认识和理解在很大程度上受到其生活的社会环境以及与他人的社会交往的影响,如父母、同龄人、教师和邻居等。②

　　"最近发展区"(zone of proximal development,ZPD)和"脚手架"(scaffolding)是维果茨基社会文化理论(sociocultural perspective theories)中两个重要的概念。最近发展区理论认为儿童的发展有两种水平,一种是儿童现有的发展水平,指儿童独立活动时所能达到的解决问题的水平;另一种是儿童可能的发展水平,也就是儿童由成人指导或与更有能力的同伴合作所获得的解决问题的水平。两种水平之间的差距就是最近发展区。在最近发展区中,当学习任务太难或太复杂时儿童可能无法独自处理,但可以在更有知识的同龄人或成年人的帮助下进行学习,获得潜在发展水平。③ 这些来自更有能力的同龄人、家长、老师等的帮助被视为脚手架,能够帮助儿童发挥其潜能,完成在独立状态下无法完成的任务。虽然最近发展区和脚手架这两个概念通常被用于讨论儿童早期教育的学习过程,但它们也可以应用到更广泛的研究领域。实际上,最近发展区也可以指一项超出儿童目前功能水平的任务或活动,或当儿童面临太多发展性挑战时的任何情况。在这种情况下,脚手架可以成为帮助儿童理解和解决问题、应对挑战的援助或社会支持。有研究指出,当最近发展区发生在情绪层面时,能力更强的脚手架可以帮助儿童

①　Miller P H. Theories of developmental psychology[M]. 6th ed. New York:Worth Publishers,2016.

②　i. Mooney C G. Theories of childhood:An introduction to Dewey, Montessori, Erikson, Piaget & Vygotsky[M]. St. Paul:Redleaf Press,2013. ii. Shaffer D R, Kipp K. Developmental psychology:Childhood and adolescence[M]. Belmont:Wadswirth Cengage Learning,2013.

③　Shaffer D R, Kipp K. Developmental psychology:Childhood and adolescence[M]. Belmont:Wadswirth Cengage Learning,2013.

应对情感障碍。[①] 因此,本研究认为,当最近发展区发生在湿疹情境中时,能力更强的脚手架也可以帮助儿童应对疾病相关的挑战。

四、疾病应对和社会支持相关理论

儿童在成长和生活中不可避免地会面临许多的挑战、危机、压力以及发展任务等。应对(coping)是指儿童在遇到挑战或危机时使用的一系列显性或隐性的策略或努力。[②] 大多数儿童能够应对与他们的发展阶段相匹配的挑战,并在应对过程中获得相关应对技能。在没有支持或帮助的情况下,儿童可能缺乏应对超出其发展阶段挑战的技能。儿童在遇到各种挑战时,通常会表现出不同类型的应对方式。既有的研究发现儿童和青少年在面对慢性疾病相关挑战时通常表现出 3 种应对方式,分别是:(1)积极应对(active coping),如直接管理挑战或压力来源;(2)适应性应对(accommodative coping),如接受、重新建构、转移注意等;(3)消极应对(passive coping),如逃避、脱离等。[③] 值得注意的是,研究表明任何一种应对方式都不是普遍有效或无效的。[④]

患者对疾病以及相关压力的主观认知和患者获得的社会支持被认为是慢性病应对中的两个重要因素。压力应对模式(the stress coping model)是慢性病应对研究中应用最广泛的理论模式之一,该模式强调对压力的主观评

---

① Miller P H. Theories of Developmental Psychology (6th Edition)[M]. 6th ed. New York:Worth Publishers,2016.

② Hetherington E M, Blechman E A. Stress, coping, and resiliency in children and families[M]. New York:Psychology Press,2014.

③ Connor-Smith J K, Compas B E, Wadsworth M E, et al. Responses to stress in adolescence:Measurement of coping and involuntary stress responses[J]. Journal of consulting and clinical psychology,2000,68(6):976.

④ i. Compas B E, Jaser S S, Dunn M J, et al. Coping with chronic illness in childhood and adolescence[J]. Annual review of clinical psychology,2012,8(1):455-480. ii. Taylor S E, Stanton A L. Coping resources, coping processes, and mental health[J]. Annual review of clinical psychology,2007,3(1):377-401.

价会影响对压力的应对方式。① 疾病聚合模式（illness constellation model）认为，患者对疾病和相关心理压力的认知和反应以及能否获得足够的社会支持（social support）决定了其能否成功地适应疾病。② 社会支持是指两个及两个以上的人之间提供或交换资源的过程，其目的是增进受助者的福祉。③ 社会支持包括 4 个功能领域，分别是有形的或工具性的支持（tangible/instrumental support）、情绪或情感支持（emotional/affectionate support）、信息支持（informational support）以及社会互动（social interaction）。④ 有形的或工具性的支持指的是有人可以提供经济援助、物质物资或服务，比如带去看医生或在必要时帮助做日常家务。情绪或情感支持是指提供同理心、关心、情感、爱、信任、接纳、亲密、鼓励或关怀。例如，儿童可以通过与他人讨论问题和倾诉感受获得情感支持，并且不会受到责备或批评。信息支持指的是有人可以提供建议、指导、启发或有用的信息，这些信息可能有助于解决问题。社会互动是指有同伴参与共同的社会活动，这给儿童提供了一种社会归属感。从社交网络中的成员，特别是父母那里获得足够的社会支持，可以在很大程度上增加儿童成功应对那些与发展阶段不匹配挑战的机会；而缺乏社会支持或拥有较低社会支持与较差的身心健康有关。⑤

---

① Lazarus R S，Folkman S. Stress，appraisal，and coping[M]. New York：Springer，1984.

② Morse J M，Johnson J L. Toward a theory of illness：The illness-constellation model [M]. Morse J M，Johnson J L. The illness experience：Dimensions of suffering. Thousand Oaks：Sage Publications，1991：315-342.

③ Zhao G，Li X，Fang X，et al. Functions and sources of perceived social support among children affected by HIV/AIDS in China[J]. AIDS care，2011，23(6)：671-679.

④ i. Cutrona C E，Russell D W. The provisions of social relationships and adaptation to stress[J]. Advances in personal relationships，1987，1(1)：37-67. ii. Hetherington E M，Blechman E A. Stress，coping，and resiliency in children and families[M]. New York：Psychology Press，2014.

⑤ Hetherington E M，Blechman E A. Stress，coping，and resiliency in children and families[M]. New York：Psychology Press，2014.

五、概念框架

本研究主要基于恩格尔提出的疾病的"生物—心理—社会"模式构建湿疹儿童疾病经历本质的概念框架。此外，埃里克森的社会心理发展理论为理解 6～12 岁湿疹儿童疾病经历提供了特定发展阶段的知识背景，是从"以儿童为中心"的视角对成人的疾病的"生物—心理—社会"模式进行的重新构建。维果茨基的社会文化视角理论中的"最近发展区"和"脚手架"的概念从优势视角拓展了疾病的"生物—心理—社会"模式，用以进一步理解社会支持在湿疹儿童疾病经历特别是疾病适应状态中的作用，成为儿童疾病经历中重要的子系统，并引入应对和社会支持类型的具体概念来丰富该子系统。图 5.1 展示了本研究如何基于上述理论构建湿疹儿童的"生物—心理—社会"模式的基本架构。具体而言，该理论模式认为：(1)湿疹儿童的疾病经历受生理、心理、环境及社会文化因素的协同影响，其身体症状不仅直接造成心理困扰，还通过社会因素间接影响其心理健康。(2)家庭、学校和社区是 6～12 岁学龄儿童的主要的生活环境，学龄儿童面临的常见困难，如学习压力和人际交往困难，对处于这一发展阶段的湿疹儿童的疾病经历至关重要。(3)患有湿疹的生活对于学龄儿童来说是一个与其发展阶段并不对应的挑战，应对湿

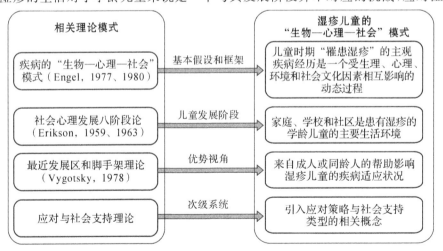

图 5.1　质性研究的理论基础

疹带来的挑战超出了他们当前的能力或功能水平,同龄人、父母、教师和其他人的社会支持通常可以起到脚手架的作用,从根本上影响儿童对其疾病和环境的适应状态。(4)儿童如何应对与疾病相关的挑战,可能取决于他们在特定环境中是否能够获得足够的社会支持。(5)湿疹儿童所处的宏观社会文化环境在塑造其疾病经历上也有着重要作用。

第二节　现象学方法论及研究过程

一、选择现象学方法的合理性

本研究选择质性方法探索湿疹儿童的主观疾病经历。量性方法可能难以回答本研究的问题,按照成人的假设和了解设计的调查问卷很难囊括儿童的观点,并可能限制儿童的意见,还可能会造成儿童和成人研究者之间进一步的权力失衡。质性研究更适合探索儿童的观点并放大其声音。

在社会科学、行为科学以及健康科学领域中有 5 种重要的质性研究方法,包括现象学(phenomenology)、叙事研究(narrative study)、扎根理论(grounded theory)、民族志(ethnography)和案例研究(case study)。① 本研究采用先验现象学(transcendental phenomenology;Moustakas,1994)作为具体的质性研究策略,该方法广泛应用于研究人们在特定环境中主体经验的共同意义。② 现象学源于哲学,由埃德蒙·胡塞尔(Edmund Husserl)创立③,后被马克斯·舍勒(Max Scheler)、尼古拉·哈特曼(Nicolai

① Creswell J W,Poth C N. Qualitative inquiry and research design:Choosing among five approaches[M]. Thousand Oaks:Sage Publications,2016.

② Moustakas C. Phenomenological research methods [M]. Thousand Oaks: Sage Publications,1994.

③ i. Husserl E. The crisis of European sciences and transcendental Phenomenology:An introduction to phenomenological philosophy[M]. Thousand Oaks:Northwestern University Press,1970. ii. Husserl E. Ideas:General introduction to pure phenomenology[M]. London:Routledge,2012.

Hartmann）、马丁·海德加（Martin Heideggar）等进一步发展。[①] 胡塞尔所拥立的先验现象学后来成为现象学研究方法论的指导原则。"先验的"（transcendental）即"一切都如新感知，如同是第一次"。先验现象学旨在理解特定背景下个体主体经验的本质，它侧重于描述而不是解释研究对象的主体经验。在胡塞尔和莫斯塔卡（Moustakas，1994）的现象学方法论中，"悬置"（epoche，古希腊语）是一个很重要的概念，其意思是中间的，既不肯定，也不否定。由于要充分描述参与者如何看待或体验某一现象，研究人员必须在接触其主体经验之前，尽可能地摒弃他们对这一现象的体验、经验或预判，然后对所考察的现象建立一个新的视角。这并不是说将研究人员完全排除在研究之外，而是将其个人经验先搁置一旁，避免先入为主的偏见，以便专注于参与者的主体经验。

具体研究策略的选择取决于研究问题、研究目的、所研究现象的已有知识、文献提供的理论框架以及研究场域的类型等。本研究选择先验现象学方法论作为具体的研究策略有 3 个方面的原因。第一，本研究的主要目的是探索湿疹儿童的主观疾病经历，这一类型的研究问题适合使用现象学的方法。现象学将人的经验或经历（experience）视为一种现象，侧重于对人们生活经历（living experience）共同意义的描述以及对主体经验情境化的理解。本研究将"罹患湿疹"视为一种现象，透过现象学方法可以深入理解湿疹儿童群体共同的疾病经历，并洞察该现象的本质和特征。第二，现象学将参与者的观点视为其主体经验的出发点，强调从参与者的视角来观察社会世界，先验现象学研究方法强调在资料分析过程中始终秉承着"悬置"的原则，要求研究人员将自己的个人体验置于研究之外。本研究关注儿童的声音，而不是成人对儿童观点的解读，因此通过"先验的"现象学方法能够从儿童自身的视角了解其主观疾病经历的本质。第三，先验现象学方法在数据分析过程中提供结构化的步骤以及在结果报告部分提供系统化的指南，该方法被认为是最实用、

---

① Spiegelberg E. The phenomenological movement：A historical introduction[M]. 3rd ed. Dordrecht：Springer，2012.

最详细和高度结构化的方法,为报告结果提供了明确的程序,有利于研究者系统地处理本研究中丰富的质性资料。第四,本书中的总体研究是混合研究设计(详见第一章第三节),包含质性研究和随机对照试验。现象学方法论不将事实分为主观和客观,而是将事实视为主客观的整合体,侧重研究人的主观和客观经验或体验,拒绝主观客观二分的观点。由于现象学处于质性和量性研究之间的连续统一体上,因此本研究的质性部分选择现象学作为具体研究策略符合整体研究的混合设计。

　　莫斯塔卡的现象学方法有较为结构化的研究过程。第一步是确定研究现象并"悬置"研究者的个人经验。第二步是选取经历该现象并能全面描述该现象的参与者进行资料收集,通常这部分会通过访谈来完成。第三步是资料分析,先将资料打散,尽可能地将信息划分到最小单位,接着上升到更广泛的单元形成意义,最后将意义单元(meaning unit)上升成为主题(theme)。完成以上步骤后,研究者对两个要素进行描述:一是对所有个体共有的有关该现象的经验进行纹理性的描述(textural description),即描述参与者们经历了什么;二是对他们的经验进行结构性的描述(structural description),即在不同的条件、情境或者文化背景下,他们是如何经历该现象的。最终研究结果呈现的是对参与者主体经验本质的综合描述,即包括了纹理性和结构性的描述。

二、研究对象

(一)纳入标准

　　由于本研究采用访谈和绘画的方法收集资料,因此需要考虑儿童的年龄和发展阶段以保证他们能够清楚地表达其主观疾病经历。根据儿童的艺术发展阶段①,7 岁左右的儿童开始能够画图示意,12 岁以上的孩子进入青春期后与年幼的儿童在艺术表达上有很大的不同,结合预访谈的情况,本研究

① Lowenfeld V, Brittain W L. Creative and mental growth[M]. 7th ed. New York: Macmillan, 1982.

确定目标研究对象为 8～12 岁湿疹儿童。2017 年 9—12 月,113 名被诊断患有湿疹的 6～12 岁儿童参与了由研究团队提供的身心灵全人健康模式社会心理干预项目。本章质性研究从该随机对照试验项目的对照组($n=55$)中招募合适的参与者。

(二)抽样方法与过程

为使研究资料呈现更丰富的儿童观点,本研究采用最大差异抽样方法,根据儿童的个体特征以及研究地点(非政府组织的服务中心)两个层面在 55 名儿童中选取样本。表 5.1 展示了样本选取的过程。首先,根据儿童的年龄(8 岁、9 岁、10 岁、11 岁或 12 岁)、性别(男性或女性)、湿疹严重程度(中度或重度)3 项差异化指标建立 20 项类别。在 55 名湿疹儿童中有 35 名的年龄为 8～12 岁,将其按照年龄、性别和湿疹严重程度分至 20 个类别中。当某些类别中只包含一个儿童时,该儿童被选为潜在参与者。当某一个类别中有多名儿童时,使用随机方法选择一名儿童作为潜在参与者。所以,总共有 16 名儿童被选为潜在参与者。在进行儿童个体层面抽样后,由于潜在参与者中没有来自 A 服务中心的儿童,所以从 A 服务中心中符合条件的 3 名湿疹儿童里随机选择一名儿童(即 A12)。最终,有 17 名湿疹儿童被选为潜在参与者。接着,通过电话询问这些儿童及其父母参与本研究的意愿。H14 拒绝了访谈,由于 H09 的特征与 H14 相似,因此选择 H09 替代 H14。现象学研究中一般包括 5～25 名经历同一现象的研究对象[①],因此,本研究 17 名儿童的样本量是合适的。这 17 名儿童在社会心理干预项目开始前均接受了第一轮质性访谈。由于时间冲突,有 4 名男孩决定退出干预项目,其他 13 名儿童参与了干预项目并接受了第二轮质性访谈。

(三)参与者的特征

本研究仅以参与第一次质性访谈的 17 名湿疹儿童为样本,他们的年龄

---

① Creswell J W, Poth C N. Qualitative inquiry and research design: Choosing among five approaches[M]. Thousand Oaks: Sage Publications, 2016.

分布在 8~12 岁,其中 8 名女孩,9 名男孩。在湿疹的严重程度上,有 11 名参与者患有重度湿疹,SCORAD 评分超过 50(最高总分为 103),其余 6 名参与者患有中度湿疹,SCORAD 评分在 25~50 之间。此外,有 10 名参与者在出生后的第一年内就出现了湿疹症状,这 10 人中有 7 人患有湿疹超过 10 年。所有的受访儿童都接受了各种类型的湿疹治疗,其中最常见的治疗包括保湿剂($n=17$)、局部类固醇治疗($n=17$)、传统中药治疗($n=16$)、局部非类固醇治疗($n=14$)、湿敷治疗($n=8$)和口服抗生素($n=8$)。除此之外,有 5 名儿童患有其他类型疾病,如过敏性鼻炎(F6 和 M4)、哮喘(M7)、注意缺陷多动障碍(M3)以及孤独症谱系障碍(M5)。在家庭状况上,两名参与者(M4 及 M6)来自低收入家庭,家庭月收入低于 2 万港元,14 名儿童来自多子女家庭,9 名儿童有其他兄弟姐妹也患有湿疹。表 5.2 展示了 17 名参与者的特征。

三、收集质性资料的方法与工具

研究团队于社会心理干预项目的前后对湿疹儿童进行了两轮质性访谈,于 2017 年 9 月至 10 月对 17 名湿疹儿童进行第一轮访谈,于 2017 年 11 月至 2018 年 2 月对 13 名湿疹儿童进行第二轮访谈。现象学研究通常使用多种方法收集对研究问题有用的信息。[1] 两轮访谈都使用绘画与解释技术(draw-and-explain technique)和半结构式访谈(semi-structured interviews)相结合的方式收集质性资料。在质性访谈的过程中使用绘画与解释技巧既能提升儿童的访谈表现,也能增加儿童提供的信息量。[2]

---

[1] Creswell J W, Poth C N. Qualitative inquiry and research design: Choosing among five approaches[M]. Thousand Oaks: Sage Publications, 2016.

[2] i. Günindi Y. Preschool children's perceptions of the value of affection as seen in their drawings[J]. International electronic journal of elementary education, 2015, 7(3): 371-382. ii. Wennström B, Hallberg L R M, Bergh I. Use of perioperative dialogues with children undergoing day surgery[J]. Journal of advanced nursing, 2008, 62(1): 96-106.

表 5.1　质性研究的抽样过程

差异化指标			非政府组织编号								研究对象
年龄	性别	SCORAD	A	C	D	E	G	H	K	B	
8	男	<50			D02						D02
9	男	<50			D08			H12	K18		D08
10	男	<50									/
11	男	<50							K12		K12
12	男	<50								B06	B06
8	男	>50	A07			E09	G16	H22			G16
9	男	>50						H14	K04		H14→H09
10	男	>50	A11	C15			G04	H09			C15
11	男	>50					G12				G12
12	男	>50		C16						B03,B05	B05
8	女	<50									/
9	女	<50			D04			H08			H08
10	女	<50				E02					E02
11	女	<50									/
12	女	<50									/
8	女	>50			D06						D06
9	女	>50	A12	C07,C13	D14			H20			H20+A12
10	女	>50		C08				H10,H11			H10
11	女	>50							K07,K13		K07
12	女	>50		C14				H07			C14

注:SCORAD=湿疹严重程度评分指数。

表 5.2 质性研究中参与者的特征

编号	性别	年龄/岁	SCORAD	初诊年龄/月	接受治疗种类	其他健康状况	家庭月收入/HKD	家中儿童数量	家中湿疹儿童数量	第一轮访谈时长/分钟
A12	女	9	78	6	123456	/	未报告	2	2	75
C14	女	12	94	3	12356	/	30000~39999	2	2	57
D06	女	8	71	1	12356	/	60000~69999	2	1	65
E02	女	10	40	0	123456	/	>or=80000	2	1	62
H08	女	9	25	36	123456	/	>or=80000	1	1	66
H10	女	10	63	48	1236	AR	未报告	4	3	22
H20	女	9	77	1	1236	/	>or=80000	1	1	60
K07	女	11	82	3	123456	/	20000~29999	2	1	54
B05	男	12	61	2	12356	/	60000~69999	2	2	70
B06	男	12	43	20	123467	/	20000~29999	3	1	34
C15	男	10	74	84	126	ADHD	未报告	2	2	67
D02	男	8	47	82	12	AR	10000~19999	2	2	53
D08	男	9	46	12	12367	ASD	30000~39999	2	1	23
G12	男	11	78	2	1234567	/	10000~19999	1	1	66
G16	男	8	63	3	1246	Asthma	20000~29999	2	2	47
H09	男	10	61	0	12346	/	60000~69999	2	2	36
K12	男	11	47	48	1236	/	50000~59999	3	3	36

注:SCORAD=湿疹严重程度评分指数;接受治疗种类:1=保湿剂,2=局部类固醇治疗,3=局部非类固醇治疗,4=湿敷治疗,5=口服抗生素,6=传统中医治疗,7=其他;其他健康状况:ADHD=注意缺陷多动障碍,ASD=孤独症谱系障碍,AR=过敏性鼻炎,Asthma=哮喘。

(一)绘画与解释技术

绘画与解释技术是一种用于评估儿童如何构建观点和概念的工具,该方法要求儿童进行主题绘画,然后解释他们的画作,在此过程中,研究者需要记录儿童的表现并在完成后分析儿童对其画作的解释。为获得湿疹儿童有关其疾病经历的观点信息，本研究设置了以下两项绘画任务。

任务一，"你的湿疹"。参与者被要求画一下任何与湿疹有关的事物或事件的图画，比如湿疹的形象、经历过的与湿疹有关的事件、想起湿疹时候的情绪等。画完后，儿童被要求口头解释他们的画作，并回答访谈员询问的有关他们画作的详细问题，例如画作中的人物、地点、故事情节以及颜色选择原因等。

任务二，"亲密同心圆"。该绘画的目的是识别和理解儿童的人际关系，目前该工具已成功用于有关儿童友谊和家庭关怀的社会学研究当中。① 该任务首先要求儿童将他/她自己画在中心圈内，接着要求他们在周围的圆圈里画出与他/她相关的人，越靠近中心圈的就是那些对他/她最重要或他/她最喜欢的人，那些不太重要或那些他/她不喜欢的人则画在离中心圈较远的圈内。最后要求孩子解释他/她与画中人物之间的关系，以及他/她将人物画在同心圆某些位置上的原因。此外，还询问了诸如湿疹是否影响他/她与周围人的关系质量等问题。

（二）半结构式访谈

访谈是一种访谈员与受访者之间基于对话的社会互动。② 一对一的半结构式访谈不仅可以让每个儿童有足够的时间和空间来完成绘画任务并解释他们的画作，还可以促进访谈者在绘画过程中与儿童交谈，更多地了解他们的疾病经历，揭示受访者的生活世界。此外，由于本研究由多名访谈员完成，使用半结构式访谈的方法能够很好地保证不同访谈者访谈内容的总体一致性。在本研究中，每一位儿童都接受了两次质性访谈，分别在接受身心灵

---

① i. Mason J，Tipper B. Being related：How children define and create kinship[J]. Childhood，2008，15（4）：441-460. ii. Spencer L，Pahl R. Rethinking friendship：Hidden solidarities today[M]. Princeton：Princeton University Press，2006.

② i. Rubin H J，Rubin I S. Qualitative interviewing：The art of hearing data[M]. 3rd ed. Thousand Oaks：Sage Publications，2011. ii. Warren C A B，Karner T X. Discovering qualitative methods：Ethnography，interviews，documents，and images [M]. 3rd ed. Oxford：Oxford University Press，2014.

全人健康模式的社会心理干预项目之前和之后。在每一次访谈中,每个儿童被要求完成上述两项绘画任务,结束后访谈员会询问他们一些问题,例如,"这幅画对你而言意味着什么?""你能告诉我更多关于这幅画的事情吗?"等等。有关在社会心理干预项目中体验的相关问题会在第二次访谈中被问到。

四、质性资料收集过程

（一）预访谈

预访谈可以帮助研究者细化访谈问题、修改访谈提纲、调整访谈程序。首先,设计一个初步的访谈提纲,包括两项绘画任务的引导语以及几个与湿疹儿童疾病经历相关的问题,这些问题都较为广泛并以开放式的方式提问。预访谈由一名经验丰富的社会工作硕士生使用该访谈提纲对两名湿疹儿童进行。考虑到便利性和可及性以及参与者年龄和性别的差异,本研究选择了两名预访谈对象,一名 7 岁的女孩(P01)和一名 8 岁的男孩(P02)。

通过预访谈,访谈提纲中的内容和访谈程序作了以下几个方面的修改。第一,由于 P01 在访谈中对于画作的描述信息过少,本研究确定研究对象为8～12 岁湿疹儿童。第二,研究者发现让儿童给其画作起个名字不仅可以帮助儿童在解释画作时专注于自己的体验,还可以帮助研究者理解画作的重点以及儿童疾病经历的本质,于是在正式的访谈提纲中增加了一个问题,在儿童完成画作时首先要求他们给画作命名。第三,在访谈 P01 的过程中,其母亲坐在访谈的房间的角落中,她一直在观察 P01 的访谈表现,当访谈员询问P01 社交网络相关问题时,小女孩看了她母亲多次,并坚持不把母亲画在自己的"同心圆"内。据此,研究者判断,如果父母不在访谈现场,儿童的表现可能会更放松。因此,在正式访谈时,研究者要求在儿童接受访谈时父母在访谈室外等候,除非儿童自己要求其父母在场。另外,在访谈结束前,研究者还询问儿童是否愿意与父母分享他们的画作和访谈。事实上,在正式的访谈中,没有儿童要求父母在场,并且许多儿童(特别是大龄)儿童拒绝了与父母分享他们的画作或访谈内容,他们甚至要求研究人员对其父母隐瞒他们在访谈中所说的话。第四,我们还调整了访谈过程的一些细节,例如,在访谈中,我们为儿童准备了饮料,并询问他们在完成第一幅绘画任务后是否需要休息。

(二)访谈提纲

在预访谈后,制定详细的标准化访谈手册,具体包括 3 个部分:(1)访谈前,准备并签署同意书(仅在第一次访谈)、访谈开始的信息告知;(2)访谈中,详细介绍访谈程序、清楚说明绘画任务、询问有关湿疹疾病体验的问题、询问有关社会心理干预的问题(仅在第二次访谈);(3)访谈后,对参与者表示感谢、告知第二次访谈的信息(仅在第一次访谈)。为了保证不同的访谈员进行访谈的内容相对一致,并且避免访谈员遗漏问题,访谈提纲以问题清单的形式呈现,访谈员须在访谈过程中进行勾选。

(三)访谈员培训

本研究招募了 5 名以广东话为母语且具有与儿童交流经验的访谈员,其中包括 4 名社会工作专业的研究生和 1 名心理学专业的本科生。笔者为他们提供了总时长 3 小时的访谈培训,包括 1 小时的讲座、1 小时的角色扮演以及 1 小时的访谈模拟练习。培训内容涉及湿疹对儿童的身心影响、研究设计与方法、访谈提纲的细节、访谈程序以及访谈儿童的一般技巧等。

(四)质性访谈过程

本研究中质性访谈地点为湿疹儿童参与社会心理干预项目的非政府组织服务中心。访谈在指定的房间中进行,安静且不受打扰。在访谈开始前,研究人员准备好访谈所需物资,包括纸质版的访谈提纲、一张 A4 大小的空白画纸、一张 A4 大小画有同心圆的画纸、一套 12 色水彩笔、一个时钟以及两个录音设备。访谈员向儿童及其父母解释了研究目的和访谈程序,签署知情同意书后,并邀请家长在房间外等候。访谈员按照访谈提纲对儿童进行访谈,访谈以广东话进行。笔者作为督导在房间中观察访谈过程,并在每次访谈解释后给予访谈员反馈和指导。所有访谈通过录音记录,访谈时长为 22~75 分钟,平均时长为 52.5 分钟。所有录音都被逐字转录为文稿并审核文稿的准确性。这些文稿与儿童的画作为本研究的原始数据资料。

五、质性资料的管理与分析

（一）质性资料管理

研究者以系统命名的方式对所有质性访谈的资料进行编码管理。例如，A12 代表受访儿童的编号。采用"Audio_儿童编号_访谈顺序"的格式为访谈录音编号，例如，编号为 A12 在第一次访谈中的录音被命名为"Audio_A12_1"，第二次访谈录音则为"Audio_A12_2"。所有受访儿童第一次访谈的录音都存储在一个名为"Audio_1"的文件中，第二次访谈的录音则存储在"Audio_2"中。访谈录音转录后文稿以"Transcript_儿童编号_访谈顺序"的格式进行命名，例如编号为 A12 第一次访谈的转录文稿为"Transcript_A12_1"，两次访谈的转录文稿分别放到"Transcript_1"和"Transcript_2"的文件夹中。儿童在两次访谈中所画的画都被立即扫描并保存为图片，并按照"Drawing_儿童编号_访谈顺序"的格式进行编号，例如 A12 在第一次访谈中的画作被命名为"Drawing_A12_1"。最后将所有的数据，包括录音文件、转录文稿、儿童画作，都储存到同一个文件夹中。对所有数据文件进行备份并存储在不同的移动硬盘中。

（二）质性资料分析

本研究使用 NVivo（版本 12）软件对转录后的文稿进行整理并创建数据库。在将质性资料打散编码之前，研究者反复多次阅读所有的转录文稿，以了解数据资料的整体概况。在此过程中，研究者记录笔记并撰写 3 种类型的备忘录[①]：(1)段落备忘录（segment memos）：阅读质性资料中特定的短语或段落时获得的想法；(2)文档备忘录（document memos），阅读单个文档时形成的概念，例如阅读一个儿童的一次访谈资料时获得的想法，以记录在阅读不同文档过程中想法形成和演变的过程；(3)项目备忘录（project memos），记录阅读整个项目数据资料时形成的概念，例如阅读所有儿童的第一次访谈资

---

① Creswell J W, Poth C N. Qualitative inquiry and research design: Choosing among five approaches[M]. Thousand Oaks: Sage Publications, 2016.

料所产生的想法。

在对数据资料形成整体的了解后,在莫斯塔卡现象学方法①的指导下进行数据分析。第一步是"悬置",这也是现象学研究中的重要概念,要求研究人员在试图探索参与者的体验之前,首先需要尽可能地放下对所考察现象的预判。② 笔者在分析数据时是一名社会工作专业的博士研究生,也是一名持有执照的专业社会工作者,在儿童健康领域具有多年的研究和实践经验。在随机对照试验中,笔者在为儿童进行湿疹研究程度评估时曾与100多个有湿疹儿童的家庭进行近距离接触,这段经历使笔者能够更加理解湿疹儿童面临的困难与挑战。但与此同时,也可能会使笔者过度聚焦于湿疹给儿童带来的困苦,忽视了这些儿童的心理韧性和内在力量,从而对湿疹儿童的疾病经历产生理解上的偏差。

待笔者"悬置"自己对所考察现象的经验后,就开始对文本资料进行编码分析。由于本研究的主要目的是了解湿疹儿童的主观疾病经历,为了避免与社会心理干预效果的相关信息混淆,因此本研究仅对参与第一轮质性访谈的17名儿童的资料进行分析,不涉及参与第二轮访谈的13名湿疹儿童的资料。首先,将那些能够帮助理解湿疹儿童如何经历湿疹的重要句子或短语进行编码,形成重要陈述(significant statement),并给每个重要的陈述加上一个简短的标题,这些标题通常取自儿童话语中的确切词语。其次,将分散的重要陈述集合成更广泛的意义集,形成意义单元(meaning unit),即代码(code)。每个意义单元之间相互平行,拥有不同的名称。最后,对所有的意义单元进行分类,相似的意义单元合并成为一个主题(theme),所有主题相互排斥并达到详尽。

本研究还补充了儿童画作和备忘录中出现的意义单元和主题。代码和主体在分析过程中被不断修订,最后形成编码本(见表5.3)。完成上述分析

---

① Moustakas C. Phenomenological research methods[M]. Thousand Oaks: Sage Publications,1994.

② Tufford L, Newman P. Bracketing in qualitative research[J]. Qualitative social work,2012,11(1):80-96.

后,研究者结合使用意义单元和主题对湿疹儿童"经历了什么"进行纹理性的描述(textual description),再通过对各个主题含义、差异观点以及上下文进行动态联想,对湿疹儿童"如何经历"进行结构性的描述(structural description)。最后结合纹理性和结构性的描述,呈现对湿疹儿童群体疾病经历的综合描述(composite description)。

　　本研究的数据分析主要由笔者完成。为减少个人经验或经历导致对儿童疾病经历理解的偏差,笔者邀请了一名拥有社会工作硕士学位的研究助理参与数据分析。该研究助理使用编码本对所有转录文稿进行独立编码,两人初始编码的一致性较高(k＝0.83)。通过讨论解决编码中的分歧后修订编码本,笔者再根据最终的编码本对转录文稿的编码进行核对和修改。

表 5.3　质性研究的编码本

主题 主题 A:挑战与危机	意义单元
a. 生理	1. 瘙痒和搔抓
	2. 睡眠障碍
	3. 无休止的治疗
	4. 明显的皮损及样貌改变
	5. 长期性和反复发作
	6. 疼痛
	7. 身高矮
	8. 诱发其他生理症状
b. 心理	1. 生气或恼怒
	2. 悲伤
	3. 担心或害怕
	4. 紧张或压力
	5. 尴尬
	6. 困惑

续表

主题 主题 A:挑战与危机	意义单元
c. 社会	1. 与父母的关系
	2. 与兄弟姐妹的关系
	3. 与其他家庭成员的关系
	4. 与同伴/同学的关系
	5. 与老师的关系
	6. 与其他人的关系
d. 认知	1. 湿疹的负面形象
	2. 对"罹患湿疹"的认知
	3. 对患有湿疹的他人的认知
	4. 对自己的认知
	5. 感知的歧视
e. 学业	1. 害怕考试
	2. 功课压力
	3. 父母的高期望
g. 日常生活	1. 运动和游戏
	2. 忌口
	3. 皮肤接触
	4. 穿衣
h. 财务	1. 财务困难
主题 B:应对策略	
a. 积极应对	1. 解决问题
	2. 调节情绪
	3. 寻求帮助
	4. 自我激励

续表

主题 主题 A:挑战与危机	意义单元
b. 适应性应对	1. 转移注意
	2. 重新建构
c. 消极应对	1. 逃避
	2. 脱离
主题 C:适应与现状	
a. 成长	1. 内在力量
	2. 新的可能性
	3. 对生命的欣赏
b. 接受	1. 习惯了
	2. 情绪平静
	3. 没关系
	4. 中性的认识
c. 未适应	1. 对社会关系的负面适应
	2. 暴力倾向
主题 D:社会支持	
a. 社会支持来源	1. 父母
	2. 兄弟姐妹
	3. 其他家庭成员
	4. 同伴/同学
	5. 老师
	6. 其他
b. 社会支持类型	1. 情感/情绪支持
	2. 有形的或工具性支持
	3. 信息支持
	4. 社会互动支持

第三节 对儿童画作的描述

湿疹儿童在画作中展示的经历和故事能够帮助研究者理解他们的疾病经历。为了防止成人对儿童画作的错误解读,笔者对儿童画作内容的理解主要来源于儿童自身的言语解释和描述。虽然儿童在两个绘画任务中完成的画作都表达了他们与湿疹相关的体验,但他们更倾向于在"你的湿疹"这一绘画任务中表达他们对湿疹的主观看法或体验,而在"亲密同心圆"这一绘画任务中表达他们的社交网络或人际关系。湿疹儿童的画作不仅以生动且直观的方式展示了他们在生理、心理、社会等方面的体验,还增加了他们在访谈过程中言语表达的信息量。他们不仅口头解释了所画的事物,而且还通过情感表达将画作内容与疾病经历联系起来,使研究者理解儿童画作成为可能。以下是对儿童在第一次质性访谈中完成的画作的基本描述。

一、"我的湿疹"

表 5.4 展示了在第一次的质性访谈中"我的湿疹"绘画任务中儿童画作的名称和主要内容。儿童对画作的命名能够体现其疾病经历的中心内容。大多数孩子都将"湿疹"作为关键词给他们的画作命名。例如"湿疹""压力和湿疹""疼痛的湿疹"以及"有湿疹的人"。还有儿童将湿疹命名为"恶魔"来表达湿疹在其心目中的形象(C14)。有些孩子用身体症状为画作命名,例如"夜晚抓抓抓"(H20)。有两个孩子将画作命名为"睡觉和默书"(D06)和"睡不着"(H10)强调了他们的睡眠障碍。还有两个孩子在画作名称中表达了他们在同伴关系中的困难,例如,"被欺凌"(B06)和"没朋友"(K07)。湿疹儿童面临的学业挑战在他们的画作名称中略见一二,例如 "默书"(D06)和"考试"(K07)等。

关于儿童画作中描述经历和故事的场景,有 7 幅画作的场景是在学校里,有 5 幅画作发生在家中。这可能与学龄儿童的发展阶段有关,通常 8～12 岁儿童的社会活动主要发生在家庭和学校中。关于儿童画作中的人物,大多数儿童将自己作为中心人物,传达他们自己的湿疹体验。湿疹引起的容貌改变是儿童面临的巨大挑战。许多儿童在他们的身体上画了许多明显而密集的点以强调他们可见的皮损症状。孩子们还通过画作中人物的面部表情来表达他们的情绪困扰。例如，一些画作呈现了中心人物不快乐和悲伤的面孔（例如 B05、C14、H08 和 K07）。

　　与他人的互动也是湿疹儿童画作中的重要内容。有 7 幅画作呈现了儿童不喜欢的人物，包括欺凌或歧视他们的人。只有 3 个儿童在画作中提到了他们的父母且都是母亲。儿童对母亲形象更加熟悉，可能是因为母亲通常在家中承担着照顾孩子的责任。画作中的母亲角色都是正面的，与儿童的互动内容包括带儿童看医生（E02）、给儿童吃药（G16）、陪伴和安慰儿童（H20）。除了以上内容，湿疹儿童的画作中还出现治疗湿疹的药物（例如 A12、G16 和 H09）以及与学习相关的内容（例如 B05、D06、K07）。

表 5.4　质性研究中"我的湿疹"画作的名称和主要内容

编号	画作的名称	场地			人物			湿疹相关事物			
		学校	家	不确定	自己	母亲	不喜欢的人物	皮损	治疗	睡眠	湿疹的形象
A12_1	擦药膏			√	√		√	√	√		
B05_1	压力与湿疹			√	√		√				
B06_1	被欺凌	√			√		√				
C14_1	恶魔的降临			√	√		√	√			√
C15_1	湿疹	√			√		√				
D02_1	疼痛的湿疹		√					√			
D06_1	睡觉和默书	√	√		√		√			√	
D08_1	湿疹			√	√			√			
E02_1	金黄色葡萄球菌			√	√	√					
G12_1	湿疹			√							
G16_1	那个苦茶很难喝		√		√		√	√	√		
H08_1	湿疹			√	√			√			

续表

编号	画作的名称	场地			人物			湿疹相关事物			
		学校	家	不确定	自己	母亲	不喜欢的人物	皮损	治疗	睡眠	湿疹的形象
H09_1	有湿疹的人			√				√	√		√
H10_1	睡不着		√		√					√	
H20_1	夜晚抓抓抓		√		√	√		√		√	
K07_1	考试和没朋友	√			√		√				
K12_1	湿疹			√	√			√			
总数		4	5	9	14	3	7	9	3	3	2

二、"亲密同心圆"

"亲密同心圆"绘画任务的主要目的是了解湿疹儿童所处社会关系网络中的重要人物以及儿童与之的关系质量。在绘画此任务的过程中,参与者们都非常认真地思考了自己认为重要的人,并十分明确想把这些人物放置在哪一个圆圈里。这些人物通常是儿童的父母、兄弟姐妹、亲戚、朋友和老师。所画人物的位置显示了湿疹儿童与这些人物之间不同的关系质量。

为了更好地了解儿童与这些人物的关系质量,本研究基于儿童的口头解释,将关系质量分为积极、中立和消极 3 类。一些孩子表示他们与圈子里的所有的人关系都很好,而对于另外一些孩子,他们只与离他们越近的人关系好,离他们越远则表示关系越不好。本研究中绝大多数儿童的绘画都显示了关系的质量与他们所画的人物距离是一致的。然而,仅仅根据孩子们的绘画并不能轻易地确定人际距离,因为每个圆圈的含义对于不同的孩子来说可能是不同的。例如,K12 更愿意将自己的亲人画得离自己更近,尽管他并不经常见到他们,但是他认为血缘关系比友谊更重要。因此,他把他的好朋友画在离他更远的外圈。再者,K07 将她的父亲、妹妹和母亲画在了同一个圈中,但是她与这些人物的关系质量并不相同。

总体而言,儿童画作中的人物数量在 5~33 之间,他们中大多数都会把父母或者那些照顾他们的亲人(大多数是祖父母)画在离他们最近的圈内并表示与他们的关系是积极的。一些儿童反映了他们与父母的关系并不好（例如 K07 和 H08）。一些非独生子女的孩子还画了他们的兄弟姐妹，但是他们与这些兄弟姐妹的关系大多不好。例如，H10 在最外圈画了她的兄弟，而 C15 表示不想画他的兄弟。此外，许多孩子都在最外圈里画了同辈群体，尤其是同班同学，并表示与他们的关系非常不好。例如，G16 和 H20 在画纸中离自己所在的中心圈最远的边缘一角画了他们不喜欢的同学。G12 不仅将他的同学画在远离中心圈的地方，还标记下圆圈的数量来确定那个同学离他足够远。H08 同样也画了她的同学，并标出了与那个人距离"10 千米"和"20 千米"，甚至在她的中心圈和那一位同学的位置之间画了一堵墙。没有出现在儿童画作中的人物也可能有一定的意义，有 3 个儿童（A12、C15 和 K07）在访谈中没有画同学或朋友，尽管访谈员多次提示或鼓励，他们都拒绝在属于自己的社交圈里画出任何同辈群体。

除了真实存在的人物，儿童还在同心圆中画了食物、功课和湿疹等物品。例如，D06 在同心圆中画了烤乳猪和炸薯条，并将其视为好朋友，她还把功课当成"一个可怕的人"画在离中心圈很远的空白处。同样的，C14 在最外圈把湿疹画成魔鬼，因为她非常讨厌湿疹。有一位 12 岁的男孩（B05）画出了一个特殊的"亲密同心圆"，并用比喻的方式来描述他的人际关系。在他的画作中，美洲豹代表自己，狮子代表班级中的男同学，水牛代表女同学，蚯蚓代表美洲豹和狮子都喜欢的东西，猎人代表老师，同心圆是他的战场。据他描述，美洲豹是神秘的独行侠，总是独自战斗，并且和所有的狮子都不一样，就像他发现自己在学校里和其他男同学也不一样。他表达自己更喜欢美洲豹，因为美洲豹比狮子更聪明、更诚实、更厉害，例如美洲豹可以杀死鳄鱼，但狮子却不能。然而，他却经常因为争夺蚯蚓而被狮子欺负，猎人也非常喜欢狮子，并且总是帮助狮子欺负美洲豹，用以比喻他与班级中男同学及老师的关系不佳。他还用美洲豹不吃水牛来表示自己与班级中女同学交往并不多。他还画了自己独自一人在战斗，这证实了他的访谈结果，即他在学校的同伴交往中存在困难。此外，其他的参与者都按照访谈员给出的指示将自己画在最中心的圆圈里并将其他人画在周围的圆圈中。然而，这个男孩（B05）虽然明白指示,却把自己和最不喜欢的人都画到了最外圈,这可能表明他也不喜欢自己。

表 5.5 质性研究中"亲密同心圆"画作中的重要人物角色

编号	总数	正面角色	数量	中性角色	数量	负面角色	数量
A12_1	26	PA/R	8	R	17	/	0
B05_1	10	PA/R	4	/	0	PE/T/S	6
B06_1	4	PA/PE	3	/	0	/	0
C14_1	14	PA/R	7	R	2	PE/T/E	4
C15_1	6	PA/R	4	PA	1	/	0
D02_1	13	PA/PE/T	11	/	0	PE	1
D06_1	26	PA/R	17	PE/T	7	PE	2
D08_1	8	PA/R	5	PE	1	PE	1
E02_1	10	PA/R/PE/T	7	/	0	PE	2
G12_1	17	PA/R/PE/T	14	T	1	PE	1
G16_1	13	PA/R/PE	10	/	0	PE	2
H08_1	14	PA/R	9	PE	1	PE/T	3
H09_1	14	PA/R/PE	13	/	0	/	0
H10_1	9	PA/R/PE	7	/	0	R	1
H20_1	8	PA/T/PE	6	/	0	PE	1
K07_1	6	PA/R	3	/	0	PA/R	2
K12_1	17	PA/R/PE	9	PE	7	/	0
总和	215		137		37		26

注:E=湿疹,PA=父母,PE=同伴,R=亲戚,S=自己,T=老师。

第四节　与湿疹同行的挑战

一、儿童身心层面:疾病症状与心理困扰恶性循环

(一)痒到手和脚都跳起来

严重瘙痒是湿疹儿童面临的最主要也是最常见的挑战,令大多数受访儿童抱怨不止。在访谈中开始谈论起湿疹时,许多儿童首先提到的就是难以忍受的瘙痒。就像 E02 所说:"有的时候痒到,比如手和脚就跳起。"

> A12_1:还有夏天很热很晒,流汗的时候就会痒……就是湿漉漉的令(我)更加痒。

(A12,女,9 岁,重度湿疹)

> 访谈员:白天是不是都有痒的时候?
> H20_1:会。
> 访谈员:什么时候?
> H20_1:出汗的时候。

(H20,女,9 岁,重度湿疹)

受访儿童深感患有湿疹"很辛苦",他们经常发脾气。几乎所有的受访儿童在访谈中都抱怨有剧烈且持续的瘙痒,这是他们面对的最主要的生理挑战。瘙痒在决定他们的情绪方面起着非常重要的作用,常常引发烦躁、易怒、压力情绪。

(二)经常抓抓抓

瘙痒常常自然地引发搔抓,随后导致瘙痒和抓挠的恶性循环。就像 E02 所说的"抓就好像点开了灯一样,越抓会越痒"。即使她意识到把自己抓伤了也无法停止搔抓。其他的受访儿童也是如此,控制自己不去搔抓对儿童来说是极其困难的事情。

> 访谈员:会不会很影响日常生活,痒的时候?

A12_1:痒的时候,经常都会忍不住抓痒。

（A12,女,9 岁,重度湿疹）

访谈员:你刚才说湿疹令你很痒,你痒的时候会怎么做?

C15_1:抓它。

访谈员:除了抓之外,还有没有其他做的?

C15_1:或者隔着衣服抓,或者戳它。

（C15,男,10 岁,重度湿疹）

然而,搔抓并不能真正解决瘙痒,反而会加重瘙痒,但又很难加以控制,导致儿童非常烦躁、不开心。

访谈员:那如果你觉得特别痒的时候你会怎么做?

D02_1:大力抓它,就好像现在这样（展示他如何用力抓自己的皮肤）。

访谈员:你大力抓完就舒服一点?

D02_1:抓完就会更加痒。

访谈员:那你想起湿疹你会有什么感觉?

D02_1:就会抓的时候会烦的感觉。

（D02,男,8 岁,中度湿疹）

访谈员:如果你觉得痒的时候你会怎么样?

D06_1:抓。

访谈员:经常都会抓的?

D06_1:嗯。之前说如果我一天不抓就换个迪士尼的圣宝给我,不过我抓了。

访谈员:你有没有试过整天不抓?

D06_1:没有,所以我不会太开心。

（D06,女,8 岁,重度湿疹）

受访儿童还表示自己抓损皮肤是常有的事情。

访谈员:这是湿疹?

H09_1:是。然后就是痒,你就要用力搞它,然后流血。

（H09,男,10 岁,重度湿疹）

访谈员:当你特别特别痒的时候你会怎样做?

D08_1:我会忍住。但是都会有忍不住的,然后就抓了。

访谈员:那结果会怎么样呢?

D08_1:就损了。

访谈员:有没有因为湿疹发生过什么?

D08_1:就是很痒很痒,然后就抓损了。

（D08,男,9 岁,中度湿疹）

访谈员:那你觉得湿疹是什么东西,对你来说?

H20_1:痒,经常抓抓抓。

访谈员:就是觉得痒。会不会觉得还有其他感受?

H20_1:很烦,叫我妈妈帮我抓。

访谈员:有没有试过抓损?

H20_1:有,次次都是。

访谈员:那怎么办?

H20_1:那不就抓损了。

（H20,女,9 岁,重度湿疹）

C14 由于不断地搔抓,抓伤了自己的眼睛,为此需要进行手术治疗。

访谈员:我刚才观察到你眼边特别点了好几点红点在那,是不是有特别的意义?

C14_1:湿疹搞到眼都有事。

访谈员:很不舒服?

C14_1:因为之前眼有白内障和视网膜脱落。我有时候真是眼很痒才会戳。我有一次是痒到戳到眼角膜损了。右眼还做了手术,痒到戳到那条线掉了,就要拆那条(线)。

(C14,女,12 岁,重度湿疹)

对于 G12 来说,他判断自己的一天过得是否"辛苦"取决于那天有没有"抓痒",正如他所说的:"看那天有没有抓痒,抓痒就辛苦一点,不抓痒就没那么辛苦。"

(三)睡眠障碍带来的无助感

对于大多数受访儿童来说,夜间剧烈瘙痒引起的睡眠障碍是普遍情况。

访谈员:你有什么经历跟湿疹有关的?

H20_1:睡觉的时候。

访谈员:睡觉的时候做什么?

H20_1:抓痒。

访谈员:现在都有的是不是?

H20_1:睡觉都是这样。

(H20,女,9 岁,重度湿疹)

访谈员:所以睡着觉可能不知道,但是平时,你刚才说到的事件,可能湿疹在日常生活中会发作,很痒的。

G12_1:不是,只是夜晚而已。

访谈员:只是夜晚?

G12_1:我只是夜晚,睡着觉才无端端痒。

(G12,男,11 岁,重度湿疹)

H10 给自己画作的命名与夜晚的瘙痒和睡眠障碍直接相关。

访谈员:如果给这一幅画一个名字,这一幅画叫什么?

H10_1:睡不着。

访谈员:你可不可以解释给我听,你画了什么?

H10_1:有时候夜晚的时候,因为湿疹太痒,所以睡不着。

访谈员:那还有没有什么特别的经历?

H10_1:主要是睡不着。

（H10,女,10岁,重度湿疹）

D06非常细节化地描述了她晚上无法入睡时的体验。

D06_1:有时候睡觉会严重的。

访谈员:可以将这个经历画出来。

D06_1:我睡上架床,已经是1点钟还是几点。

访谈员:你记得大概发生在1点多的时候?

D06_1:然后我就睡得晚,2点多吧。

访谈员:2点多睡着的?

D06_1:因为熬了很久。这个被子是绿色的,枕头是紫色的。

访谈员:所以是衬一套。

D06_1:是。我好喜欢这些红萝卜的。

访谈员:为什么你一开始谈睡觉的?

D06_1:因为睡觉最难受。

访谈员:睡觉怎么难受?

D06_1:因为夜晚会睡不着,就觉得睡觉最不舒服。

访谈员:你还记得这张被子上有什么公仔哦。

D06_1:因为我没得睡。

访谈员:很喜欢它们是不是?

D06_1:很可爱。我睡在那张床上一直都是和它们一起。

访谈员:所以大家一直都陪着你的。

D06_1:是。应该都是那个时间,有时3点。

访谈员:3点才睡得着?

D06_1:我夜晚睡不了,我一个人在那里播歌,然后吓到弟弟了。

访谈员:这个要不要画出来?

D06_1:很少的,不然会吓到弟弟。因为都没到起床,我播歌,然后他好怕,然后他就起身,他以为有鬼。

访谈员:他以为是鬼,其实不是。

D06_1:我想吓他,所以我播歌,然后他立刻就走了。

访谈员:因为你醒了,所以你就播歌?

D06_1:我想吓他,然后播了一下他就立刻醒了,我平时都会赖床的。我不是经常一个人在床上睡,我上面还有一只兔子的公仔。

······

访谈员:还有什么想加的? 在这一幅画上面,关于湿疹的经历。

D06_1:我床边的柜子,我起床的时候就会不想起床的。

访谈员:为什么?

D06_1:因为睡不着所以不想起床,然后走着下去的时候我好怕跌死啊。

访谈员:那你太痒睡不了觉会做什么?

D06_1:发呆。

(D06,女,8 岁,重度湿疹)

睡眠不足让湿疹儿童感到非常疲惫,没有精神,影响白天的活动和日常生活。

访谈员:什么时候会觉得很痒?

G16_1:睡觉。

访谈员:睡觉的时候觉得很痒,那会做些什么?

G16_1:动来动去。

访谈员:所以你夜晚睡觉,有时候很痒的时候,会有些什么感觉,除了想其他事之外?

G16_1:会踢自己。

访谈员:为什么要踢自己?

G16_1:不知道。

访谈员:有没有什么感受,当你踢自己的时候?

G16_1:凌空打下去。

访谈员:为什么会凌空踢的,很痒的时候?

G16_1:凌空这样。

访谈员:那妈妈和爸爸会不会说起关于你湿疹的事?

G16_1:就叫我快点睡觉,湿疹才会好。

访谈员:你听了之后有什么感觉?

G16_1:我睡不着。

访谈员:但都是睡不了觉,那会令你有什么情绪或者感受?

G16_1:我想睡觉,不过睡不了。

访谈员:所以会觉得怎么样,就是想睡睡不了?

G16_1:很累。

(G16,男,8岁,重度湿疹)

访谈员:可不可以说一下夜晚的时候你是怎么想的?

D08_1:我觉得很痒,然后睡觉就睡不着。

访谈员:会不会第二天早上精神不够?

D08_1:有点。

访谈员:知不知道自己夜晚大概几点才会睡着?

D08_1:不知道几点,好累了就会睡着。

(D08,男,9岁,中度湿疹)

湿疹儿童常常因为无法入睡而感到烦躁、愤怒、很辛苦。

访谈员:你觉得湿疹是什么?

H20_1:令我痒的东西。

访谈员:有湿疹是什么感受?

H20_1:很烦,夜晚睡觉突然间痒,要起床。

访谈员:经常发生要起床的情况?

H20_1:这个星期两三次。

访谈员:你起床做什么?

H20_1:起床抓。

(H20,女,9岁,重度湿疹)

访谈员:你自己对于湿疹有没有什么感觉?

C15_1:生气。

访谈员:为什么生气?

C15_1:因为每天要很晚才能睡得着。

访谈员:因为什么原因?

C15_1:因为很痒。

访谈员:有什么感受?

C15_1:生气,很烦,觉得。

(C15,男,10岁,重度湿疹)

H08_1:湿疹好辛苦的。

访谈员:为什么呢?

H08_1:夜晚都睡不到,好痒啊。

访谈员:为什么会不开心,(画里)那个样子?

H08_1:因为湿疹辛苦。

访谈员:还有呢? 湿疹会怎么样?

H08_1:很痒,夜晚睡不着。

(H08,女,9岁,中度湿疹)

但是他们又不知道如何应对湿疹引起的睡眠障碍,感到非常无助,像C14所说的,她有时只能"哭着睡"。

C14_1:有时候夜晚痒到睡不着,所以下午有些时间会拿来睡。

访谈员:那夜晚睡不着会不会对你有影响?

C14_1:睡不着又痒,痒又睡不着。

访谈员:最终是怎么睡着的?

C14_1:哭着睡,有时候。

(C14,女,12 岁,重度湿疹)

(四)让自己很惨的疼痛

除了剧烈的瘙痒,很多受访儿童还讲述他们经常感到皮肤很疼痛。疼痛不仅来源于他们破损的皮肤,还来源于药物治疗。

访谈员:一想起湿疹你会想到什么?

A12_1:皮肤很痒很痛。

(A12,女,9 岁,重度湿疹)

访谈员:痛苦的湿疹(画名)。你解释一下,你画这一幅画是什么样的?

D02_1:就是我擦这个药膏,疤在这里湿疹超痛的。

访谈员:明白。这个呢,这个红色的说明什么?

D02_1:很痛。

访谈员:就是自己擦很痛,那擦完之后是不是不痛了?

D02_1:擦完之后都会痛的,因为要抹一下抹干,抹到不是很湿润。

(D02,男,8 岁,中度湿疹)

访谈员:我看见这里有条红色的线。

C14_1:那些是疤。

访谈员:是不是很特别?

C14_1:有时候颈这里褶位特别有这些疤。

访谈员:是不是因为特别的原因有疤?

C14_1:其实是一点点,不过有时候龟裂就很大条痕。

访谈员:会不会特别痒、痛这样?

C14_1:那些会很痛。

(C14,女,12 岁,重度湿疹)

访谈员:你觉得湿疹是什么?

K07_1:湿疹是一个令人超辛苦的东西,又要吃药。吃完药之后突然之间生癣,吃到生癣,然后有个专家医生就说可以不吃,因为那个医生是专业的,他是见到我年纪这么小就已经生癣。我都觉得自己很惨,而且生癣的感觉是很痛的,要经常抓。

(K07,女,11 岁,重度湿疹)

(五)令人窘迫的矮小

由于湿疹儿童有时需要忌口或者自行进行了不恰当的忌口,并且常常有睡眠不足的情况,因此他们通常较为瘦小。有的儿童认为使用类固醇的治疗导致了他们的矮小,因此对湿疹治疗更加排斥和不配合。C15 在就读三年级的时候经常被误会是一年级的学生,他对此事感到非常窘迫且耿耿于怀。

访谈员:那这些画面令你有什么感受?

C15_1:生气,误会我是一年班,不是二年班。就是三年班的时候误会我是一年班。

访谈员:谁误会你?

C15_1:我朋友的哥哥或者我朋友的朋友,误会我,玩的时候认为我太小个。

访谈员:他们误会你什么?

C15_1:误会我一年班,小点这些。

访谈员:所以那个时候你不是一年班,是多少年班?

C15_1:三年班。

访谈员:那我想问一下,这两个画面和湿疹有没有关系?

C15_1:有啊,擦的类固醇太多,所以令我矮。

访谈员:所以你说湿疹令(你)变得矮?

C15_1:是。

访谈员:那你刚才说了好多关于这个画面,那另外这个画面的这两个人可不可以多说一些发生了什么事?

C15_1:说我矮。

访谈员:谁说你矮?

C15_1:那个时候,有些好的班主任,有些一年班过来的,见到我,就是摆明是小过我,但是高过我,就说他是不是一年班,但其实他那个时候是二年班的,或者有时候我见到一些一年班以为他是三年班,就是和我差不多,矮小一点点,就觉得很安慰,如果问他是不是一年班,结果他真是一年班,就有点不开心。因为整个二年班,没有一个矮过我。

访谈员:所以你会因为矮而不开心?

C15_1:不是不开心,就是有点吃亏。因为有些同学之前矮过我,之前和我一样有湿疹的,但是之后无端端好了,就觉得吃亏。

访谈员:你刚才说这个画面和湿疹有没有关系,就是你说矮的?

C15_1:有啊,我擦类固醇多,就会令我矮。

访谈员:这个擦类固醇多令你矮,是谁告诉你的?

C15_1:我舅父,我舅父做医生的,还有我妈妈。

访谈员:你妈妈和舅父告诉你的?

C15_1:还有中医,我看过很多医生,这些医生告诉我知道的。

访谈员:所以你觉得这个是不是真的,你觉得吃很多类固醇就会?

C15_1:不是吃的,是擦的。

访谈员:擦类固醇就会矮?

C15_1:是。因为我现在还在擦,只是少了而已。

访谈员:就是你刚才说的那个人对于湿疹有没有说过什么?

C15_1:有啊。

访谈员:是哪个?

C15_1:说我矮,又不和我玩。

访谈员:所以你不喜欢他?

C15_1:其实他都不高。

(C15,男,10 岁,重度湿疹)

D06 在访谈中提及自己因矮小受到欺负和嘲笑的体验。

D06_1:四 A 班我有一个人不喜欢,一年班时就欺负我。

访谈员:那你想画他在哪个位置?

D06_1:那里。

访谈员:好啊,你可以画。

D06_1:他的样子。

访谈员:他什么样子?

D06_1:很胖的。

访谈员:他那个时候怎么欺负呢?

D06_1:拿支笔吓我,经常想要戳我,然后经常说我像个BB(广东话 "婴儿"的意思)。

访谈员:不喜欢他这样说?

D06_1:我二年班的时候,我记得他无端端叫我 BB,还在一条柱那 边,聚集了一帮坏人在那边欺负人,围着一条柱。

访谈员:就是整帮人一起?

D06_1:整帮人一起,经常说我是 BB。有一次我回来,他拿支笔弄我 的脸。

(D06,女,8 岁,重度湿疹)

C14 甚至觉得相比于湿疹,她更介意自己的矮小。因为矮小,她不仅在 学校被同学嘲笑,甚至还被比自己年龄小很多的亲妹妹嘲笑。

访谈员:就是这样是你喜欢的,你是喜欢吃多点东西的,你想自己吃 这些东西,为什么?

C14_1:太小粒了(广东话"矮小"的意思)。

访谈员:你想大粒点的?

C14_1:而且呢,我看过医生,医生说我比平时 12 岁的小朋友还要轻,过轻。

訪談員:所以想吃多点东西。

C14_1:但是一痒,就不想吃东西。

訪談員:但是你过轻,你是会不开心的,有没有一些特别的原因令你不开心?

C14_1:有些同学不会不理我,有时候和我玩,掰手腕,我完全不够力。

訪談員:你觉得自己有什么特别的地方?

C14_1:矮。

訪談員:还有呢?

C14_1:都是矮。

訪談員:你最在意的就是矮,比湿疹还在意?

C14_1:因为我试过在学校有人笑我矮的。

訪談員:所以如果有人笑你矮,是比笑你湿疹还不开心?

C14_1:嗯。

訪談員:有没有说为什么的?

C14_1:因为我被妹妹说过。

(C14,女,12 岁,重度湿疹)

（六）与湿疹相关的其他症状

一些受访儿童谈到他们还患有一些由湿疹诱发的或者是与湿疹相关的其他症状。例如 C15 谈到他患有过敏性鼻炎,湿疹与过敏性鼻炎双重困扰,加重了他的身心负担。

訪談員:你自己觉得怎么样?

C15_1:湿疹越来越严重,我鼻敏感就越来越严重。

訪談員:湿疹会令鼻敏感越来越差?

C15_1:不是,我本身有的,按照有湿疹就会加重。

訪談員:你刚才提到鼻敏感这个事,对你有没有什么影响?

> C15_1：睡觉的时候就开始有了。
>
> 访谈员：怎样的影响？
>
> C15_1：睡觉的时候就开始来了，一想睡觉，鼻子就觉得很痒。
>
> （C15，男，10岁，重度湿疹）

E02患有严重的手掌多汗症，对其进行治疗可能会让湿疹更严重，因此只能停止治疗。

> E02_1：效果都不错，但是手会很干。
>
> 访谈员：手很干，那不是有可能会影响到湿疹？
>
> E02_1：是。就是干燥点，就容易发作，就有湿疹。
>
> 访谈员：现在有没有再用那些药，手汗的？
>
> E02_1：没有，不过那个药还在。
>
> 访谈员：为什么不再用？
>
> E02_1：因为我觉得我的手会很干燥很不舒服。
>
> 访谈员：可能用了之后引起的问题会更加麻烦，所以就不用？
>
> E02_1：是。
>
> （E02，女，10岁，中度湿疹）

（七）因生活受限而沮丧

湿疹的皮肤症状在很大程度上限制了患儿的生活方式，特别是在饮食、衣着、玩耍和运动等方面。例如，C14和G12表示，由于他们的皮肤表层通常比较薄，在夏天也会感到冷，必须穿长袖衣服。D06和E02表示，他们每次触摸东西都必须洗手，因为他们对细菌高度过敏。还有一些儿童提到，在夏季或运动后，汗液的分泌会让他们感到特别痒，在洗澡或游泳时也会让他们感到非常疼痛。由于活动受限，湿疹儿童常常会感到非常沮丧。

> 访谈员：你通常什么时候很痒？
>
> H20_1：有试过一两次上运动课出很多汗这样。
>
> 访谈员：多数很痒的时候是什么时候？

H20_1：运动课之后。

（H20，女，9岁，重度湿疹）

访谈员：你觉得你踢足球和湿疹这个是没关系的？

G12_1：都有点的，你踢完足球很热的嘛，如果流汗，因为这样我就擦了红色的药膏，因为太热头就痒。

访谈员：你会擦了它，然后会怎么？

G12_1：就会不舒服，然后就会痒。

（G12，男，11岁，重度湿疹）

在饮食方面，多名受访儿童都表示，为了防止皮肤状况恶化，他们都被要求禁食某些食物。H08谈起她忌口时很多东西不能吃以及不能游泳的经历。

H08_1：起初觉得辛苦，然后父母会要你戒（忌口），帮你找些东西，花钱，找医生，试不同的药膏。用了药膏，就要开始戒。最少三四个月，现在第三个月。

访谈员：就是要吃药四个月？

H08_1：不是，要戒口四个月。

访谈员：要戒口。

H08_1：妈妈说要戒，现在第四个月。

访谈员：有没有什么不能吃的？

H08_1：其实如果你想讲全有好多，其实好多不能吃的。

访谈员：你是什么时候发现不能吃的，就是你5岁之前可不可以吃？

H08_1：有吃。

访谈员：5岁之后就不吃了，有湿疹？

H08_1：我知道protein（蛋白质）算不算？

访谈员：什么？

H08_1：就是面粉里面的其中一个成分，如果没有它，意粉就不香没韧性。不记得怎么写。现在要戒面粉。

访谈员：要戒面粉？

H08_1:我觉得他乱讲的。

访谈员:谁乱讲? 医生啊?

H08_1:是。其实那个医生是我姨丈。

访谈员:那不是经常帮你看医生了?

H08_1:不过我都觉得他乱讲的。

访谈员:为什么呢?

H08_1:不知道为什么。其实大概都是这么多,不过蛋和好多东西都是。

访谈员:好多东西都是用这些做的。

H08_1:是,就很少可以(吃)。

访谈员:那不吃这些,你觉得怎么样?

H08_1:很想吃。

访谈员:会不会很不开心,想吃不能吃?

H08_1:有点。

访谈员:这是什么(画中)? 那你最喜欢吃什么?

H08_1:菠萝。

访谈员:但是不能吃?

H08_1:嗯。还有奇异果。

访谈员:不能吃这些,你觉得怎么样?

H08_1:呵呵……(无奈地苦笑)

访谈员:那饮食呢,有没有什么你很想吃的,这么多?

H08_1:蛋糕、菠萝,我喜欢吃栗子蛋糕。

访谈员:栗子能不能吃?

H08_1:可以吃。但是蛋糕就不能吃。

访谈员:你刚才说很想游泳?

H08_1:是以前,现在不知道怎么样游了。

访谈员:现在不能游,你觉得怎么样?

H08_1:很不开心。

访谈员:你记不记得游水的感觉是怎么样的?

H08_1:不记得。很想游水。

(H08,女,9岁,中度湿疹)

(八)因病程漫长而绝望

许多受访儿童抱怨湿疹患病体验的漫长和反复发作。

访谈员:你觉得你怎样看湿疹这个病?

A12_1:很麻烦,有时好点,有时又回来。

访谈员:不断重复?

A12_1:是,要经常看医生。

访谈员:经常看医生又要搽药膏?

A12_1:有时候要试用不同的药。

访谈员:要经常吃药、搽药膏你会怎么样?

A12_1:很麻烦,有时会不记得,不记得就会反复。

访谈员:如果不记得吃药,就会严重这样,会不会有些时间会特别严重的?

A12_1:转季。还有夏天很热很晒,流汗的时候就会痒。

(A12,女,9岁,重度湿疹)

H09认为湿疹"永远会是这样"。湿疹已经成为G12的"长期记忆",正如他所述:"这个病会粘在皮肤上,走来走去它都是在的,不论你去哪里都要带着它。"湿疹的慢性和反复性让许多受访儿童满腹怨言并深感绝望。

访谈员:所以你知道自己有湿疹之后有什么感觉?

C15_1:觉得应该会很快好的,之后就等了很久。就说很快好的,小事而已,人人都有的,之后发觉越来越严重。

访谈员:怎么发觉越来越严重?

C15_1:不是一天比一天差,就是隔天差一点。

访谈员:你是说什么时候?

C15_1:刚刚有湿疹的时候。

访谈员:刚刚有湿疹的时候一天比一天不好?

C15_1:不是一天比一天,通常都是很频繁,总之好像差不多一天比一天,但是又不是一天比一天差,就是有了之后,有时候第二天好点,第三天又差点,之后越来越差这样。

访谈员:你自己觉得怎么样?

C15_1:那个时候觉得会很快没事,但太严重的时候,就知道肯定不会很快没事的,应该一辈子都会跟着。

(C15,男,10岁,重度湿疹)

(九)无休止的治疗

大部分的受访儿童经历了各种类型的湿疹治疗并对治疗很排斥。长期搽药膏、服用药物、辗转于医院诊所已经成为他们日常生活的一部分。多名受访儿童谈及涂抹保湿剂或搽药膏是一项令人不快的事情,他们抱怨搽药膏会产生"不舒服""黏糊""辛辣"等感受。但防止皮肤干燥或瘙痒,他们又必须每天都去完成这项任务,因此他们对搽药膏十分厌烦。

K07_1:因为我被妈妈搽药膏,全身都是油。

访谈员:就觉得很黏糊。

K07_1:沾湿这些衣服。所以不喜欢搽药膏。

(K07,女,11岁,重度湿疹)

访谈员:有没有一些你关于湿疹的,经历过的事、片断这样?

A12_1:经常搽药膏。

访谈员:或者说起湿疹你立刻会想到什么,你都可以画出来的。有没有想法?

A12_1:很辛苦。就是有时候要搽药又不想搽。

访谈员:你身上,我见到有些橙色,也有一些红色,也有这个不知道是什么来的,你可不可以解释一下?

A12_1:药膏。

访谈员:药膏,橙色的是?

A12_1:湿疹。就是你搽不搽,妈妈都有跟他们说过提醒下,就是有时候我要搽东西的,但是太忙有时候不记得。

访谈员:我想你都是自动自觉的?

A12_1:不是。

访谈员:你是要有人提醒的?

A12_1:是,因为我不喜欢搽东西。

访谈员:为什么不喜欢搽?

A12_1:不舒服,搽完之后不舒服。

访谈员:怎么不舒服?

A12_1:就是好像有点黏着一样。

（A12,女,9岁,重度湿疹）

访谈员:妈妈知道的时候他们会做什么?

H20_1:叫我搽药了。

访谈员:你觉得怎么样?

H20_1:烦死人了。

访谈员:为什么觉得烦?

H20_1:最讨厌搽药,宁愿有人帮我抓。

访谈员:搽药有什么感觉?

H20_1:很辣。

访谈员:妈妈知不知道你很辣?

H20_1:我不知道他们知不知道。

访谈员:他们两个都叫你停停,不要抓,你会听谁说的多一点?

H20_1:零个。

访谈员:两个都不听,但是他又会帮你搽?

H20_1:是啊。

访谈员:每一晚都会搽?

H20_1:是啊,搽一个小时。

访谈员:通常搽哪些部位?

H20_1:最多是脚,次要是脸,然后是手。

(H20,女,9岁,重度湿疹)

除了日常要搽药膏,一些儿童还口服药物治疗湿疹,且都为负面的体验。

访谈员:你是说你要吃药吗?

K12_1:是啊,药丸子……很难吃的。

访谈员:什么味?

K12_1:很苦很辣。

访谈员:是药丸还是药水?

K12_1:药丸。

访谈员:你一天吃多少次?

K12_1:一次,但是我经常不记得吃……除非严重。那些药丸就很多……然后有一种都是很苦的,但是一包,超小粒的,6克。

访谈员:但都是要喝水的,但就觉得很苦。

K12_1:如果摆在舌头那里就会辣的,辣椒一样。

(K12 男,11岁,中度湿疹)

G16 在访谈中谈论了喝中药治疗湿疹的体验,并且他的画作取名为"那个苦茶很难喝",可见中药治疗是他的核心疾病经历。

访谈员:现在我问一下关于这一幅画的内容,如果要你为这一幅画起个名,你会叫它什么?

G16_1:那个苦茶很难喝。

访谈员:这一幅画的内容叫作"那个苦茶很难喝"是不是?为什么你会画这些图画在上面,可不可以解释一下你画了什么?这个是什么?

G16_1:这个是我。

访谈员:这个是你,在做什么,这一幅画?

G16_1:妈妈叫我喝。

访谈员:这个是谁?

G16_1:我妈妈。

访谈员:你妈妈叫你喝。这个是什么?

G16_1:中药。

访谈员:你妈妈叫你喝中药。为什么你会画这个画面?

G16_1:因为很难喝。

访谈员:因为很难喝,那和你的湿疹有什么关系,这一幅画?

G16_1:因为中药会治疗湿疹。

访谈员:这些中药会治疗你的湿疹,当你喝这些药的时候你会怎么样,有什么感觉?

G16_1:不想喝。

访谈员:为什么不想喝?

G16_1:好苦。

(G16,男,8岁,重度湿疹)

一些儿童还经历了湿敷治疗。H08 和 C14 都谈及了她们对湿敷治疗的恐惧。

访谈员:那每次你有湿疹的时候你是怎么想的?

H08_1:有时觉得没有什么所谓,每次夜晚呢,要敷盐水就会很痛,就想快点好。

访谈员:妈妈叫你敷,最后有没有敷?

H08_1:有,敷得很随便。

访谈员:你自己敷会好点。

H08_1:妈妈帮我敷得好随便,因为我用着电脑。

访谈员:因为你在做其他事,是怎样敷的,是铺在上面?

H08_1:加点盐水,很痛的。

访谈员:加盐应该会很痛的。

H08_1:是啊,妈妈还要加很多。不是,爸爸加多点。

（H08,女,9 岁,中度湿疹）

C14_1:我很怕湿敷。

访谈员:为什么?

C14_1:不喜欢那个感觉,湿敷那段时间睡不着。我试过那次在医院湿敷,2 点到 5 点都睡不着,我是 9 点半睡觉,睡到 2 点,然后 2 点多到 5 点多都睡不着……我也不喜欢那些药膏,很辣的。

（C14,女,12 岁,重度湿疹）

（十）明显的皮肤损伤

除了搔抓导致的血痕外,湿疹儿童的皮肤表面还会出现其他明显的症状,如渗液、红疹、皮屑、结痂等等,这些都令他们深感困扰。

访谈员:这些是什么(画中)?

K12_1:这些不就是那些痂。

访谈员:通常痂在哪里?

K12_1:在这里。

访谈员:脚和手?

K12_1:有时。

（K12 男,11 岁,中度湿疹）

访谈员:这一幅画全部都是关于你湿疹的经历。你可不可以告诉我你画了什么在上面?

G12_1:这个是皮肤,因为有出血和出水,不可以搭飞机……这个是床,绿色是代表床,因为之前没包药之前,这个床经常都是血、出水等等,妈妈天天都要洗,还有一些头发,都不知道为什么会掉头发。

（G12,男,11 岁,重度湿疹）

B05 使用皮损症状来界定湿疹:"我觉得湿疹是一种会出水的,而且还会有红疹。"C15"因为全身有些皮"而觉得自己"很恶心"。

（十一）皮肤与心理密切关联

湿疹儿童身体症状和他们的心理、情绪之间有着密切的联系。正如 A12
指出的，"有时，如果我的皮肤好，我的情绪会更好；如果我的皮肤不好，我的
情绪会更糟"。一些受访儿童觉得患上湿疹"很辛苦""很烦人"，以至于他们
经常脾气暴躁。大多数参与者在面对与湿疹相关的许多挑战和危机时表现
出情绪上的痛苦。在访谈中，儿童表达出的主要情绪有愤怒、烦恼、悲伤、担
忧、恐惧、压力、尴尬和困惑等，其中愤怒和烦恼是最常见的情绪困扰。本研
究中大部分儿童都表示，他们对自己的湿疹、失眠、日常生活中的限制以及人
际关系问题感到非常愤怒或烦恼。

> 访谈员：那你想起湿疹会有什么感觉？
> D02_1：就抓的时候会烦的感觉。
>
> （D02，男，8 岁，中度湿疹）

> 访谈员：当你想起你湿疹的时候会有什么感受？
> D08_1：不开心。
> 访谈员：因为什么？
> D08_1：因为如果没有湿疹就不用抓，然后抓坏。
>
> （D08，男，9 岁，中度湿疹）

湿疹儿童的疾病经历表现出皮肤症状和情绪困扰的恶性循环。他们长
期受到湿疹引起的压力状态影响，反过来，情绪压力或心理痛苦的存在会诱
发或恶化他们的皮肤症状。B05 将他的湿疹与生活中的压力联系起来，他觉
得患有湿疹是一件"很悲惨的"事情。

> 访谈员：有什么你想要告诉我听的，关于这一幅画，你画了好多东西。
> B05_1：其实都是讲一些情绪的事，或者压力的事。
> 访谈员：或者压力？
> B05_1：是啊。其实湿疹主要来源是压力，压力主要分为学业、人际。

学业那里,又要有高成绩,我妈有高成绩的要求,经常叫我温书,压力。
人际方面呢,经常因为湿疹,所以经常被侮辱。

访谈员: 如果你想起的时候有没有感觉?

B05_1:很悲惨的。

访谈员: 很悲惨?

B05_1:是。

访谈员: 为什么觉得悲惨?

B05_1:没法形容。

访谈员: 你觉得它是一件怎样的事,对湿疹?

B05_1:是一种困扰。

访谈员: 会不会觉得是一些天生的东西或者医不医得好的?

B05_1:医不医得好的事。

访谈员: 医不好的?

B05_1:不知道,不知道医不医得好。

访谈员: 你什么时候开始有湿疹?

B05_1:一出生。

访谈员: 一出生就有?

B05_1:是。

(B05,男,12 岁,重度湿疹)

二、在家庭环境中:与父母的冲突

(一)"抓"和"不要抓挠"的冲突

对大多数受访儿童来说,与父母的关系问题主要是由皮肤管理方面的冲突引起的。尽管儿童自己也不想去挠痒,但剧烈的瘙痒往往会引起无法克制的搔抓欲望,进而陷入了瘙痒和搔抓的恶性循环中。更让他们生气和恼火的是,他们的父母经常命令他们"不要抓",这种要求和命令在他们看来就是"废话"。受访儿童认为父母根本不能理解他们的感受,这让他们感到"非常无助"。H08 甚至觉得父亲患上湿疹对她而言是件好事,以为这样父亲就能体会到她的感受。有多名湿疹儿童表示,有时他们在搔抓时,父母会批评、指责、责骂甚至殴打他们。"忍不住的抓"和父母要求的"不要抓"之间的矛盾常常会引起儿童与父母的冲突,进一步使儿童产生负面情绪。

访谈员:通常爸爸妈妈叫你不要抓,你会怎么想?

H08_1:他们不知道我有多痒,我都不想抓的。

访谈员:忍不住的。

H08_1:嗯。

访谈员:他们不知道你有多痒。但是他们会怎么做呢?

H08_1:不停用方法叫我不要抓。

访谈员:什么方法?

H08_1:有时候就会骂我。

访谈员:就是见到你这样抓就会骂你,然后你会怎么样?

H08_1:他发完脾气,我整晚不理他。

访谈员:他因为什么发脾气?

H08_1:他发完脾气一分钟之内会跟我说对不起,不过我要不理他整晚上。

访谈员:他因为什么事发脾气?

H08_1:说我抓坏了就不好了。

访谈员:你觉得他为什么要这样骂你?

H08_1:不知道,因为他疯了。

访谈员:他骂你的时候你觉得怎么样?

H08_1:很不开心,想骂回他。

访谈员:如果有机会让你骂回他,你会讲什么?

H08_1:我这个,你又不知道我有多辛苦,只会叫我不要抓不要抓。

访谈员:是什么?

H08_1:对他来说是坏事,对我来说是好事。

访谈员:什么事?

H08_1:爸爸差不多和我一样了,现在他和我一样了,耶!

访谈员:那他就知道你有多辛苦了。

H08_1:嗯,四分之一。

访谈员:为什么四分之一?

H08_1:他都很少敏感的。

(H08,女,9岁,中度湿疹)

从儿童的叙述来看,父母仅仅命令湿疹儿童"不要抓"可能是无效的。一些受访儿童表示,即便他们有时与父母不产生正面争执,他们也会偷偷地抓。

访谈员:刚才说了最亲的家人,你觉得湿疹这个病在多大程度上影响了你和他们的关系?

E02_1:和妈妈的话,大概就是一半。

访谈员:就是有影响到一半?

E02_1:是。因为有时候我抓或者不肯搽药膏不肯润肤这样,就会争执。

访谈员:湿疹要经常搽药膏,你自己有时候不肯搽,你妈妈就会说?

E02_1:逼我搽,就会有吵架的时候。

访谈员:除了妈妈之外,爸爸或者哥哥呢?

E02_1:他们不会理我湿疹的,最多爸爸就叫我不要抓,不要抓。

访谈员:多数是叫你不要抓。

E02_1:是。

访谈员:你刚才说到妈妈叫你不要抓的时候的心情,那你爸爸叫你不要抓的时候,你觉得怎么样?

E02_1:以前觉得不行啊,我不抓很不舒服,现在我觉得,我有时候和爸爸说,其实这个和有湿疹的人说基本上是废话,叫我不要抓的时候,他感觉不到就不会明白。

访谈员:感觉不到是什么意思?

E02_1:他感觉不到我的痒。人家叫我不要抓,但是自己又会很想,很痒的。

访谈员:那你那个时候心里面的感受怎么样?

E02_1:就是觉得人家不给我抓,我不抓的话,就会很不舒服,就快要抽筋的感觉了。

访谈员:那你多数会怎么样?

E02_1:多数,要么就是走开偷偷地抓,要么就是等他转开再抓。

(E02,女,10 岁,中度湿疹)

访谈员:当你很痒很想抓的时候,他们会说什么?

G16_1:我都是偷偷地抓,他们看不到。

访谈员:就是你抓痒的时候偷偷的,他们看不到的。

G16_1:他们走了我才抓。

访谈员:为什么这样做? 为什么要偷偷地抓,不可以在他们面前抓?

G16_1:因为他们会骂。

访谈员:他们会说什么?

G16_1:不要抓啊。

访谈员:还有呢? 如果他们骂你的时候,你自己怎么想,有什么感受的?

G16_1:没感受。

(G16,男,8 岁,重度湿疹)

H08_1:还有呢,我那个是上下床的,工人是在上面。

访谈员:然后呢?

H08_1:她不就知道我抓了。

访谈员:被爆穿帮。

H08_1:没。她叫我不要抓。

访谈员:通常工人姐姐叫你不要抓的,你会怎么想,你会怎么回应?

H08_1:喔。

访谈员:然后呢?

H08_1:照抓。

(H08,女,9 岁,中度湿疹)

(二)关于治疗的强迫与抵抗

在湿疹的治疗方面,许多儿童抱怨搽药膏以及口服药物治疗。有些儿童拒绝治疗的原因是他们认为使用口服或外用类固醇会导致他们矮小,让他们遭受歧视和欺凌。但是他们的父母总是"强迫"他们去搽药膏或接受各种治疗。事实上,有些儿童认识到药膏或口服药物对皮肤有好处,但是对他们来说,各种治疗也难以忍受,尤其是在被迫的时候。在治疗上与父母产生的冲突让儿童感到更加烦恼。

访谈员:所以你对于湿疹有没有想法? 你是怎么看湿疹的?

C15_1:真是有的话就由得它,让妈妈搽东西了,有时候不想搽的时候,就会和妈妈吵架。

访谈员:你自己对于湿疹有没有什么感觉?

C15_1:生气。

访谈员:所以你为什么会喜欢她? 你喜不喜欢妈妈?

C15_1:喜欢,有时候生气的时候就不会。

访谈员:为什么有时候生妈妈的气?

C15_1:逼我了,逼我一些事。

访谈员:你介不介意说一下是逼你做什么?

C15_1:逼我搽东西。

访谈员:所以当她逼你搽东西的时候你有什么感受?

C15_1:不想搽就不搽了,关我什么事,这样。

访谈员:所以你觉得这个是不关妈妈的事?

C15_1:不是,就是我不搽就算了,为什么要逼我搽这些东西?

(C15,男,10 岁,重度湿疹)

（三）父母高期望带来的学业压力

多名受访儿童明确提到了他们的学业压力，并将学业压力与湿疹密切关联。他们认为考试会让他们承受"巨大的压力"，在这种情况下他们的皮肤状况会变得更加糟糕。更重要的是，儿童表示他们的学业压力主要来自父母的高期望，正如 B05 所说："我妈妈对我的学习成绩要求很高，她总是希望我学习，这让我压力很大。"D06 描述了父亲在她不想学习想睡觉时的做法。

> 访谈员：如果你要温书，你不想睡觉，爸爸妈妈会和你说什么？
>
> D06_1：如果我哭才叫我睡觉的。如果我说我想睡觉，他就叫我继续温书。
>
> 访谈员：就是如果不眼困就会继续温？
>
> D06_1：嗯。我想如果我能睡得更多，我的皮肤会更好。
>
> （D06，女，8 岁，重度湿疹）

两名儿童讲述，他们的父母坚称良好的学校表现可能有助于防止他们因湿疹而受到歧视（C14 和 G16）。湿疹症状和学业压力相互交织让儿童产生更加负面的情绪。当儿童的学习成绩没有达到父母的期望时，他们感到非常紧张甚至内疚。

（四）父母无形中传递的经济压力

湿疹治疗可能会给家庭带来经济负担。一些受访儿童提到了他们家庭的经济压力（例如 C14、G12 和 G16），他们甚至曾经因为湿疹治疗费用昂贵而受到父母或亲戚的批评或责怪。G12 希望他能"长大为妈妈挣钱，有更多的家用她就会开心点"。虽然父母通常承担经济责任，但孩子们可以从父母传达的信息或情绪中感受和理解经济压力。

三、在学校环境中：压力多过支持

（一）湿疹症状与学业压力的恶性循环

几乎所有的受访儿童都将自己的学业表现与湿疹联系在一起。湿疹引起的瘙痒在考试和课堂上常常使患儿难以专注，有时还会因为湿疹治疗无法去学校。

> 访谈员:有没有其他的?
>
> B06_1:有。
>
> 访谈员:例如呢?
>
> B06_1:妨碍我上课。
>
> 访谈员:怎样妨碍你上课?
>
> B06_1:我上课的时候它可能会突然间痒,我就要趴在台面听不到老师讲课。
>
> 访谈员:趴在台面听不到老师讲课,有没有试过发生这样的情况?
>
> B06_1:有啊。
>
> 访谈员:是怎样的,说来听一下。
>
> B06_1:痒到撞到头。
>
> 访谈员:因为想着抓就专心不了了。
>
> B06_1:是啊。
>
> 访谈员:多不多常这样的?
>
> B06_1:少。
>
> 访谈员:现在多了是这样?
>
> B06_1:是。
>
> 访谈员:如果听不到,你会怎么处理?
>
> B06_1:睡觉。
>
> 访谈员:就直接不听了?
>
> B06_1:直接放弃了。
>
> 访谈员:会不会不会的?
>
> B06_1:放学后补习。

(B06,男,12 岁,中度湿疹)

除了课堂上无法专注,考试时候湿疹瘙痒也被儿童认为非常影响他们的学业表现,而学业压力又会导致皮肤症状更加严重。

访谈员:所以除了睡觉很痒,还有没有其他时间很痒的?

G16_1:考试测验评估的时候。

访谈员:考试测验评估的时候很痒的,那个时候是什么感受,是什么情绪?

G16_1:紧张。

访谈员:紧张是因为什么?

G16_1:次次都拿不到 100 分。

(G16,男,8 岁,重度湿疹)

访谈员:考试这里是说什么的?

K07_1:差不多全部内容都错了,全部都是因为湿疹。

访谈员:因为湿疹,所以考试就受到影响。那考试卷上面就有好多叉叉,就拿了 59 分,是不是以前发生过的事?

K07_1:去年。

访谈员:去年考试的时候,那一次是发生了什么事?

K07_1:不够时间,还有湿疹。

访谈员:因为不够时间和湿疹?

K07_1:是。

访谈员:考试时期,湿疹怎么影响你?

K07_1:考着试,突然之间很痒,然后就一直抓。

访谈员:抓之后呢,是不是就不够时间了,有这样的情况出现。嗯,那是什么科?

K07_1:英文,因为我去年差不多每科都合格,就英文不合格。

访谈员:已经是五年班了?

K07_1:六年班。

访谈员:那要升中一了。

K07_1:嗯。

访谈员:所以考试对你来说都是很重要的。

K07_1:超大压力。

访谈员:很大压力。

K07_1:是啊,每逢考试,全部湿疹就会发出来。

访谈员:你觉得很难受的。当你考试的时候,湿疹就会无端端发出来,那平时呢?

K07_1:平时都不会。

访谈员:就是考试的时候发得最严重,你觉得是因为什么?

K07_1:很大压力。

访谈员:觉得因为压力,所以湿疹发得严重。

K07_1:嗯。

访谈员:如果当见到自己的湿疹发出来,又要面对考试,你觉得怎么样?

K07_1:超难受。

访谈员:你会怎样的?

K07_1:一边抓一边做。

访谈员:会不会突然间觉得湿疹这个好像困扰了你,好像阻碍了你,譬如考试拿好成绩这样?

K07_1:嗯,是的。

访谈员:考完试你会觉得怎么样?

K07_1:考完试立刻放松了,但是不会立刻好。

访谈员:就是考完松口气,但是湿疹还在的。那它什么时候会退?

K07_1:一个月。

访谈员:那个月不是会很辛苦?

K07_1:超辛苦,全身烂了。

(K07,女,11 岁,重度湿疹)

(二)疏远与欺凌

几乎所有的受访儿童都提到了在学校中与同学的关系存在问题。在学校里,湿疹儿童通常不被同学喜欢,甚至被疏远,同学会"完全无视"他们,看到他们会"回避""躲避""站到一边",甚至"走开""就像看到鬼一样"。

访谈员:有没有其他湿疹带给你的一些经历?

E02_1:再小一点的时候,一年班的时候,那些同学因为我的湿疹就走开。

访谈员:当时你自己的感受怎么样,同学好像对你不是很包容,不是很理解你?

E02_1:我觉得湿疹又不会传染你,有些时候就不明白,有些时候就生气,不开心,有时想哭。

访谈员:觉得很难受?

E02_1:是……每一次我走到一个同学身边,可能是排队或者早会,他就闪开,1米距离、2米距离,这样。

(E02,女,10岁,中度湿疹)

有12名受访儿童明确表示,由于皮肤受损,他们曾经历过言语甚至身体欺凌。同学们经常使用侮辱性和贬低性的词语嘲笑他们的皮肤,例如"病毒""肮脏""传染病""垃圾""废物""丑八怪"等。B06在他的画作中描绘了他在学校受到欺凌的场景,他跪在角落,周围都是指着他笑的同学。

访谈员:如果要你为这个画命名,你会想叫什么名?你叫这一幅画什么名?简单来说。

B06_1:被欺凌的我。

访谈员:被欺凌的我。那可不可以解释给我听你画了什么?

B06_1:训导组,就是小学都发生过欺凌事件,就是简单介绍一下欺凌和被欺凌的后果,但是他完全无视,都是在那里笑。

访谈员:就是教员笑你,那他笑你什么?

B06_1:笑我。有时候他会拿把尺来戳我。

访谈员:拿把尺来戳你啊。他们有没有和你讲一些什么话?

B06_1:叫我花名。

访谈员:你都不开心的?

B06_1:会啊。

访谈员:那当你想起你有湿疹的时候,你的感受或者情绪?

B06_1:没有什么感受,就只有被人欺负的时候。

访谈员:小学几年班的事?

B06_1:小学三年班五年班都有发生过。

访谈员:就是都有持续一段时间?

B06_1:小息,因为老师发觉到才知道,小息,老师见我被别人欺负就阻止他们。上课的时候叫我答问题的时候,就说"周身痒,你不要吵"这样。

访谈员:他们叫你花名?

B06_1:是,因为我有时候会痒。

访谈员:就是上课的时候会,小息都会。那你有没有告诉其他人知道?

B06_1:老师,但是老师叫了他,他都不理,照做的。

访谈员:其他朋友或者爸爸妈妈呢?

B06_1:我的朋友知道。

访谈员:他们有没有做些什么? 你说了他们知道。

B06_1:我说给老师知道,老师骂他们,但是他们都是若无其事。

访谈员:就是他们都不听话,很野的?

B06_1:是。如果知道我告诉别人知道,又会被他们骂。

访谈员:就是他们反而更加责怪你。

B06_1:是啊。

访谈员:那你觉得你和其他人说了之后有没有用?

B06_1:没有,都是那样。

访谈员:有没有什么是想和这些人讲,或者你想讲的?

B06_1:就是想他们不要欺负人,不要搞我,但是不理的,都是照搞。

访谈员:那他们有没有特别说些什么,这一幅画里面的人?

B06_1:不就做事了。

访谈员:他们做些什么?

B06_1:当时小息。

访谈员:刚好小息的时候。

B06_1:通常没有老师巡逻,因为我们那一层是高一些。

访谈员:那你们就画了这样一个圆形状,全部都指着你。

B06_1:指着我来笑。

访谈员:指着你来笑你?

B06_1:嗯。

访谈员:那你在做些什么?

B06_1:我跪在那里。

访谈员:你跪着。那你这个手的动作是?

B06_1:按着他笑。

访谈员:哪个是你?

B06_1:我在地上。

(B06,男,12岁,中度湿疹)

有多名受访儿童在访谈中描述因为湿疹而受到身体欺凌的经历(例如 B05、B06、C15、D02、D06、D08 和 E02)。

访谈员:他们是谁?

C15_1:同学,仇人,因为仇人才会这样说,或者有些女孩贪靓,不贪靓的就会和我玩,怕的有些和我坐在一起的时候都会腾开点,有的就特意整我,有些皮要掉,他就特意去抓下来。

访谈员:这些同学说这些话和做这些行为?

C15_1:我觉得 OK,他这样做的行为不行,说的就 OK,接受得到。

访谈员:说就 OK 是什么意思?

C15_1:就是说我,我可以接受,但是整我就接受不了。

访谈员:他说的话接受得了,有没有其他情绪在里面?

C15_1:没有。由得他讲,有时候讲得太过分就打他。

访谈员:所以你会打他的,如果他们说得太过分?

C15_1:所以经常被老师骂。

访谈员:你刚才说OK的,没有什么特别感觉的,但是他们做很多行为,扒皮这些,你会怎样想?

C15_1:扒皮会痛的,就是整天搞我,我就骂他,然后老师又骂我,我说他又不信。

(C15,男,10岁,重度湿疹)

访谈员:听你说好像经历过一次比较印象深刻的事,可不可以说一下这个经历?

E02_1:二年班的时候,有个同学每天都打我一捶,虽然不是很大力,不是很痛,但是心里面会很痛,同学而已,不用这样打我吧,我妈都不会这样打我,为什么他会?然后我回到家就发脾气,很不开心,然后之后每晚都发脾气,妈妈有一次就问我为什么。我就说他打我,我不喜欢这样,然后她说如果再会这样,你就和老师说。

访谈员:二年班的时候第一次这样打你,是一次个别的事件,还是长时间?

E02_1:长时间。

访谈员:多久?

E02_1:一两个礼拜甚至一个月。他有一天小息就叫好几个同学出去。

访谈员:好几个同学?

E02_1:是。但是只有一个打我,其他都是做其他我不喜欢的。

访谈员:就是其他都有份,但是没有打你这样?

E02_1:没。

访谈员:他们做过什么?

E02_1:就涂花我画的鸟,我同学就涂,几个人一起用铅笔、圆珠笔一起涂。

访谈员：你那个时候觉得怎么样？

E02_1：其实不喜欢，但是他们涂涂涂，涂到花掉了，我都不能再画什么了，然后就由得，其实我又涂了两笔。

访谈员：又涂了两笔？

E02_1：又涂两笔这样。

访谈员：你又涂两笔？

E02_1：见他做久了，这一幅画都不知道怎么样。

访谈员：我们去最外面的那个，他们是谁？

E02_1：他们是我三年班的同班同学……有时候排队的时候，我就走开一点，叫我退后一点，甚至有一次要我在纸上不停写"安全距离"。

访谈员：你当时感受怎么样？

E02_1：就觉得我有什么这么肮脏，有什么这么不干净呢！他们说他们的妈妈和他们说会传染，所以要闪开、跳开、走开。

访谈员：你听到这个说法觉得怎么样？

E02_1：觉得他们很无知。

访谈员：那你当时做了什么，你对他们这样说的反应怎么样？

E02_1：就不理，他妈妈这样说就这样说，他妈妈说的就是事实吗?!

访谈员：他们叫你在一张纸上写"安全距离"，你当时做什么？

E02_1：我当时一开始有写，因为他们看着我，不写就不知道怎么样，围着我，不给我出去，我就写。之后呢，打铃，他们就回到座位，就不会看着我，因为看着我，老师会说他的，所以我之后就没有写了。

访谈员：就没有理了，这件事之后呢，他们都是这样？

E02_1：都是这样，但是现在好点，就只是叫我不要碰他，好多同学都叫我不要碰他们？

访谈员：他们两个就是其中的代表，有不少同学叫你不要碰他们？

E02_1：是。

访谈员：你听到这么多人对你说不要碰他们，你除了明白之外，还会不会有其他感受?

  E02_1:不会,听惯了。

(E02,女,10 岁,中度湿疹)

(三)老师的厌恶

  受访儿童普遍表现出对老师较低的期望,老师表现出的一点点热情或支持都会让他们感到快乐和感激,比如老师与他们打招呼。然而,他们表示老师对湿疹的认识往往是有限且负面的。由于老师对他们的忽视和厌恶,许多儿童直接表达了他们对老师的憎恶。C14 描述了她因皮肤问题被老师误解的经历,她将欺凌她的同学以及恶言以对的老师称为恶魔。

  访谈员:是不是因为这件事导致你觉得那个人是恶魔?

  C14_1:还有试过有人说我生麻风病。

  访谈员:在学校都有遇过类似的事?

  C14_1:说我生牛皮癣,叫我不要来上课。

  访谈员:都是恶魔来的?

  C14_1:连老师都是这样问我,你有没有洗头的,这么多头皮。

  访谈员:你那个时候的感觉怎么样?

  C14_1:不想再去学校。

(C14,女,12 岁,重度湿疹)

(四)愤怒的转移

  由于在学校中湿疹儿童很少得到支持,他们在谈到学校经历时大多表现出愤怒和不开心。他们通常会选择在学校中忍受不公和欺凌,然后回家发泄愤怒。

  访谈员:觉得很难受?

  E02_1:是。

  访谈员:那你当时是怎么反应?

  E02_1:我当没事发生,但是回到家我就不知道为什么和妈妈发脾气,很不开心,很生气。

（E02，女，10 岁，中度湿疹）

四、在社区环境中：污名和歧视

（一）被陌生人指指点点

由于缺乏对湿疹这一皮肤病的认知，陌生人往往会产生误解并指指点点。湿疹儿童在社区中常常会遭受歧视和污名。C14 描述她在社区公园玩耍时的经历，她被一个陌生人称为"艾滋病"，甚至让她不要出门吓到别人。

访谈员：画这个过程中是不是有个故事的，有没有事要和我们分享？

C14_1：之前和一个朋友，和他妹妹，就在公园里玩，有个大叔带着他的女儿在公园玩，他就说"靓妹，你出疹就不要过来玩，都不知道是不是艾滋病，不要惹到人啊"，我那个时候因为我很热就拉高了衣服，他就这样说我。然后我就哭着找妈妈，妈妈就很生气和他骂，什么什么叫艾滋病，湿疹都不认识，真是没常识。

访谈员：那个时候其实你是怎么想的，你去找妈妈？

C14_1：很不开心。不喜欢被人说，没想到自己在那里玩都要被人说。

（C14，女，12 岁，重度湿疹）

（二）对反应过度的困惑和尴尬

一些受访儿童表示，有时他们无法理解为何其他人总是对他们的皮肤状况"反应过度"，尤其是当别人故意避开他们的时候，他们感到非常困惑和尴尬（例如 B05、G12、A12、C14 和 E02）。

访谈员：为什么你会觉得人家会觉得难看？

G12_1：因为人家看到我会被吓到，有很多次了。7 月去书展，坐下看，然后有两母女走过来看到我，好像见到鬼一样，立刻跑了。

访谈员：他们这个行为会令你什么感觉？

G12_1：尴尬，好想正常的皮肤，不想被人笑。

（G12，男，11 岁，重度湿疹）

五、受伤孤独的自我

(一)人群中的孤独者

在访谈中,当问及与社会关系相关的问题时,受访儿童总是非常努力去回忆是否有人曾经对他们友好过。但是大多数儿童表示,他们在学校里不被同学和老师喜欢,在社区里也没有朋友,这令他们感到十分孤独。他们渴望与他人建立友谊,可这对他们来说似乎是奢望。正如 C14 所说,湿疹"偷走了我人际关系的钥匙",她把湿疹描绘成一个长着角的恶魔,把自己描绘成一个哭泣的女孩,手里拿着一把象征人际关系的锁。然而,湿疹恶魔拿走了开锁的钥匙。人际关系的恶化导致儿童形成消极的自我形象,进一步加重了他们的心理困扰。

(二)自我污名

一些受访儿童也认为自己"肮脏""恶心",并对自己的皮肤表达了强烈的厌恶(例如 E02 和 K07)。他们想遮住自己的皮肤以免被别人看到。

> G12_1:这个是不想皮肤再出血了,这个也是不想再出水,黄色代表出水。
>
> 访谈员:这里也是,红色和黄色是有这两个意思的?
>
> G12_1:是。
>
> 访谈员:出水和出血会让你有什么感觉?
>
> G12_1:出血的时候会觉得很难看,自己觉得难看,不想别人看到?
>
> 访谈员:不想别人看到?
>
> G12_1:所以经常穿着长袖,不过有时候是因为冷,不一定是为了遮住。
>
> (G12,男,11 岁,重度湿疹)

很多儿童认为自己患有湿疹是不公平的,并且羡慕那些没有湿疹的人(例如 A12、C14、C15、H08 和 K07)。他们反复地问:"为什么是我?"甚至认为湿疹是一种惩罚。他们的言语中充满了绝望。

访谈员：那你对于自己有湿疹是怎么看？

A12_1：觉得很难受，有时候觉得为什么别人没有，而我有。

（A12，女，9 岁，重度湿疹）

访谈员：单纯是一个恶魔。如果你想起湿疹这个事的时候，你自己是怎么想的，有没有一些情绪？

C14_1：不喜欢，很讨厌自己有这个东西，觉得老天很不公平，为什么要我有这些，考试成绩这么好，但是为什么要这样对我？

（C14，女，12 岁，重度湿疹）

访谈员：都会很痒，但是我见你很棒，没有抓得很厉害。

K07_1：忍住。因为我一开始六年班上学几天就开始讨厌自己的皮肤。

访谈员：讨厌自己的皮肤，是不是不想有这些皮肤？

K07_1：我很羡慕人家没有湿疹。

访谈员：就是人家没有而我有的，你这样想的时候有什么感觉？

K07_1：超不开心，我无端端想，香港那么多小朋友都是有湿疹，应该他们都是和我一样，不想有湿疹的。

（K07，女，11 岁，重度湿疹）

（三）自我否定

湿疹儿童常常自我否定。例如，C14 表示希望自己能成为"普通人"甚至"傻子"，而不是湿疹患者。一些儿童甚至认为，因为他们患有湿疹，同学和老师不喜欢或者欺凌他们是合理的（例如 H08 和 B05）。他们形成了消极的自我形象，并把对自己的否定扩展到生活的方方面面，经常认为自己在生活的其他方面也是无能的，比如学习、体育和绘画等方面（例如 G12 和 G16）。消极的自我形象和低自尊进一步加剧了他们的心理、情绪困扰。

第五节 湿疹儿童的应对方式

应对湿疹的生理症状以及诸多挑战和压力是湿疹儿童疾病经验的重要方面。本研究发现，受访儿童在面对湿疹相关的困难时通常采用三种应对策略，包括积极应对、适应性应对以及被动应对。他们在面对不同类型的挑战时通常采用不同的策略，在面对生理症状方面的困难时，儿童通常采用积极或者适应性的应对方式，但在面对人际关系方面的困难时，他们常常采用消极的应对方式。

一、积极或适应性应对生理疾病相关困难

当面对与身体症状有关的挑战或困难时，湿疹儿童主要采取直接解决问题、寻求他人帮助、调节情绪、自我激励等积极应对方式。例如，当他们感到非常瘙痒时，除了直接搔抓外，有些儿童还通过搽药膏、冷水冲洗、冰敷等方式予以应对（例如 A12、B05、E02、G12、H09、H10 和 K07）。

> 访谈员：那你觉得特别痒的时候通常会怎样做？
>
> B05_1：没有什么的，痒的时候就敷冰了。
>
> 访谈员：这个是自己想的方法？
>
> B05_1：是。
>
> 访谈员：但是在学校没有敷冰的？
>
> B05_1：就冷静一下。

（B05，男，12 岁，重度湿疹）

虽然湿疹的皮肤症状可能会限制儿童的游戏和运动，但一些受访儿童选择克服困难，坚持参与游泳和踢足球等体育活动，尽管他们在这个过程中常常会感到疼痛或瘙痒。例如，D02 忍受着疼痛也坚持游泳，H10 在踢足球之前在皮肤上涂了很多保湿剂等。

> D02_1：有一次去游泳池和我弟弟，就这一块有点刺痛，就要按着。
>
> 访谈员：就要按着它才行？

D02_1：就要忍一下。

访谈员：但最后都是有游水的？

D02_1：是。

（D02，男，8 岁，中度湿疹）

向父母寻求帮助也是湿疹儿童在面临疾病症状时使用的另一种应对方式，例如当他们感到非常痒时寻求父母的陪伴。

访谈员：当你觉得特别痒的时候你会怎么做？

H08_1：找爸爸。

访谈员：然后呢？爸爸会做些什么？

H08_1：不知道，找爸爸会好一点。

访谈员：爸爸通常做什么你会感觉好一点。

H08_1：就是找他。

访谈员：你找爸爸，爸爸通常会有什么回应？

H08_1：陪我睡。

访谈员：除了陪你睡，他会做些什么？

H08_1：没。我觉得有个人在身边舒服一点。

访谈员：就是有个人陪在你身边？

H08_1：我想他看着我有抓没抓，我不想自己抓。

（H08，女，9 岁，中度湿疹）

调节性的应对方式，例如转移注意力以及重新建构等，也被湿疹儿童用来应对他们遇到的挑战，他们发现当他们关注其他事情而不是他们的湿疹时就不会感到那么痒。例如，一些儿童会通过玩游戏、看电视、吃冰冻的食物等方式分散他们对瘙痒的注意力（例如 B05、D02、G16 H10 和 K07）。C14 讲述当她感觉很痒的时候通过"做自己喜欢做的事"来分散注意力。

访谈员：所以专门画了几下。湿疹，我知道很痒的，其实在你很痒的时候你会做什么？

C14_1：看书，看书就没有那么痒，睡觉、画画。

访谈员:看书、睡觉、画画,好,有没有帮助的?

C14_1:做自己喜欢做的事,就不觉得痒。

(C14,女,12 岁,重度湿疹)

一些儿童试图从更积极的角度去看待湿疹。例如,在 H09 的心目中湿疹是一种怪兽,但它起码不是一种致命的病毒,因此"不是很好,又不算很坏"。

访谈员:那你用什么字来形容这只怪兽? 你讲大概的意思出来就行了。

H09_1:不是很好,又不算很坏。

访谈员:为什么不算很坏?

H09_1:因为湿疹不是很致命的病毒,所以不算坏。

访谈员:所以你觉得它坏又没那么坏?

H09_1:是。

(H09,男,10 岁,重度湿疹)

二、消极应对人际关系困难

在面对人际关系困难时,受访儿童倾向于采用沉默和逃避的方式消极应对。例如,当其他人谈论起他们的皮肤时,尽管他们内心感到不开心,但通常会保持沉默。

访谈员:很辛苦?

A12_1:是啊,有时候会被人说。

访谈员:被谁说?

A12_1:一些亲戚,说你又起了。

访谈员:这个是什么时候发生的?

A12_1:经常发生。

访谈员:经常是怎么个经常法?

A12_1:就是有时候一起出去吃饭,和妈妈的朋友或者亲戚的时候,就会说。

　　访谈员：一个月大概多少次和他们一起吃饭？

　　A12_1：不知道。

　　访谈员：你印象中呢？有没有一个礼拜一次或者一个月一次？

　　A12_1：五六次一个月。

　　访谈员：就是差不多一个礼拜都有一次和妈妈的亲戚朋友一起吃饭，他们是次次都会这样说还是有时？

　　A12_1：有时。

　　访谈员：有时就说你湿疹很厉害这样的。那你有没有反映给他们？

　　A12_1：不说话。

（A12，女，9 岁，重度湿疹）

　　当儿童觉得自己无法融入时，他们就采用逃避或脱离的应对方式。例如，C14 描述了她的同学在计划的班级聚会时没有考虑她的皮肤状况，她干脆拒绝融入。并且在此之后，她不想上学，也拒绝参加学校的任何活动。

　　C14_1：有的老师，六年班那个，有个群组，有教过我们的老师，说出去吃饭，有些同学都是很好的，他们本来想去日式房，就说不好意思，因为我不可以去日式房，可不可以转一转，这些同学都说好，那我们迁就一下你，我们都没试过出去吃饭，第一次迁就一下你。但是老师就找了一间日式的铺，那天我是没有去的。

　　访谈员：是老师专门这样找，或者？

　　C14_1：不知道。

　　访谈员：他这样找你怎么样？

　　C14_1：不开心了。然后有个同学说 sorry，没有预想到你。

　　访谈员：你看到这句怎么样？

　　C14_1：我立刻退出那个群，不想再对着那些同学。有几个同学试着加我进去，我一而再再而三退。

（C14，女，12 岁，重度湿疹）

三、社会支持中建立的应对方式

当湿疹儿童面临疾病症状的困难时，他们大多会采用积极或适应性的应对方式，而当他们在学校或社区面对人际关系困难，尤其是歧视和欺凌时，他们却倾向于被动应对。确实，应对人际关系中的困难也取决于互动中另一方的反应，这比通过个人努力应对生理症状的挑战要困难得多。但更进一步而言，应对方式也需要在特定的社会支持系统中建立和培养。儿童如何应对困难还取决于他们是否能够在特定的环境中获得充分的支持。从受访儿童的画作和言语叙述来看，大多数儿童都拥有功能良好的家庭支持系统。他们通常可以从家庭中，尤其是父母那里获得物质支持，以及得到爱、关怀、陪伴和鼓励等情感上的支持。这些都是帮助他们应对日常生活中的身体症状以及心理压力的强大资源。然而，来自父母或家庭的支持可能对应对学校环境中的人际关系困难并没有明显的效果。例如，C15 说他尝试了母亲建议的不同方法来应对学校里的欺凌，比如给欺负他的同学买食物以示友好或者是向老师汇报同学的欺凌行为，但这些方法都没有奏效。最后他只能选择逃避同学并以沉默应对欺凌。由于儿童在学校环境中获得的支持并不足以支持他们培养其他的应对方式，被动应对成为 C15 以及其他湿疹儿童在学校处理社会关系困难的唯一选择。一些受访儿童表示，他们希望某一天有机会反击欺负他们的同学（例如 C15 和 G12）。但不幸的是，他们目前在学校中拥有的资源无法支持他们面对学校环境中的人际困难。

第六节　湿疹儿童的适应状况

湿疹儿童表现出的适应状态可能因其湿疹的严重程度、采用的应对方式、获得的社会支持的不同而有所不同。一些儿童似乎无法适应自己的皮肤疾病；而另一些人则表现出接受了湿疹带来的痛苦，甚至展现出个人的成长。

一、接受疾病带来的困苦

一些受访儿童对目前的疾病状况以及因湿疹而经历的困苦表现出接受的状态。一些儿童表示已经"习惯了"湿疹引起的身体不适（例如 A12、H08、

K12 和 E02），并且对湿疹引起其他挑战有较少的情绪反应（例如 A12、B05、E02、G16、H09 和 K12）。此外，两名儿童（A12 和 D02）表示他人的负面评论是"没关系"的。事实上，接受不仅是一种适应状态，也是湿疹儿童应对挑战的一种方式。

> 访谈员：你有挺多一起玩一下的朋友？
>
> D02_1：是啊。
>
> 访谈员：你觉得湿疹会不会影响你和很多小朋友玩？
>
> D02_1：不会。
>
> 访谈员：就是他们不会问的？
>
> D02_1：我只有一个同学来问我这些是什么。
>
> 访谈员：你怎么回答他？
>
> D02_1：湿疹。
>
> 访谈员：然后他怎么说？
>
> D02_1：不要传染我。
>
> 访谈员：你那个时候有什么感觉？
>
> D02_1：不要紧，无所谓。
>
> （D02，男，8 岁，中度湿疹）

二、经历疾病后的个人成长

生命中的困境是个人成长和升华的机会，一些受访儿童表现出了经历疾病困苦后的个人成长。在患有湿疹的长期过程中，他们表现出更好的照顾自己和管理疾病的能力，并且坚信自己有能力独自应对疾病带来的困难（例如 D06、H09、H10 和 G12）。

> 访谈员：你湿疹很痒睡不着的时候，你不会叫妈妈，就是自己一个？
>
> H10_1：我知道怎么处理。如果那个时候很痒，有可能会湿敷。
>
> （H10，女，10 岁，重度湿疹）

一些受访儿童在经历了长时间的痛苦以及与湿疹相关的挑战后，似乎已经形成了对湿疹新的认识。正如 G12 所说的,湿疹的疾病经历使他变得更加坚强了。

> 访谈员:你对湿疹有没有其他想法?
>
> G12_1:因为这个湿疹,一开始觉得很尴尬,人家看到我会吓到,所以就经常穿着长袖衫。
>
> 访谈员:除了觉得很尴尬之外,还有没有其他感觉?
>
> G12_1:因为它会令我坚强一点。
>
> 访谈员:很正面的,会令自己坚强一点?
>
> G12_1:嗯,不过有时候会因为湿疹和妈妈吵架。
>
> 访谈员:你觉得湿疹是一件什么样的事?
>
> G12_1:有正面有反面,好像钱币一样正反两面。
>
> 访谈员:正反两面的?
>
> G12_1:是。
>
> 访谈员:你觉得正面、反面包含了什么?
>
> G12_1:正面就是令我坚强一点,告诉有湿疹的人,你一定会好的,还有一定要戒口,才会好。
>
> 访谈员:不好的一面是怎么样的?
>
> G12_1:这些,这些(指向画作中的内容)。
>
> (G12,男,11岁,重度湿疹)

三、未能适应人际关系困难

然而,我们必须承认的是,并不是所有的湿疹儿童都能接受或者适应他们的疾病。湿疹儿童适应失败的一个主要原因是人际关系问题。对于欺凌过他们的同学或他们不喜欢的老师,一些受访儿童展现出极度愤怒,甚至说想"杀死他们"(例如 B06、C15 和 D06)。尽管他们可能不是真的想这么做,但他们明显地表现出在人际关系中的失望、愤怒甚至仇恨。人际关系方面的困难似乎对儿童相关的价值观和信念产生了深刻影响。两名受访儿童叙述了他们如何学会掩饰或隐藏自己的真实感受,尽管他们心里很恨同学,但会假装很友好(例如 D02 和 E02)。此外,一些孩子表现出他们对他人的冷漠或者不愿意与他人建立互动关系。以 C15 为例,他在学校经常被同学欺负,在采访中他表达出对同伴关系的冷漠态度。

访谈员:你自己为什么会觉得妈妈的提议,请人吃东西或者对人好点没用?

C15_1:对人好点,就是吃亏,为什么要我这样做,人家不这样做? 就是为什么不是他这样先做,而是我先这样做?

访谈员:这个想法是谁告诉你的?

C15_1:没有,就是我觉得是这样,为什么是要先做?

(C15,男,10 岁,重度湿疹)

四、在应对中发展出来的适应

受访儿童的应对过程与他们目前的湿疹适应状态之间可能存在模糊的联系。积极或成功的应对体验或经验可能会鼓励儿童的适应和个人成长。例如,考虑到应对身体症状的长期过程,一些儿童不仅培养了疾病管理的能力,还养成了照顾他人的能力(例如 H09、H10 和 G12)。然而,大部分的受访儿童在面对人际关系困难时采用消极的应对方式,并且最终导致适应困难,并对人际关系发展出更加愤怒或冷漠的态度。在本研究中,儿童目前的适应状态是暂时的,受到复杂的个人和环境因素的影响。虽然很难说哪种应对方式对促进湿疹儿童的个人成长更有益,但积极的应对体验和经历可能有助于儿童在生活中变得更加自信,也更能适应自己的疾病。

第七节　湿疹儿童疾病经历的总结与讨论

一、湿疹儿童的"生物—心理—社会"模式

本研究通过对湿疹儿童疾病经历的综合描述,并考虑到本研究中 8~12 岁湿疹儿童所处的发展阶段,建构了一个"以儿童为中心"的、湿疹的"生物—心理—社会"模式(见图 5.2),用以理解中国社会文化情境下,湿疹儿童的主

观疾病经历。家庭、学校和社区是学龄儿童的主要生活环境,患有湿疹的学龄儿童的疾病经历是受生理、心理、环境和社会文化因素影响的动态过程。患上湿疹不仅意味着湿疹儿童要应对学龄儿童的生理症状,还要应对来自家庭、学校和社区的多重挑战和危机。因此,湿疹儿童的生活深受个人和环境因素协同作用的影响,并进一步形成了一个受伤孤独的自我。

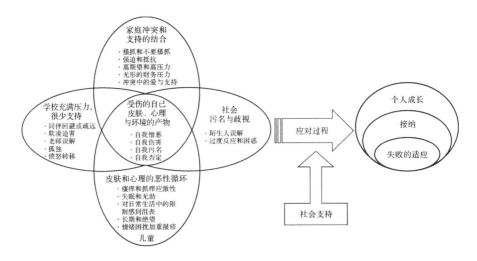

图 5.2　湿疹儿童"生物—心理—社会"模式

在儿童个体层面,湿疹儿童疾病经历的本质表现为皮肤症状和心理困扰的恶性循环。其中,皮肤症状是儿童面临一系列困难和挑战的根源。在本研究的样本中,一大半的受访儿童患有重度湿疹,瘙痒的皮疹遍布全身,皮肤病症带来的睡眠障碍、容貌损坏等可能进一步导致患儿的情绪困扰,严重阻碍他们的正常生活。这些生理症状可能会让儿童产生烦恼、愤怒、抑郁、焦虑、恐惧、悲伤等负面情绪。当儿童的情绪严重受影响时,也会降低免疫功能和干扰体内平衡,反过来诱发或加剧他们的皮肤病症,使他们陷入一种身心互动的恶性循环中。① 瘙痒和疼痛等生理症状不仅直接导致湿疹儿童的心理

① Becker-Haimes E M，Diaz K I，Haimes B A，et al. Anxiety and atopic disease：Comorbidity in a youth mental health setting［J］. Child psychiatry ＆ human development，2017，48(4)：528-536.

困扰,还通过影响人际关系、学术表现等间接导致儿童的心理困扰。

在家庭环境中,冲突和支持并存。湿疹管理方面的冲突是儿童与其父母关系中的重要问题。以往的质性研究发现,对湿疹治疗的抗拒是儿童治疗依从性的重要障碍,因此,父母或照顾者会采用多种策略减少儿童对治疗的抗拒。① 然而,本研究中的儿童认为,他们父母所采取的策略,特别是那些带有强迫性的策略反而会让他们更加抗拒治疗。因此,本研究认为湿疹儿童与其父母之间关于疾病管理的冲突应从双方而非儿童一方进行解决。此外,以往的研究主要从父母的视角关注湿疹对亲子关系的负面影响。② 确实,除了在疾病管理上的重担,父母的育儿压力以及经济负担都可能进一步造成亲子关系紧张。然而,本研究还发现湿疹儿童获得的最大支持也是来自他们的家庭,尤其是他们的父母,父母的爱与支持在湿疹儿童的应对和适应疾病方面产生了积极影响。

在中国社会文化背景下,湿疹儿童的学业困难和父母对其学业表现的高期望是家庭环境中的另一个重要冲突,也是湿疹儿童疾病经历中的一个重要部分。中国古语有云,"万般皆下品,唯有读书高",儒家文化对学业成就的高度重视对中国社会影响至深。③ 中国儿童的高学业压力和父母对学业表现

---

① Santer M, Burgess H, Yardley L, et al. Managing childhood eczema: Qualitative study exploring carers' experiences of barriers and facilitators to treatment adherence [J]. Journal of advanced nursing, 2013, 69(11):2493-2501.

② i. Howells L M, Chalmers J R, Cowdell F, et al. "When it goes back to my normal I suppose": A qualitative study using online focus groups to explore perceptions of "control" among people with eczema and parents of children with eczema in the UK [J]. BMJ open, 2017, 7(11): e017731. ii. Mitchell A E, Fraser J A, Morawska A, et al. Parenting and childhood atopic dermatitis: A cross-sectional study of relationships between parenting behaviour, skin care management, and disease severity in young children[J]. International journal of nursing studies, 2016(64): 72-85.

③ Li M, Xue H, Wang W, et al. Parental expectations and child screen and academic sedentary behaviors in China[J]. American journal of preventive medicine, 2017, 52 (5): 680-689.

的高期望非常普遍。[1] 然而,这种现象在有湿疹儿童的家庭中可能更为复杂。一方面,由于皮肤瘙痒和睡眠障碍等,湿疹儿童比健康的同龄人遇到学业困难的风险更高[2];另一方面,有些家长认为,良好的学业表现能够抵消湿疹给儿童带来的负面影响。本研究发现,学业压力是湿疹儿童的一个重要外部压力源,儿童的学业困难和父母高期待之间的差距还可能加剧亲子关系紧张,成为他们皮肤状况恶化的重要推动力。

在学校和社区环境中,湿疹儿童常常遭受嘲笑、欺凌、孤立、歧视和污名,这些与人际关系相关的体验是将"罹患湿疹"从生理经历真正转变为社会心理创伤的重要原因。学校是处于学龄阶段湿疹儿童经历中的一个重要环境,然而大部分受访儿童认为学校充满了压力而非支持。在社区中,公众对湿疹这一疾病知识的缺乏和偏见是导致湿疹儿童遭遇不良社会关系的重要原因。[3] 尽管湿疹是一种非传染性的皮肤疾病,但害怕被传染的恐惧可能也会导致他人对患儿的排挤和歧视。社会文化对美丑的界定标准是另一个重要原因。在当今的中国社会中,光滑和白皙的皮肤常常被公众定义为美的关键标准[4],而严重的皮肤破损往往被认为是丑的,甚至是"肮脏"或"恶心"的。湿疹儿童明显的皮肤破损常常会引起外界对其外貌的负面评价和歧视,这些负面评价和歧视将"湿疹"这一生理性疾病变成了具有社会性意义的"丑陋象征"。当患儿认同并内化社会对美丑的界定标准后,会导致他们形成消极的

[1] Ma Y, Siu A, Tse W S. The role of high parental expectations in adolescents' academic performance and depression in Hong Kong[J]. Journal of family issues, 2018, 39(9): 2505-2522.

[2] Carroll C L, Balkrishnan R, Feldman S R, et al. The burden of atopic dermatitis: Impact on the patient, family, and society[J]. Pediatric dermatology, 2005, 22(3): 192-199.

[3] Ashwanikumar B P, Das S, Punnoose V P, et al. Interphase between skin, psyche, and society: A narrative review[J]. Indian journal of social psychiatry, 2018, 34(2): 99-104.

[4] Li E P H, Min H J, Belk R W. Skin lightening and beauty in four Asian cultures[J]. ACR North American advances, 2008(35): 444-449.

自我形象并产生强烈的自卑感。儿童的低自尊可能会进一步强化皮肤症状与情绪脆弱性之间的关联性,使得皮肤状况更加恶化,情绪更加糟糕。湿疹儿童在个人和环境层面遭遇的困难共同塑造一个孤独受伤的自我,进一步导致他们的社会隔离。在学校和社区环境中,患儿还承受着来自同学、老师以及邻里的歧视、排挤,以及污名化。不良的社会关系会导致患儿的情绪困扰和心理障碍,并把湿疹从一种生理疾病演变成患儿的创伤性经历。

湿疹儿童的应对方式可能并非自然选择,而是在特定的社会支持系统中发展和培养出来的。他们如何应对湿疹带来的困难和挑战似乎取决于他们是否能够在特定环境中获得充分的支持。在处理生理症状时,湿疹儿童更倾向于采用积极或适应性应对方式,这可能是因为他们可以在家庭环境中获得足够的支持。父母的支持起到了"脚手架"的作用,增加了儿童成功应对疾病相关挑战的潜力。然而,湿疹儿童在学校和社区面对人际关系问题时更倾向于采用消极的应对方式,这主要是因为他们在学校和社区环境中很少能够获得支持。值得注意的是,一些湿疹儿童在经历了长期的痛苦和挑战后,开始接受自己患有湿疹的事实,甚至实现了个人的成长。积极或成功的应对体验或经历可能是促进其个人成长的重要原因。

对于大多数湿疹儿童来说,在童年阶段与湿疹及其治疗的漫长共处所带来的挑战已经超出了他们这个发展阶段的应对能力。在社会心理干预之前的访谈中,绝大多数的受访儿童都表现出了明显的脆弱性,他们的生活被湿疹无情吞噬着。家长的支持以及与更有能力的同龄人的合作都成为"脚手架",激发了儿童内在潜力,帮助湿疹儿童应对疾病带来的挑战并且跨越"最近发展区",实现进一步的发展。如果儿童的内在能力和恢复力没有提高,"脚手架"可能无法工作。

二、本研究的局限性

本研究存在以下几个方面的局限性:第一,本研究可能存在抽样偏差。本研究的样本来自一个为期 6 周的针对湿疹儿童及家庭的社会心理干预项目。与拒绝参与这一社会心理干预项目的儿童相比,与父母一起报名参加的儿童与父母的关系可能更为融洽，且更可能从父母那里得到支持。因此，未来的研究有必要对生活在弱势家庭中的湿疹儿童投以更多的关注。第二，由于数据是由多个访谈员进行收集，访谈内容存在不一致。为提高访谈质量，本研究已采用多种方法减少这一局限性对研究结果的影响，包括为所有访谈员提供培训，使用统一且详细的访谈提纲，督导员与访谈员一起参与每一次访谈等。第三，本研究的数据分析主要基于儿童的口头表达而非画作，未来的研究可能需要对视觉资料进行分析。

第八节　对实践和研究的启示与建议

在儿童的主观疾病经历中，湿疹不单单是一种皮肤病，还是一系列困难的累积，包括皮肤症状、心理困扰、人际关系困难、学业压力、负面的身体形象、低自尊、日常生活中的限制以及父母传递的经济压力等等。在个人和环境层面，湿疹儿童都面临着多重困难叠加的风险。根据世界卫生组织的界定，"健康"已经不再局限于躯体上没有病痛，而是个人在身体、心理和社会层面的完满。[①] 我们需要将湿疹儿童视作一个完整的人，以整体的视角关注其"生物—心理—社会"的互动关系，通过综合的干预方法，满足他们的需求并改善他们的健康状况。针对湿疹儿童应实施多维度干预模式，既要增强其个体的内在能力，也需要在家庭、学校、社区层面构建支持网络，实现身体、心理和社会层面的完满。因此，本研究从儿童个体、家庭、学校、社区及社会等各层面提出如下建议。

在湿疹儿童个体层面上的干预或服务需要关注以下几点：第一，将针对皮肤症状的药物治疗作为湿疹管理的重要部分[②]，提高湿疹儿童对疾病和治

---

① World Health Organization. Constitution of the World Health Organization-Basic Documents，Forty-fifth edition，Supplement[R/OL].（2006-10）[2018-12-10]. https://www. who. int/governance/eb/who_constitution_en. pdf.

② Stein S L，Cifu A S. Management of atopic dermatitis[J]. JAMA，2016，315（14）：1510-1511.

疗的认知以及对药物治疗和皮肤护理的依从性至关重要。例如,一些最近发展起来的综合教育干预项目开始关注对湿疹儿童的教育,在原有对照顾者教育的基础上增加教授儿童患者应对与疾病相关的问题和挑战的技能,激发其自我疾病管理的能力。此外,身体健康有助于保持情绪稳定,在针对湿疹儿童的社会心理干预项目中可指导患儿进行适当的身体运动以调节情绪失衡。第二,在为湿疹儿童提供诊断及药物治疗时,医务人员应注意提供适当的心理疏导,例如详细告知病情、严重程度、预后、可能的治疗方法、副作用等,避免家属和患儿精神紧张。此外,儿童心理健康方面的专业人士应重视对湿疹儿童心理状况的评估,必要时可提供心理障碍的筛查,并积极推动将心理功能因素作为儿童湿疹疾病管理的一个部分[1],通过为湿疹儿童提供适合年龄及发展阶段的心理干预项目提高他们的情绪和心理健康,打破皮肤病症与心理障碍的恶性循环。第三,提高湿疹儿童自身的社交能力以及应对不良人际关系的能力也十分重要,特别是应对嘲笑、歧视、排斥、欺凌的能力,鼓励并帮助其积极地融入社交环境。第四,帮助湿疹儿童找到自己的核心角色,引导他们将自己的核心角色与湿疹区分开来,促进其自我接纳并以积极的心态面对自己及皮肤病症,这可能有助于帮助湿疹儿童发展积极的自我概念并适应环境。

在家庭层面上,解决冲突和突出资源同样重要。虽然湿疹给患儿与父母的关系造成了一些不良的影响,但父母和家庭是湿疹儿童获得物质和情感支持的重要来源。湿疹治疗的长期性和复杂性需要患儿与其父母的密切合作,来自父母的支持通常能够增加儿童成功应对疾病相关挑战的能力。良好的亲子关系不仅对患儿的身心健康至关重要,还是非药物干预项目成功的关键因素。[2] 因此,家庭层面的社会心理干预项目的一个重要目标应是将湿疹儿

[1] Bronkhorst E, Schellack N, Motswaledi M H. Effects of childhood atopic eczema on the quality of life[J]. Current allergy & clinical immunology, 2016, 29(1): 18-22.

[2] Scholten L, Willemen A M, Napoleone E, et al. Moderators of the efficacy of a psychosocial group intervention for children with chronic illness and their parents: What works for whom? [J]. Journal of pediatric psychology, 2015, 40(2): 214-227.

童与其父母之间的冲突转化为资源。例如,可以让父母和患儿共同参与干预项目,以平行小组的形式开展活动,结合教育成分和心理社会成分丰富干预服务的内容,通过为父母增能(如提供湿疹相关信息、教授护理技巧等)、提高父母的育儿信心和能力、减少其心理压力、增强他们理解患儿感受和回应患儿需求的能力等内容,缓解亲子关系中的冲突,并通过增加亲子积极互动、加强其相互理解的活动内容,改善亲子关系,为湿疹儿童构建家庭支持系统。

在学校层面上,老师如何对待湿疹儿童至关重要,不仅直接影响到患儿自身的心理健康,还间接影响到其他学生对患儿的态度。因此,注重对老师认知和行为的改变,与老师的合作可能是学校干预项目成功的关键。首先,向老师普及有关儿童湿疹的知识和信息,提高他们对这一疾病的认知,减少其自身对该疾病的偏见,并帮助他们认识到这一儿童群体在校园中的特殊需求;其次,提高老师甄别和处理校园欺凌的能力,明确他们在处理湿疹与同学不良关系中的重要角色和任务;最后,鼓励老师和学生分享有关湿疹的知识和信息,通过改善学生认知的方式为患儿营造支持性的校园环境。

在社区和社会层面上,大众对湿疹有限的或错误的知识以及对皮肤病患者的偏见会对湿疹儿童造成巨大的心理压力。因此,在社区及社会层面的干预应采取预防导向的策略,通过宣传教育提高社会对儿童湿疹这一疾病的关注,逐步改变大众对该疾病的认知和态度,鼓励以关爱与接纳取代排斥与疏离,为湿疹儿童营造友好型的社区和社会环境。

第九节　本章小结

本研究遵循"以儿童为中心"的研究范式,采用基于绘画的质性研究方法,放大了湿疹儿童的声音,从"儿童的视角"出发,描述了他们的主观疾病经历。迄今为止,湿疹儿童仍是一个代表性不足的群体,他们的需求没有得到关注。本研究增加了读者对湿疹儿童疾病经历的了解,弥补了这一研究领域的文献匮乏。这是首个从儿童主体经验层面全面描述湿疹儿童疾病经历的研究,也是首个充分考虑儿童的发展阶段与环境之间的联系,在家庭、学校和社区层面描述湿疹儿童面临的不同挑战以及可能获得的社会支持的研究。更重要的是,这项研究认识到湿疹儿童自我疾病管理的潜力,为针对这一群体的社会心理干预提供了新的视角。我们需要重新考虑如何与有生理健康问题的儿童合作,甚至向他们学习,而不仅仅是把他们当作被动的患者。本研究发现湿疹儿童可以通过合适的方式为自己发声,并就自身的疾病经历提供可靠资料。本研究建议今后的相关研究应重视儿童的话语权,明确儿童才是其身心健康状况的"专家"。将质性访谈和儿童绘画相结合的综合方法用于研究与儿童健康相关的主体经验是合适的,能为儿童领域的其他研究者提供实地研究方法上的借鉴。本研究的一个重要理论贡献是构建了湿疹儿童"生物—心理—社会"模式。这是一个"以儿童为中心"的理论模式,因为它是通过倾听儿童的声音,考虑儿童的发展阶段,并遵循"以儿童为中心"的研究范式所构建的;也是一个基于文化的理论模式,因为它考虑了中国的社会文化背景的影响;还是一种基于优势视角的理论模式,因为它强调儿童的内在潜力。这一模式有助于读者对湿疹儿童以及患有其他生理健康问题儿童的经历和福祉有新的理论认识。

第六章
湿疹儿童的自我污名：
质性资料的二次分析

大量的研究证据已经表明，湿疹对患者的心理健康以及人际关系都会造成不利的影响。[①] 学者们认为，湿疹儿童的自尊心较低，自我认同感存在问题。[②] 有学者进一步指出，湿疹儿童可能会在 3～10 岁之间经历同龄人的排斥和欺凌，并会在 10 岁至成年期间一直处于低自尊状态。[③] 尽管大量的研究强调湿疹的不良后果，但对于湿疹影响儿童心理和社会功能的路径知之甚少。最近的研究开始关注可见的皮肤症状以及受损的外表对湿疹患者心理

① i. Ghio D，Greenwell K，Muller I，et al. Psychosocial needs of adolescents and young adults with eczema：A secondary analysis of qualitative data to inform a behaviour change intervention[J]. British journal of health psychology，2021，26(1)：214-231. ii. Lee S，Shin A. Association of atopic dermatitis with depressive symptoms and suicidal behaviors among adolescents in Korea：The 2013 Korean Youth Risk Behavior Survey[J]. BMC psychiatry，2017，17(1)：1-11. iii. Xie Q W，Dai X，Tang X，et al. Risk of mental disorders in children and adolescents with atopic dermatitis：A systematic review and meta-analysis[J]. Frontiers in psychology，2019(10)：1773.

② Nguyen C M，Koo J，Cordoro K M. Psychodermatologic effects of atopic dermatitis and acne：A review on self-esteem and identity[J]. Pediatric dermatology，2016，33 (2)：129-135.

③ Chernyshov P. Stigmatization and self-perception in children with atopic dermatitis [J]. Clin cosmet investig dermatol，2016(9)：159-166.

社会负担的解释。① 例如有研究发现，罹患湿疹的成年人会表达自己需要长期忍受受损的外表、自我认知的威胁以及无助和孤立的感觉。② 患有湿疹的儿童因为其明显的皮肤症状，在学校和社区里常常受到歧视和欺凌。③ 个人的外貌对其个性和自我概念的形成和发展至关重要。与其他年龄段相比，儿童和青少年正处于对环境影响敏感的关键时期，可能更容易受到外貌受损的影响。④ 尽管如此，关于明显的皮肤症状如何影响患有湿疹或其他皮肤疾病儿童的心理和社会功能尚未得到充分的探索。本研究以湿疹儿童有关自我污名（self-stigma）的主体经验为切入点，探讨湿疹是如何通过儿童的自我污名对其心理和社会功能造成不利影响的。本章内容的英文版是笔者与梁祖荣博士合作完成并已发表，详情可参看该论文。⑤

第一节　公众污名与自我污名

一、污名与公众污名

污名（stigma）是社会建构的产物。戈夫曼（Goffman）认为，污名可以被

① i. Greener M. Eczema at school: More than skin deep[J]. British journal of school nursing, 2016, 11(5): 221-224. ii. Murray G, O'Kane M, Watson R, Tobin A M. Psychosocial burden and out-of-pocket costs in patients with atopic dermatitis in Ireland[J]. Clinical and experimental dermatology, 2021, 46(1):157-161.

② Gurkiran B, Michael L, Rebecca C K. A qualitative enquiry into the lived experiences of adults with atopic dermatitis[J]. European medical journal allergy & immunology, 2020, 5(1):78-84.

③ Xie Q W, Chan C L, Chan C H. The wounded self-lonely in a crowd: A qualitative study of the voices of children living with atopic dermatitis in Hong Kong[J]. Health & social care in the community, 2020, 28(3): 862-873.

④ Raabe T, Beelmann A. Development of ethnic, racial, and national prejudice in childhood and adolescence: A multinational meta-analysis of age differences[J]. Child development, 2011, 82(6):1715-1737.

⑤ Xie Q W, Liang Z R. Self-stigma among children living with atopic dermatitis in Hong Kong: A qualitative study[J]. International journal of behavioral medicine, 2022(29): 775-786.

理解为"个体名誉受到严重败坏的一种属性"①。污名是社会规则或秩序建构出来的越轨标签,当个体拥有这种属性或标签时就可能成为社会中的污点成员。② 林克(Link)与费伦(Phelan)从制度和文化的视角对污名进行了解释,认为污名是被贴标签或刻板印象的过程。③ 科里根(Corrigan)则进一步指出了公众污名(public stigma)的 3 个组成部分:刻板印象、偏见和歧视。④疾病与污名常常如影相随,与疾病相关的污名也被称为病耻感。既有研究认为,污名与慢性皮肤病患者的心理社会负担密切相关。⑤ 污名不仅使个体承受更多的心理痛苦,还严重影响患者对疾病的诊疗,阻碍其生存与发展。⑥可视的皮肤症状和受损的外貌可能会导致偏见和歧视,这种偏见和歧视认为患者自身应为他们的疾病负责,进一步增加了公众对皮肤病患者的厌恶。⑦

---

① Goffman E. Stigma: Notes on the management of spoiled identity[M]. New York: Simon & Schuster, 1963: 3.

② i. Ainlay S C, Becker G, Coleman L M. The dilemma of difference: A multidisciplinary view of stigma[M]. New York: Plenum, 1986. ii. Kurzban R, Leary M R. Evolutionary origins of stigmatization: The functions of social exclusion [J]. Psychological bulletin, 2001, 127(2): 187-208.

③ Link B G, Phelan J C. Conceptualizing stigma[J]. Annual review of sociology, 2001: 363-385.

④ Corrigan P. How stigma interferes with mental health care [J]. American psychologist, 2004, 59(7): 614-625.

⑤ i. Bennis I, Thys S, Filali H, et al. Psychosocial impact of scars due to cutaneous leishmaniasis on high school students in Errachidia Province, Morocco[J]. Infectious diseases of poverty, 2017, 6(1): 1-8. ii. Germain N, Augustin M, François C, et al. Stigma in visible skin diseases—A literature review and development of a conceptual model[J]. Journal of the European academy of dermatology and venereology, 2021, 35(7): 1493-1504.

⑥ 郭金华. 与疾病相关的污名——以中国的精神疾病和艾滋病污名为例[J]. 学术月刊,2015,47(7):105-115.

⑦ i. Hrehorów E, Salomon J, Matusiak L, et al. Patients with psoriasis feel stigmatized[J]. Acta dermato-venereologica, 2012, 92 (1), 67-72. ii. Topp J, Andrees V, Weinberger N A, et al. Strategies to reduce stigma related to visible chronic skin diseases: A systematic review[J]. Journal of the European academy of dermatology and venereology, 2019, 33(11): 2029-2038.

特别是当社会文化将光滑和白皙的皮肤视为美的标准时，患有慢性皮肤病的个体更有可能会成为公众污名的目标对象。①

二、自我污名

当被贬低的人感觉到公众对他们的污名并认可这种污名时，进一步产生相关的负面情绪、信念和行为，自我污名就会发生。② 先前的研究表明，患有牛皮癣和葡萄酒色斑这类具有明显症状的皮肤病的病人常常感到很自卑。③ 有研究指出，与皮肤病患者的自我污名相关的因素，包括皮肤受损的严重程度、患者对皮肤病的认识以及对自身健康状况的感知等。④ 一些研究还报告了自我污名对患有明显皮肤病的成人和儿童个人心理和社会功能的危害，包括心理或精神障碍、较低的生活质量以及较高的自杀意念等。⑤

相较于成年人，儿童和青少年对病耻感可能表现出不同的反应，甚至在自我污名方面也可能有着不同的表现。有研究指出，儿童似乎更倾向于保护

---

① i. Li E P H，Min H J，Belk R W. Skin lightening and beauty in four Asian cultures [J]. ACR North American advances，2008(35)：444-449. ii. Wu J H，Cohen B A. The stigma of skin disease[J]. Current opinion in pediatrics，2019，31(4)：509-514.

② Corrigan P W，Watson A C. The paradox of self-stigma and mental illness[J]. Clinical psychology：Science and practice，2002，9(1)：35-53.

③ i. Alpsoy E，Polat M，Fettahlıo Glu-Karaman B，et al. Internalized stigma in psoriasis：A multicenter study[J]. The journal of dermatology，2017，44(8)：885-891. ii. Wanitphakdeedecha R，Sudhipongpracha T，Ng J N C，et al. Self-stigma and psychosocial burden of patients with port-wine stain：A systematic review and meta-analysis[J]. Journal of cosmetic dermatology，2021，20(7)：2203-2210.

④ Alpsoy E，Polat M，Yavuz I H，et al. Internalized stigma in pediatric psoriasis：A comparative multicenter study[J]. Annals of dermatology，2020，32(3)：181-188.

⑤ i. Bennis I，Thys S，Filali H，et al. Psychosocial impact of scars due to cutaneous leishmaniasis on high school students in Errachidia Province，Morocco[J]. Infectious diseases of poverty，2017，6(1)：1-8. ii. Corrigan P W，Watson A C，Barr L. The self-stigma of mental illness：Implications for self-esteem and self-efficacy[J]. Journal of social and dlinical psychology，2006，25(8)：875-884. iii. Watson A C，Corrigan P，Larson J E，et al. Self-stigma in people with mental illness[J]. Schizophrenia bulletin，2007，33(6)：1312-1318.

自己不受污名的影响,并对污名有更强的抵抗力。① 但值得注意的是,自我污名可能会对儿童构成独特的危险,因为它会潜移默化地对儿童自我认同感的形成产生影响。② 既有研究常使用量化方法来调查儿童自我污名的状况。例如已有研究对患有牛皮癣以及患有癫痫的儿童的自我污名状况进行了探索。③ 然而,湿疹儿童有关自我污名的主体经验尚未有研究。这些儿童如何应对公众污名以及他们的湿疹症状如何进一步影响其自我污名仍不清楚。尽管定量研究在确定儿童自我污名的强度和探索相关后果方面具有一定的优势,但这种方法在理解儿童有关自我污名主体经验的复杂性上具有局限性。因此,需要倾听湿疹儿童的声音并通过分析"以儿童为中心"的质性资料予以探索。④

三、自我污名的"生物—心理—社会"模式

本研究基于"认知—情感—行为"(cognitive-affective-behavioral,CAB)模式从理论层面理解湿疹儿童自我污名的主体经验。"生物—心理—社会"模式最初用以理解公众污名⑤或少数群体的自我污名⑥,例如精神病患者或

① Kranke D A, Floersch J, Kranke B O, et al. A qualitative investigation of self-stigma among adolescents taking psychiatric medication[J]. Psychiatric services, 2011, 62 (8): 893-899.

② Konradi A. Stigma and psychological distress among pediatric participants in the FD/MAS Alliance Patient Registry[J]. BMC pediatrics, 2021, 21(1): 1-10.

③ Austin J K, Perkins S M, Dunn D W. A model for internalized stigma in children and adolescents with epilepsy[J]. Epilepsy & behavior, 2014(36): 74-79.

④ Murphy G, Peters K, Wilkes L, et al. Adult children of parents with mental illness: Navigating stigma[J]. Child & family social work, 2017, 22(1): 330-338.

⑤ i. Corrigan P W. Mental health stigma as social attribution: Implications for research methods and attitude change[J]. Clinical psychology: Science and practice, 2000, 7 (1): 48-67. ii. Corrigan P, Markowitz F E, Watson A, et al. An attribution model of public discrimination towards persons with mental illness[J]. Journal of health and social behavior, 2003, 44(2): 162-179.

⑥ Pachankis J E. The psychological implications of concealing a stigma: A cognitive-affective-behavioral model[J]. Psychological bulletin, 2007, 133(2): 328-345.

艾滋病患者等。具体而言，"认知—情感—行为"模式将自我污名的概念分为认知、情感和行为 3 个方面。[①] 该模式表明，自我污名化的个体由于对公众污名的认可和内化，往往在认知层面上将自己视为低人一等、无能和不值得的，伴随着自我挫败感的刺激以及与污名相关的负面情绪，如悲伤、羞愧和愤怒等，进一步导致诸如自我贬低、自我孤立、社交退缩和回避等行为。因此，"生物—心理—社会"模式从认知、情感和行为 3 个方面交叉的角度为我们提供一个理论框架来理解湿疹儿童的自我污名。此外，该模式还指出，自我污名应该被理解为被污名化的人对公众污名的其中一种可能的反应。[②] 也就是说，个体对公众污名也可能有其他形式的反应。

第二节　质性资料二次分析的方法与过程

一、研究目的和研究设计

本研究的主要目的是更好地了解湿疹儿童自我污名的主体经验。具体来说，本研究有以下 3 个具体的研究目的：第一，描述湿疹儿童群体自我污名主体经验的表现；第二，探讨影响湿疹儿童自我污名主体经验的因素；第三，从自我污名的角度探讨湿疹影响儿童心理和社会功能的潜在机制。本研究认为湿疹儿童有关自我污名的主体经验是其整体疾病经历的一部分，因此本研究对以探索湿疹儿童疾病经历为目的而收集的质性资料进行二次分析。该质性研究详细的方法和流程见本书第五章。本研究选取对 17 名湿疹儿童第一次访谈中的质性资料进行分析，他们的社会人口学信息详见表5.2。

---

① Mak W W S, Cheung R Y M. Self-stigma among concealable minorities in Hong Kong：Conceptualization and unified measurement［J］. American journal of orthopsychiatry，2010，80(2)：267-281.

② Corrigan P W，Watson A C. The paradox of self-stigma and mental illness［J］. Clinical psychology：Science and practice，2002，9(1)：35-53.

二、数据分析

本研究采用主题分析法(thematic analysis)①对转录后的文本资料进行二次分析,数据由 NVivo 12 软件进行管理和分析。研究人员首先阅读并熟悉整个数据库。接着,在"生物—心理—社会"模式的基础上,研究人员建立了一个包含湿疹儿童自我污名认知、情感和行为表现的编码框架,并据此对文稿进行演绎编码。与此同时,通过开放编码策略,更多的代码被开发出来,并被归纳为主题。通过这种演绎和归纳过程对最初的编码框架进行修改。随后,另一位研究人员根据此编码本对文稿进行了演绎编码。通过讨论解决两名研究者在编码上的分歧并进一步完善形成最终的编码本(见表 6.1)。

表 6.1　质性资料二次分析的编码本

主题	意义单元(代码)
主题 A:自我污名的认知	
a. 内化有关湿疹的错误认知	1. 可怕的印象
	2. 负面的形象
b. 将不愉快的经历归因于湿疹	1. 旅行受限
c. 消极的自我意识	1. 自丑与自憎
	2. 厌恶自己的皮肤
	3. 自卑感

① Braun V,Clarke V. Using thematic analysis in psychology[J]. Qualitative research in psychology,2006,3(2):77-101.

续表

主题	意义单元(代码)	
主题 B:自我污名的情绪		
	1. 愤怒	
	2. 悲伤	
	3. 尴尬	
	4. 羞愧	
	5. 不公平感	
主题 C:自我污名的行为		
	1. 自我隔离	
	2. 社交退缩	
	3. 社交回避	
主题 D:湿疹显性症状的影响		
a. 歧视	1. 排斥	
	2. 隔离	
b. 欺凌	1. 言语欺凌	
	2. 肢体欺凌	
主题 E:湿疹隐性症状的影响		
a. 瘙痒	1. 皮肤损伤	
	2. 睡眠障碍	
	3. 干扰学习	
b. 湿疹的其他特点	1. 长期性	
	2. 复发性	
主题 F:湿疹管理的影响		
a. 药物治疗	1. 疼痛	
	2. 不舒服	
	3. 矮小	

续表

主题	意义单元(代码)
b. 父母介入	1. 父母对搔抓的批评
	2. 父母对药物使用的干预
主题 G:对公众污名的其他反应	
a. 认知	1. 否认
	2. 重新解释
b. 情感	1. 漠不关心
	2. 平静
c. 行为	1. 抵抗姿态
	2. 正常生活

第三节　影响湿疹儿童自我污名的疾病特征

一、显性症状的影响

由于明显的皮肤症状,大多数受访儿童表示在学校里遭受过同学的歧视、排斥和孤立。例如,E02 讲述了她因患有湿疹被同学排斥的经历:"再小一点的时候,一年班的时候,那些同学因为我的湿疹就走开。我觉得湿疹又不会传染你,有些时候就不明白,有些时候就生气,不开心,有时想哭。每一次我走到一个同学身边,可能是排队或者早会,他就闪开,1 米距离、2 米距离。"C15 也描述了他在学校中受到同学孤立的经历:"因为二年班那个时候太严重,所以没有人跟我玩,因为全身有些皮。见到走楼梯上课室的时候,有些讨厌我的人,见到我就特地说病毒这些。同学,仇人,因为仇人才会这样说,或者有些女孩贪靓,不贪靓的就会和我玩,怕的有些和我坐在一起的时候都会腾开点,有的就特意整我,有些皮要掉,他就特意去抓下来。"一些受访儿童报告说,明显的皮肤症状和受损的外貌使得他们在学校经常受到言语和身体上的欺凌。例如 C14 在访谈中抱怨她在学校时因皮肤脱落而被人辱骂:"有一个男同学经常叫我作阿婆,说我这么多头皮还不是阿婆。不开心。还有些人说我牛皮癣、艾滋病、麻风病这些。所以我平时不喜欢和同学玩，不敢走过去，因为有时候我走过去，一个两个避开我。"B06 描述了在他学校午休时被同学嘲笑的情景："指着我来笑，我跪在那里，我跪在地上。"

二、隐性症状的影响

反复强烈的瘙痒作为湿疹的主要隐性症状，不仅直接引起参与者的焦虑和压力，而且还对他们的睡眠质量和学习成绩产生了负面影响，间接导致他们的负面情绪。例如 G16 描述他晚上难以入睡导致疲倦的经历："睡觉动来动去，会踢自己，凌空打下去，凌空这样……我睡不着。我想睡觉，不过睡不了。很累。"K07 讲述她在考试的时候皮肤瘙痒引起的难受体验："考着试，突然之间很痒，然后就一直抓。超难受。"瘙痒这一隐性的皮肤症状会引起儿童不受控制地搔抓，并进一步导致皮肤损伤，加剧或形成显性的症状。正如 D08 所说："我会忍住。但是都会有忍不住的，然后就抓了。就损了。就是很痒很痒，然后就抓损了。"隐性症状到显性症状的转变也会导致歧视和校园欺凌。

此外，一些参与者抱怨并表达了对湿疹的慢性和复发性的绝望。C15 原本以为自己的湿疹很快就会好，可是后来病情总是反反复复，以至于现在他觉得湿疹会跟着他一辈子："觉得应该会很快好的，之后就等了很久。就说很快好的，小事而已，人人都有的，之后发觉越来越严重。不是一天比一天，通常都是很频繁，总之好像差不多一天比一天，但是又不是一天比一天差，就是有了之后，有时候第二天好点，第三天又差点，之后越来越差这样。那个时候都觉得会很快没事，但太严重的时候，就知道肯定不会很快没事的，应该一辈子都会跟着。"H09 也认为湿疹将"永远会是这样"。湿疹已经成为 G12 的"长期记忆"，正如他所述："这个病会粘在皮肤上，走来走去它都是在的，不论你去哪里都要带着它。"漫长而反复的病情让许多受访儿童满腹怨言并深感绝望。

三、皮肤管理的影响

药物治疗通常会引发儿童对湿疹的负面认知和情绪。在皮肤伤痕上涂抹药膏会给儿童带来疼痛和不适。正如 K07 说的那样:"因为我被妈妈搽药膏,全身都是油,沾湿这些衣服。"D02 描述说:"痛苦的湿疹,就是我搽这个药膏,疤在这里湿疹超痛的。"一些受访儿童甚至认为药物治疗具有副作用。例如 C15 对使用含有类固醇的药膏让他变得矮小感到非常不安。儿童对湿疹的负面认知和情绪也源于他们的父母对其皮肤管理的介入。他们中的一些人说,父母经常在他们搔抓的时候责怪他们,甚至殴打他们,有些父母强迫他们的孩子涂药膏。与父母在湿疹管理问题上的冲突让孩子们感到难过、恼火和愤怒。就像 E02 所描述的:"因为有时候我抓或者不肯搽药膏不肯润肤这样,就会争执。(妈妈)逼我搽,就会有吵架的时候。我不抓很不舒服,我有时候和爸爸说,其实这个和有湿疹的人说基本上是废话,叫我不要抓的时候,他感觉不到就不会明白。他感觉不到我的痒。人家叫我不要抓,但是自己又会很想,很痒的。"H08 也说道:"他们不知道我有多痒,我都不想抓的。不停用方法叫我不要抓。有时候就会骂我。他(爸爸)发完脾气,我整晚不理他。他发完脾气一分钟之内会跟我说对不起,不过我要不理他整晚上。说我抓坏了就不好了。很不开心,想骂回他。我这个,你又不知道我有多辛苦,只会叫我不要抓不要抓。"一些儿童产生了绝望的感觉,他们觉得没有人理解他们的感受,甚至连他们的父母也不理解。

第四节　湿疹儿童的自我污名体验

在"生物—心理—社会"模式的基础上,本研究详细描述了湿疹儿童自我污名的认知、情感和行为表现。除了内化公众污名,本研究还报告了受访儿童的其他认知、情感和行为方面的反应。

一、自我污名的认知

在认知层面上,受访儿童有关自我污名的主体经验主要表现为内化对湿疹的负面看法、将不愉快经历归因到湿疹上以及自我否定。一些湿疹儿童已经内化了公众对湿疹的负面看法,也认为湿疹是"糟糕的""肮脏的""丑陋的"。例如,H09 认为湿疹是像怪物一样的细菌。C15 提道:"二年班那个时候太严重，全身有些皮，很恶心。"E02 在画作中将她有湿疹的手画成了咖啡色，她解释道："可能我的手也是黑黑的，而且菌通常不是好东西，就是肮脏，肮脏就给你一种咖色或者灰色，不是太干净。"受访儿童还倾向于将他们不愉快的经历与湿疹联系起来。例如，G12 认为他不被允许乘坐飞机或到香港以外的地方旅行的原因是他的"皮肤可能会出水和出血"。由于被试认为湿疹具有威胁性，拒绝接受湿疹作为自身的一部分，这进一步影响了他们的自我概念。G12 报告说，由于他的皮肤引起了其他人的过度反应，他感到非常自卑："出血的时候会觉得很难看，自己觉得难看，不想别人看到，所以经常穿着长袖，不过有时候是因为冷，不一定是为了遮住。因为人家看到我会被吓到，有很多次了。7月去书展，坐下看，然后有两母女走过来看到我，好像见到鬼一样，立刻跑了。尴尬，好想正常的皮肤，不想被人笑……林××，他一见到我好像见到鬼一样。因为我的皮肤。如果我皮肤是正常的话，他就不会觉得怎么样。要弄好一点皮肤。就是想弄好一点，下次再见到我的时候不会这样。就是我弄好，人家见到我漂漂亮亮，就好点。"他们表达了对自己皮肤的厌恶，认为自己丑陋、肮脏、恶心，就像 K07 说的那样："我一直讨厌自己的皮肤，羡慕没有湿疹的同龄人。"消极的自我意识也反映在他们的自卑感上，引发无能为力的感觉。一些受访儿童经常将自己与其他人进行不利的比较，感觉自己在生活的各个方面都不如其他人，例如在运动、学习和绘画方面。总体而言，参与者认为自己是受害者，并认为他们的生活因湿疹而变得"非常悲惨"。

二、自我污名的情绪

参与者的自我污名情绪主要表现为内化公众污名后对特应性皮炎和自身的一系列负面情绪，如悲伤、愤怒、尴尬、羞耻和不公平。他们将自己的歧视经历归因于患有特应性皮炎，而负面情绪的产生则是因为经历了公众的污名，并进一步将刻板印象和歧视应用于自己身上（即自我污名）。一些参与者容忍了他们在学校经历的歧视，但当他们回到家感到委屈时，他们就会立即发脾气。例如 E02 描述了她的经历："我当没事发生，但是回到家我就不知道为什么和妈妈发脾气，很不开心很生气。其实小小事，妈妈吃饭的时候撞到我,或者我筷子跌落地,我就有机会发脾气不肯吃饭。有个同学每天都打我一捶,虽然不是很大力,不是很痛,但是心里面会很痛,同学而已,不用这样打我吧,我妈都不会这样打我,为什么他会?然后我回到家就发脾气,很不开心,然后之后每晚都发脾气。"一些参与者表示,由于社区其他居民的误解和过度反应,他们感到沮丧和尴尬。C14说:"之前和一个朋友,和他妹妹,就在公园里玩,有个大叔带着他的女儿在公园玩,他就说,靓妹,你出疹就不要过来玩,都不知道是不是艾滋病,不要惹到人啊,我那个时候就说因为我很热就拉高了衣服,他就这样说我。然后我就哭着找妈妈,妈妈就很生气和他骂,什么什么叫艾滋病,湿疹都不认识,真是没常识。很不开心,不喜欢被人说,没想到自己在那里玩都要被人说。"

羞耻感反映在参与者努力隐藏他们受损的皮肤,以免被其他人注意到。就像C14说的:"因为湿疹搞到我不敢穿短袖衫,所以画里特意画了短袖,然后露两只手出来。穿不了(短袖衫)。很痛,风吹到伤口很痛,还有不喜欢被人看到。"一些受访儿童表达了不公平的感觉,他们想知道为什么是他们而不是别人患上湿疹。例如A12说:"觉得很难受,有时候觉得为什么别人没有,而我有。"C14说:"很讨厌自己有这个东西,觉得老天很不公平,为什么要我有这些,考试成绩这么好,但是为什么要这样对我?"

三、自我污名的行为

一些参与者表现出内化公众污名的行为,包括自我隔离、社会退缩和社会回避。当他们面临歧视时,他们孤立自己,避免与他人交往。例如,B05说:"好难受。被人排斥的。通常是自己一个人吃的。然后同学就会他们吃。"在学校总是感到孤独。因为皮肤状况,很多儿童也避免参与体育运动或者户外活动。H08抱怨说:"我很少去户外玩运动。我最后一次游泳是在我三岁的时候,现在我已经忘了怎么游泳了,很不开心。"

在受访儿童中,C14的自我污名行为似乎是最突出的,可能是因为她的皮肤状况是所有儿童中最严重的。C14因感觉受到了学校同学和老师的排斥而表现出社交退缩,拒绝参加班级的聚会,她描述了一次班级聚会的经历:

"还有试过有人说我生麻风病,说我生牛皮癣,叫我不要来上课。连老师都是这样问我,你有没有洗头的,这么多头皮?不想再去学校。六年班那个,有个群组,有教过我们的老师,说出去吃饭,有些同学都是很好的,他们本来想去日式房,就说不好意思,因为我不可以去日式房,可不可以转一转,这些同学都说好,那我们迁就一下你,我们都没试过出去吃饭,第一次迁就一下你。但是老师就找了一间日式的铺,那天我是没有去的。不开心了。然后有个同学说 sorry,没有遇到你。我立刻退出那个群,不想再对着那些同学。有几个同学试着加我进去,我一而再再而三退。"C14 不仅拒绝与同学和老师互动,而且她也避免去亲戚家,拒绝与他们联系:"有时候我是不敢去他家,因为他太爱干净,我有一点点皮屑都会和奶奶说。是他和奶奶说了之后,奶奶再和我说,下次不要再在姑姑那里抓,姑姑、姑丈不喜欢。我不会再去他们家里。"C14 的行为不仅表明了她对外界歧视的厌恶,也反映了她对这种歧视的认同和内化。

四、对公众污名的其他认知、情感和行为反应

与内化公众污名并发展出自我污名相比,一些受访儿童对湿疹相关的公众污名表现出不同的认知、情感和行为反应。他们试图使用不同的策略来抵制偏见和歧视,包括在认知层面上的否认和重新解释,在情感层面上的冷静和不在意的反应,以及在行为层面上的对抗性姿态或是坚持过正常的生活。当听到湿疹是"肮脏的东西"的偏见时,E02 首先在认知层面上断然否认并且说"我真的想骂回去,因为我不脏。他更脏!"她还试图重新解读她所经历的公众污名并原谅那些过去在学校排斥和歧视她的同学。正如她所说:"可能当时的同学小,不明白,现在就 OK,我现在理解了(他们的行为)。"一些受访儿童试图反思并看到患有湿疹积极的一面。例如 G12 所说:"会令自己坚强一点的。有正面有反面,好像钱币一样正反两面。正面就是令我坚强一点,告诉有湿疹的人,你一定会好的,还有一定要戒口,才会好。"

在情感层面上,有几位受访儿童表示,他们现在对其他人的评价"无所谓"或者已经"习惯了"。当问及 A12 如何回应人们对她皮肤的疑问时,她说:

"我说我天生有湿疹这样。没什么所谓的,就是人家觉得奇怪,没有什么所谓。"面对同学表现出来的反感,E02 说:"不会有其他感受,我觉得都可以接受的,听惯了。"她表现出不在意的情感反应。

在行为层面上,一些受访儿童对歧视和欺凌表现出反抗的姿态。例如,C15 说尽管会受到老师的责骂,他也强烈抵抗同学的歧视:"由得他讲,有时候讲得太过分就打他。所以经常被老师骂。如果有些老师很坏的,就一起造反。"湿疹儿童经常面对一种刻板印象,认为他们的皮肤状况不适合参加体育锻炼。然而,有几名参与者尽自己最大努力去过"正常"的生活,并证明了他们的运动能力,以回应公众污名。例如,H20 表示,尽管夏天经常出汗影响了她的皮肤状况,但作为一名运动爱好者,她仍然坚持锻炼:"跳绳后(最痒),不过参加跳绳校队,没办法都是会出汗。要参加比赛。"这些儿童以实际行动反抗着社会对湿疹患者的刻板印象。

第五节　湿疹儿童自我污名的"认知—情感—行为"模式

本研究以"认知—情感—行为"模式为基础,为解释湿疹儿童复杂的自我污名主体经历构建了理论框架。虽然既有研究对皮肤病患者的自我污名及其不良影响有了一定的探索,但有关他们自我污名的主观体验并没有得到足够的研究关注。本研究的发现强调湿疹儿童发展出具有认知、情感和行为表现的自我污名,将"认知—情感—行为"模式的应用扩展到儿童皮肤病研究领域。此外,这项研究的结果通过结合对湿疹症状及其管理的分析,并考虑儿童内化公众污名的途径,进一步发展了"认知—情感—行为"模式。如图 6.1 所示,本研究从自我污名的视角提出了湿疹影响儿童的心理和社会功能的潜在机制,并强调在研究罹患生理健康问题个体自我污名的主体经历时,既需要考虑疾病本身的症状和特征,也需要考虑受污名化的个体所处的外部环境。

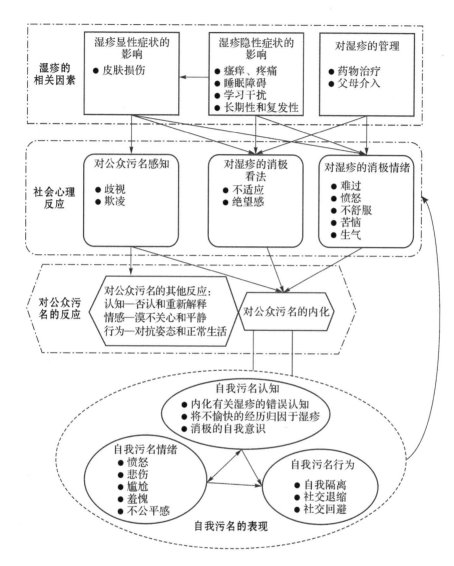

图 6.1 湿疹儿童自我污名的"认知—情感—行为"模式

　　首先,湿疹的相关症状,包括显性的症状、隐性的症状以及湿疹的管理方式等都对儿童自我污名的主体经历有重要的影响作用。湿疹的显性症状可能会使儿童在学校和社区中受到歧视和欺凌,构成公众对他们的污名。隐性的症状和管理方式通过固化对湿疹的负面认知和情绪加强了儿童对公众污名的内化,加深了他们的自我污名。具体而言,瘙痒直接导致儿童的身心不适,而湿疹的慢性和复发性等特征不断地提醒儿童疾病的存在,挥之不去,难以摆脱。此外,"瘙痒—搔抓"的恶性循环可能会导致皮肤进一步破损,从而将隐性的症状(瘙痒)转化为显性的症状(皮损),引致公众污名。在湿疹的管理中,药物治疗可能会带来疼痛和不适感,从而导致儿童拒绝治疗并引发他们的负面情绪。除此之外,为了防止儿童过度搔抓并确保其对治疗的依从性,父母通常会介入孩子的湿疹管理。但他们严厉的介入方式,如斥责儿童搔抓或强迫他们治疗等,经常会造成与儿童的冲突,导致儿童对湿疹产生更加负面的认知和情绪。

其次,在"认知—情感—行为"模式的基础上,自我污名主体经历表现在认知、情感和行为3个方面,这3个方面共同存在且相互联系。具体来说,湿疹儿童的自我污名认知可能会在他们面对公众污名时引发负面情绪和一系列自我污名行为。当湿疹儿童也认同公众污名的结果并对自己产生偏见和歧视时,他们会表现出负面情绪并展现出一系列的自我污名行为。此外,儿童的自我污名情绪也会强化他们的自我污名认知和行为。一些儿童(例如A12、E02、G12和C15)对公众污名表现出既内化又抵抗的双重反应,这表明在湿疹儿童自我污名的发展过程中也可能伴随着对污名的抵抗。

最后,本研究强调在湿疹对儿童的社会和心理功能造成负担的机制中,自我污名发挥着关键作用。具体而言,如果儿童内化了公众污名,可能会发展出自我污名,而湿疹的症状和治疗导致的负面心理和社会反应可能会加强他们对污名的内化。反过来,因为儿童对湿疹的负面认知和情绪被放大,他们的自我污名会进一步损害其心理和社会功能。此外,湿疹儿童一系列的社交退缩和回避行为表明,他们的人际关系也受到了严重的影响。所有这些因素都解释了湿疹儿童的自卑会造成更深层次的心理和社会负担。

第六节　疾病症状和社会文化共同作用下的自我污名

一、显性和隐性的疾病症状在影响自我污名经历上的差异

与先前的研究一致,有明显症状的皮肤病会使得患者成为公众污名中的

弱势对象。① 本研究发现湿疹儿童常常因其可见的皮肤症状而受到歧视，并在学校遭受言语和身体欺凌。在中国乃至整个东亚的社会，白皙光滑的皮肤被认为是美丽的重要标准。② 中国有句俗话，"一白遮三丑"。在此社会文化背景下，出现皮肤症状和损害更有可能被视为"不正常的属性"③，从而产生对患者的贬低性评价。尤其对于儿童患者，他们正在经历成长的关键时期，会更多地关注他人的评价，对公众污名更为敏感。④ 学校生活参与占据了儿童日常生活的很大一部分，在那里儿童受损的外表可能会被同学和老师察觉到，明显的皮肤症状会增加儿童遭受歧视和欺凌的风险。跟其他隐性的疾病不同，儿童难以掩饰显性的皮肤症状，湿疹的皮损特征会直接将儿童暴露在公众的污名之下，而公众的污名将被儿童内化，成为他们自我污名的来源。

本研究还强调了湿疹隐性症状以及治疗方式在强化儿童内化公众污名过程中的重要作用，这一点在以往研究中很少被讨论。长期的夜间瘙痒是湿

① i. Germain N，Augustin M，François C，et al. Stigma in visible skin diseases——A literature review and development of a conceptual model[J]. Journal of the European academy of dermatology and venereology，2021，35（7）：1493-1504. ii. Wu J H，Cohen B A. The stigma of skin disease[J]. Current opinion in pediatrics，2019，31（4）：509-514.

② i. Li E P H，Min H J，Belk R W. Skin lightening and beauty in four Asian cultures [J]. ACR North American advances，2008（35）：444-449. ii. Xie Q W，Chan C L，Chan C H. The wounded self-lonely in a crowd：A qualitative study of the voices of children living with atopic dermatitis in Hong Kong[J]. Health & social care in the community，2020，28（3）：862-873.

③ i. Ainlay S C，Becker G，Coleman L M. The dilemma of difference：A multidisciplinary view of stigma[M]. New York：Plenum，1986. ii. Kurzban R，Leary M R. Evolutionary origins of stigmatization：The functions of social exclusion [J]. Psychological bulletin，2001，127（2）：187-208.

④ Raabe T，Beelmann A. Development of ethnic，racial，and national prejudice in childhood and adolescence：A multinational meta-analysis of age differences[J]. Child development，2011，82（6）：1715-1737.

疹的一个重要特征,其生理机制和心理后果已被深入探讨。[①] 湿疹的慢性和复发性特征一直是儿童患者面临的主要问题。[②] 学者们还指出了湿疹的管理如何导致患者和照顾者之间的冲突。[③] 然而,很少有研究将湿疹的隐性症状以及治疗方式与儿童的自我污名经历联系起来。本研究重新关注了这些因素并探索了它们与儿童自我污名的联系。与使儿童直接暴露在公众污名下的可见皮肤症状明显不同,不可见的皮肤症状对儿童自我污名的影响更为复杂和内隐。

二、重视"苦难"的信仰体系和社会文化中形成的抵抗

本研究发现一些湿疹儿童对于公众污名可能有不同的认知、情绪和行为反应。换言之,有些儿童可能会抵抗公众污名而不是内化污名。这个研究结果与先前研究强调的一致,即自我污名并不存在于每个受到同样贬损的个体中。[④] 儿童其他的回应方式也反映了他们抵抗公众污名的强烈愿望和内在

① i. Boozalis E, Grossberg A L, Püttgen K B, et al. Itching at night: A review on reducing nocturnal pruritus in children[J]. Pediatric dermatology, 2018, 35(5): 560-565. ii. Mollanazar N K, Smith P K, Yosipovitch G. Mediators of chronic pruritus in atopic dermatitis: Getting the itch out? [J]. Clinical reviews in allergy & immunology, 2016, 51(3): 263-292.

② Matterne U, Schmitt J, Diepgen T L, et al. Children and adolescents' health-related quality of life in relation to eczema, asthma and hay fever: Results from a population-based cross-sectional study[J]. Quality of life research, 2011, 20(8): 1295-1305.

③ i. Mooney E, Rademaker M, Dailey R, et al. Adverse effects of topical corticosteroids in paediatric eczema: A ustralasian consensus statement [J]. Australasian journal of dermatology, 2015, 56(4): 241-251. ii. Santer M, Burgess H, Yardley L, et al. Managing childhood eczema: Qualitative study exploring carers' experiences of barriers and facilitators to treatment adherence[J]. Journal of advanced nursing, 2013, 69(11): 2493-2501.

④ i. Corrigan P W, Watson A C. The paradox of self-stigma and mental illness[J]. Clinical psychology: Science and practice, 2002, 9(1): 35-53. ii. Mak W W S, Cheung R Y M. Self-stigma among concealable minorities in Hong Kong: Conceptualization and unified measurement[J]. American journal of orthopsychiatry, 2010, 80(2): 267-281.

力量。[①] 对于一些儿童，湿疹并不全是负面的。他们试图重新诠释苦难经历，这显示了他们面对困难时的信仰。在中国文化中，儒、释、道 3 种主要信仰体系都主张苦难和逆境并非绝对坏事，并强调坦然接受而不是加以控制。[②] 中国哲学强调一个人经历磨难后才会有成长。因此，在中国文化下成长起来的一些儿童无形当中都会受到传统中国哲学文化信念的影响。这也许可以解释为什么有些湿疹儿童会尽力去抵制公众污名。因此，在研究个体自我污名体验时，研究者有必要去考虑被污名化的个体所在的社会文化情境。

三、消除公众污名与减轻自我污名需并行而立

基于本研究的发现，我们提出一些消除对湿疹儿童公众污名以及减轻他们自我污名的建议。首先，最重要的是在社区、社会和文化层面倡导减少对皮肤病患者的公众污名。他们的疾病不应该成为被歧视、虐待和欺凌的原因。应该提高社会大众对皮肤病患者的接受程度，并在患者治疗和康复方面给予更多的系统性鼓励和支持。其次，在人际层面应为受污名的个体建立社会支持网络。由于湿疹儿童与照顾者关系的破裂会给儿童带来巨大的生理和心理压力，我们建议家长或照顾者应密切参与湿疹患儿的相关社会心理干预计划，以加强其社会支持网络。最后，当湿疹儿童面临并内化公众污名时，我们建议仔细考虑他们自我污名的认知、情感和行为，在个人层面予以支持。显性和隐性的症状以及相关的湿疹管理对自我污名的影响也应得到重视。此外，应整合文化价值中的积极因素帮助儿童培养抗逆力和内在能力，并鼓

---

① i. Alpsoy E，Polat M，Yavuz I H，et al. Internalized stigma in pediatric psoriasis：A comparative multicenter study[J]. Annals of dermatology，2020，32(3)：181-188. ii. Kranke D A，Floersch J，Kranke B O，et al. A qualitative investigation of self-stigma among adolescents taking psychiatric medication[J]. Psychiatric services，2011，62(8)：893-899.

② Xie Q，Wong D F K. Culturally sensitive conceptualization of resilience：A multidimensional model of Chinese resilience[J]. Transcultural psychiatry，2021，58(3)：323-334.

励他们应对公众污名。

第七节　本章小结

湿疹对儿童社会心理健康的不利影响已被许多研究所证明。本研究有助于更深入地理解这种儿科皮肤病如何通过形成自我污名给儿童带来心理和社会负担。基于先前研究中收集的对 17 名 8～12 岁中度或重度湿疹儿童的访谈资料，本研究进行了二次分析，结合湿疹显性和隐性的疾病特征，考察了这些儿童在内化和应对公众污名上复杂而独特的主体经历，为改善湿疹儿童的心理和社会功能建言献策。

第七章
社会心理干预对湿疹儿童身心健康的效果：随机对照试验

　　湿疹给患儿生理、心理和社会功能都带来巨大的挑战。在儿童的疾病经历中，湿疹不单单是一种皮肤病，还是一系列困难的累积，包括皮肤症状、心理困扰、人际关系困难、学业压力、负面的身体形象、低自尊、日常生活中的限制以及父母传递的经济压力等等。临床用于治疗湿疹或特应性皮炎的方法众多，并有一定疗效，在一定程度上可以改善患者的症状。但不可否认的是，目前医学领域尚缺乏安全且有效控制湿疹发生和发展的方法。因此，我们需要将湿疹儿童视作一个完整的人，以整体的视角关注其"生物—心理—社会"的互动关系，通过综合的干预方法，满足他们的需求并改善他们的健康状况。既有针对湿疹儿童群体的非药物干预（non-pharmaceutical intervention）主要包括教育干预模式、心理干预模式、多学科教育干预模式、教养干预模式等。虽然这些非药物干预模式各具优势，且实证研究也表明既有的干预项目对改善湿疹儿童的身心健康有一定的效果，但这些模式依然存在困境。香港大学研究团队基于身心灵全人健康模式为6～12岁湿疹儿童开发出一项社会心理干预项目。本书使用混合研究设计综合评估了该干预对改善湿疹儿童身心健康的效果，本章主要汇报随机对照试验的评估结果，为社会工作循证实践提供科学的研究证据。

第一节　针对湿疹儿童的非药物干预及其效果

一、教育干预模式

由于儿童湿疹病程长且反复，衣食住行又与皮肤症状关系密切，皮肤需要长期的精心护理，治疗过程不仅对照顾者的护理知识和技能有一定的要求，对儿童的依从性要求也较高。也正因为如此，对照顾者（特别是父母）进行与湿疹和治疗相关的教育一直是既有非药物干预模式中最主要的类型。教育干预（educational intervention）的核心理念是通过对照顾者的教育，提高他们对湿疹患儿健康需求的重视以及疾病管理的能力，从而达到让患儿更好地配合治疗并减轻病症的效果。[①] 传统的教育干预通常是向照顾者提供与湿疹相关的知识和信息，给予湿疹照护方面的指导和培训，教授管理或预防湿疹的技能等。例如，在医疗机构向照顾者提供一些印有湿疹管理信息的小册子就是一种最简单的教育干预模式。最近一些年，越来越多的教育干预开始包括直接教授湿疹儿童解决问题和自我管理的技能。与传统的教育干预相比，这种教育干预措施的主要目的是提高儿童自身管理湿疹的能力，帮助他们处理与疾病相关的问题和挑战。[②] 既有的教育干预项目主要是由护士在医疗机构中实施的。[③] 护士通常被认为是提供有效和成功教育干预的理想人选。与其他类型的非药物干预模式相比，由护士主导的教育干预模式

① Lee Y, Oh J. Educational programs for the management of childhood atopic dermatitis: An integrative review[J]. Asian nursing research, 2015, 9(3): 185-193.

② Coster S, Norman I. Cochrane reviews of educational and self-management interventions to guide nursing practice: A review[J]. International journal of nursing studies, 2009, 46(4): 508-528.

③ Ersser S J, Cowdell F, Latter S, et al. Psychological and educational interventions for atopic eczema in children[J]. Cochrane database of systematic reviews, 2014 (1): CD004054.

的理论基础、内容及程序已经发展得较为成熟。①

　　对教育干预效果的评估研究中，湿疹的严重程度和儿童的生活质量是两个主要的结果指标。② 2014 年的一项系统评价研究中包含了 9 项针对湿疹儿童的教育干预项目，这些干预项目的内容和程序都比较简单。例如，开展两个小时有关湿疹的研讨会，或是针对照顾者进行视频教育等。③ 一些研究证据表明，教育干预项目在降低儿童湿疹严重程度以及提高儿童或其父母的生活质量方面有显著的效果。④ 然而，以往研究的结果并不一致，一些研究还指出仅仅依靠教育干预并不能增加湿疹儿童自身的健康行为。⑤

---

① Thompson D L, Thompson M J. Knowledge, instruction and behavioural change: Building a framework for effective eczema education in clinical practice[J]. Journal of advanced nursing, 2014, 70(11): 2483-2494.

② De Bes J, Legierse C M, Prinsen C A C, et al. Patient education in chronic skin diseases: A systematic review[J]. Acta dermato-venereologica, 2011, 91(1): 12-17.

③ i. Moore E J, Williams A, Manias E, et al. Eczema workshops reduce severity of childhood atopic eczema[J]. Australasian journal of dermatology, 2009, 50(2): 100-106. ii. Niebel G, Kallweit C, Lange I, et al. Direct versus video-aided parent education in atopic eczema in childhood as a supplement to specialty physician treatment. A controlled pilot study[J]. Hautarzt, 2000, 51(6): 401-411.

④ i. Chinn D J, Poyner T, Sibley G. Randomized controlled trial of a single dermatology nurse consultation in primary care on the quality of life of children with atopic eczema[J]. British journal of dermatology, 2002, 146(3): 432-439. ii. Grillo M, Gassner L, Marshman G, et al. Pediatric atopic eczema: The impact of an educational intervention[J]. Pediatric dermatology, 2006, 23(5): 428-436. iii. Staab D, Diepgen T L, Fartasch M, et al. Age related, structured educational programmes for the management of atopic dermatitis in children and adolescents: Multicentre, randomised controlled trial[J]. BMJ open, 2006, 332(7547): 933-938.

⑤ i. Schuttelaar M L A, Vermeulen K M, Drukker N, et al. A randomized controlled trial in children with eczema: Nurse practitioner vs. dermatologist[J]. British journal of dermatology, 2010, 162(1): 162-170. ii. Shaw M, Morrell D S, Goldsmith L A. A study of targeted enhanced patient care for pediatric atopic dermatitis[J]. Pediatric dermatology, 2008, 25(1): 19-24. iii. Staab D, Von Rueden U, Kehrt R, et al. Evaluation of a parental training program for the management of childhood atopic dermatitis[J]. Pediatric allergy and immunology, 2002, 13(2): 84-90.

二、心理干预模式

鉴于湿疹儿童所承受的巨大心理负担,并考虑到患儿心理功能与皮肤状况互相作用的关系,越来越多的学者及专业人士认识到对患儿进行心理干预的重要性。由此,与患者情绪和信念相关的心理干预(psychological interventions)在过去的 10 年里迅速发展起来。心理干预模式的核心理念是通过减轻患者的心理压力和情绪困扰,打破"瘙痒—搔抓"的循环,最终达到改善其皮肤状况并提高生活质量的目的。针对湿疹患者的心理干预模式主要包含 3 种类型:第一种类型以治疗患者的情绪为目标,侧重情绪管理与放松,如压力管理、放松训练、生物反馈(bio-feedback)、催眠等;第二种类型以治疗患者的行为为目标,侧重于改变患者的行为,如行为疗法或习惯逆转疗法;第三种类型以治疗患者的认知为目标,关注患者的内在过程,如认知行为疗法、家庭治疗以及心理动力疗法等。还有一些常用的技巧元素也会被纳入心理干预项目,例如分享对所提供干预服务的想法、感受和信念等。既有的心理干预项目一般以小组的形式开展,较为深入的心理干预由专业心理治疗师一对一提供。

2008 年发表的一项系统评价和 Meta 分析研究发现,心理干预对舒缓成年湿疹患者的焦虑、提高应对能力以及改善生活质量方面起到积极作用,但是在减轻病症的严重程度、瘙痒感或抓挠方面没有显著的效果。[1] 尽管学者们认为心理干预对湿疹患儿十分有益,但对心理干预效果的评估研究却非常少。2014 年发表的一项针对湿疹患儿的教育或心理干预效果的系统评价研究中,笔者搜索到 10 项随机对照试验项目,其中只有 1 项是评估心理干预效果的研究。[2] 与对照组相比,这项采用催眠疗法和生物反馈技术的心理干预

---

[1] Chida Y, Hamer M, Steptoe A. A bidirectional relationship between psychosocial factors and atopic disorders: A systematic review and meta-analysis [J]. Psychosomatic medicine, 2008, 70(1): 102-116.

[2] Ersser S J, Cowdell F, Latter S, et al. Psychological and educational interventions for atopic eczema in children[J]. Cochrane database of systematic reviews, 2014 (1): CD004054.

在减轻湿疹严重程度方面有显著效果。[1]　虽然有关儿童心理干预效果的实证研究很少且结果并不一致，但学者们仍然相信心理干预对湿疹患儿具有积极效果，并且认可其具备进一步优化的潜力。

三、多学科教育干预模式

多学科教育干预模式（multidisciplinary education interventions），又称结构化教育干预模式（structured educational interventions），是指包含教育和心理等元素在内的综合干预，通常由皮肤科医生、儿科医生、护士、精神科医生、营养师以及专业心理治疗师组成的多学科团队实施。这些专业人士在干预中承担"教育者"的角色，教育、支持和鼓励湿疹儿童及其照顾者进行疾病管理。[2]　无论是干预的内容还是形式，多学科教育干预模式都比单一的教育干预或心理干预更加全面。[3]　目前评估结构化教育干预效果的实证研究非常有限且结果并不一致。例如，研究发现一项为8～12岁湿疹儿童及其父母提供包含医疗、营养和心理元素的多学科教育干预项目能够有效地减轻患儿湿疹的严重程度并减少其行为问题。[4]　但另一项较大样本的实证研究（n＝992）显示，经过由儿科医生、营养学家和心理学家实施的多学科干预项目后，干预组患儿的湿疹严重程度、情绪管理能力和生活质量与对照组并没有

---

[1]　Sokel B，Christie D，Kent A，et al. A comparison of hypnotherapy and biofeedback in the treatment of childhood atopic eczema[J]. Contemporary hypnosis，1993，10(3)：145-154.

[2]　Staab D，Von Rueden U，Kehrt R，et al. Evaluation of a parental training program for the management of childhood atopic dermatitis [J]. Pediatric allergy and immunology，2002，13(2)：84-90.

[3]　Ersser S J，Cowdell F，Latter S，et al. Psychological and educational interventions for atopic eczema in children[J]. Cochrane database of systematic reviews，2014 (1)：CD004054.

[4]　Kelsay K，Klinnert M，Bender B. Addressing psychosocial aspects of atopic dermatitis[J]. Immunology and allergy clinics，2010，30(3)：385-396.

显著差异。①

四、教养干预模式

在针对湿疹患儿的非药物干预模式中，应用教养干预（parenting intervention）提高父母整体育儿技能而非疾病护理技能成为一个新的趋势。其基本假设是，积极的育儿方式以及更好的育儿实践能够促进儿童整体层面上的健康成长，可能会给儿童带来更好的健康结果②，这对湿疹儿童的皮肤症状也是有益的。2008 年，澳大利亚昆士兰大学（The University of Queensland）的研究团队开发了一项针对 2～10 岁湿疹和哮喘儿童父母的教养干预项目，该干预项目包含两场时长为两小时的小组研讨会。该干预项目是基于积极教养项目（Positive Parenting Program，Triple P）的理论原则设计的，Triple P 的主旨是提高父母在处理儿童和青少年的行为和情绪问题时的知识、技能和信心。③ 为了评估该教养干预项目的效果，该研究团队开展了多项实证研究，评估结果显示该干预项目在提高父母育儿技能和疾病管理能力、减少患儿行为问题、减轻湿疹严重程度以及提高家庭生活质量等方面有显著的效果。④ 就目前而言，针对湿疹儿童的教养干预模式的应用和研究

---

① Staab D，Diepgen T L，Fartasch M，et al. Age related，structured educational programmes for the management of atopic dermatitis in children and adolescents：Multicentre，randomised controlled trial[J]. BMJ open，2006，332(7547)：933-938.

② Morawska A，Mitchell A E，Burgess S，et al. Effects of Triple P parenting intervention on child health outcomes for childhood asthma and eczema：Randomised controlled trial[J]. Behaviour research and therapy，2016(83)：35-44.

③ Sanders M R. Triple P—Positive Parenting Program as a public health approach to strengthening parenting[J]. Journal of family psychology，2008，22(4)：506-517.

④ i. Morawska A，Mitchell A，Burgess S，et al. Randomized controlled trial of Triple P for parents of children with asthma or eczema：Effects on parenting and child behavior [J]. Journal of consulting and clinical psychology，2017，85(4)：283-296. ii. Morawska A，Mitchell A E，Burgess S，et al. Fathers' perceptions of change following parenting intervention：Randomized controlled trial of Triple P for parents of children with asthma or eczema[J]. Journal of pediatric psychology，2017，42(7)：792-803.

都非常少，其效果还需要进一步的探究。

五、非药物干预模式中的困境

以上各种针对湿疹儿童群体的非药物干预模式各具优势，实证研究也表明既有干预项目对改善湿疹儿童身心健康有一定的效果。我们也可以发现，强调社会心理需求并进行多因素、多维度干预似乎是针对湿疹儿童的非药物干预项目的发展趋势。值得注意的是，既有的非药物干预模式依然存在困境。第一，与针对湿疹成年患者的非药物干预相比，针对儿童患者的干预项目非常少，一些对成年患者有效的干预内容缺少对儿童特定年龄和发展阶段的考虑，还需要更多地在儿童患者中研究与实践以判断其有效性。第二，大多数针对儿童湿疹的干预项目并非"以儿童为中心"，而选择将照顾者作为直接干预对象，忽视了儿童在应对疾病过程中的重要角色和内在能力。第三，湿疹儿童在其个体和环境层面上遭遇多重困境与挑战，其身心健康状况会受到来自个体和环境的共同影响，但现有干预模式多为单一目标，不仅缺乏对患儿心理和社会需求及功能发展的全面考虑，还忽视了患儿与环境的关系。第四，总体而言，目前国际上关于儿童湿疹心理社会干预效果的实证研究很少，我国在这方面的研究更是极少。由于缺乏严谨的证据支持，各干预模式在中国儿童群体的效果及其机制都尚不明确。

第二节　基于身心灵全人健康模式的社会心理干预

一、身心灵全人健康理念与模式

身心灵全人健康模式是一种全新的心理辅导模式，它将西方的心理辅导形式和中国传统文化相结合，具有非常鲜明的本土化特征。该模式的理论起源于中国传统文化，融合了儒家、道家、佛家思想以及传统中医学理论。[①] 在

---

① Lee M Y，Chan C C H Y，Chan C L W，et al. Integrative body-mind-spirit social work：An empirically based approach to assessment and treatment[M]. New York：Oxford University Press，2018.

身心灵全人健康模式的概念中，"身"是指身体或躯体；"心"主要是指心理和情绪；"灵"主要是指精神和心灵，如对生命意义、人生价值的思考，包括得失观、苦乐观以及生死观等。身心灵全人健康模式的理论核心是强调个体的"身""心""灵"三者是一个有着互动互倚关系的整体，将受助者视为一个具有优势的整体来对待，强调其身体、情感、灵性以及环境之间的平衡。与此同时，该模式也强调个体的"身、心、灵"是在环境之中的。个体生活在与家人、朋友以及其他成员交往和相互影响的环境中，个体的变化受环境的影响，个体在环境中成长并获得社会技能；反过来，个体的变化也会影响周围的环境。[①]

　　身心灵全人健康模式的服务对象主要是身体疾患者和心理不适者两类，采用综合干预措施，整个辅导过程包含促进身体、心理和精神健康的各种活动。基于身心灵全人健康模式的干预的总体目标是协助曾遭受身心打击的参与者正面处理情绪，增强社会适应能力，提高整体健康水平，将痛苦经历转化、升华为生活的动力。身体健康层面的介入目标是了解身心的相互作用并促进身体健康，介入活动一般包括身体局部运动、健康饮食、呼吸练习、穴位按摩等。心理健康层面的介入目标是缓解负面情绪、增强人际信任、激发积极体验以及掌握调节情绪的方法，介入活动一般包括冥想练习、情绪调节练习、自信心培养等。精神灵性健康层面的介入目标是确立生活目标、培养积极的人生态度以及感受生命的意义，介入活动一般包括对得失观、苦乐观以及生死观的讨论，有关树立信心和关爱他人的活动，对生命意义以及如何面对人生困境的探索等。身心灵全人健康模式是能力取向的干预措施，强调个人自我成长的能力，认为个人内在的力量、优点得到充分发掘可以增加自我接纳和自信。

---

① 　i. Chan C L W，Ho R T H，Mphil W F，et al. Turning curses into blessings：An eastern approach to psychosocial oncology［J］. Journal of psychosocial oncology，2006，24(4)：15-32. ii. Chan C L W，Ng S M，Ho R T H，et al. East meets West：Applying eastern spirituality in clinical practice［J］. Journal of clinical nursing，2006，15(7)：822-832.

身心灵全人健康模式主要采用小组辅导或团体辅导的形式，能够通过组内人际互动达到帮助个人的效果。小组形式可以为参与者提供良好的社会活动场所，创造信任、温暖和支持的氛围，参与者在交往中观察、学习、体验、调整和改善与他人相处的方式，可以发展出良好的生活适应能力。在与小组成员的互相支持、讨论、分享过程中，参与者还可以以他人为镜，认识自我、探索自我、接纳自我，同时也成为他人的社会支持力量。身心灵全人健康模式的干预形式还具有短程化、集中化和系统化的特点。一般一个干预项目包括4～6个活动单元，每个活动单元有明确的主题，进行3～4小时。

香港大学社会工作及社会行政学系陈丽云教授的研究团队根据身心灵全人健康模式开发了针对多种身体疾患者和心理不适者的干预项目，并使用严谨的实证研究设计对其效果进行了评估。既有的证据表明，基于身心灵全人健康模式的干预项目能够有效改善结直肠癌患者、乳腺癌患者、晚期癌症患者、郁结症患者、慢性病患者和不孕症患者的身心健康。①

---

① i. Chan C H Y，Ng E H Y，Chan C L W，et al. Effectiveness of psychosocial group intervention for reducing anxiety in women undergoing in vitro fertilization：A randomized controlled study[J]. Fertility and sterility，2006，85(2)：339-346. ii. Chio C C，Shih F J，Chiou J F，et al. The lived experiences of spiritual suffering and the healing process among Taiwanese patients with terminal cancer[J]. Journal of clinical nursing，2008，17(6)：735-743. iii. Hsiao F H，Chang K J，Kuo W H，et al. A longitudinal study of cortisol responses，sleep problems，and psychological well-being as the predictors of changes in depressive symptoms among breast cancer survivors[J]. Psychoneuroendocrinology，2013，38(3)：356-366. iv. Ng S M，Chan T H Y，Chan C L W，et al. Group debriefing for people with chronic diseases during the SARS pandemic：Strength-Focused and Meaning-Oriented Approach for Resilience and Transformation (SMART)[J]. Community mental health journal，2006，42(1)：53-63. v. Ng S，Leng L，Ho R T H，et al. A brief body-mind-spirit group therapy for Chinese medicine stagnation syndrome：A randomized controlled trial[J]. Evidence-based complementary and alternative medicine，2018(2018)：8153637. vi. Tang V Y H，Lee A M，Chan C L W，et al. Disorientation and reconstruction：The meaning searching pathways of patients with colorectal cancer[J]. Journal of psychosocial oncology，2007，25(2)：77-102.

二、针对湿疹儿童的社会心理干预项目

基于身心灵全人健康模式，香港大学社会工作及社会行政学系陈丽云教授和陈凯欣副教授的研究团队开发了一项专门针对患有湿疹的学龄儿童（6～12岁）及其父母的社会心理干预项目，并主导进行了评估研究。[1]　笔者为研究团队的一员。该干预项目强调湿疹儿童皮肤症状和情绪的密切联系，鼓励儿童情绪表达；协助患儿探索痛苦背后的意义，学会以积极的态度面对自己的病症；挖掘患儿的内在能力，增强其在偏见和歧视等不利环境中的复原力和社会适应能力。该项目于2017年夏季启动，2017年7—11月开展了第一期项目，截至2022年，该项目已经在香港开展多期并仍在进行中。该干预项目以亲子平行小组的形式开展，每组8～10对亲子。湿疹儿童和其父母分别参加6个活动单元（每周一次），每个活动单元约3小时，表7.1展示了儿童组和父母组每一个活动单元的主题和目标。此外，每一个活动单元的尾声会有半小时的亲子互动环节，用以增强亲子关系质量及促进相互欣赏，活动内容包含亲子共同制作情绪瓶、开展问题解决游戏、互相赠送礼物以及表达感激之情等。该干预项目的具体标准化方案于2019年发表，详情可参看相关论文。[2]

---

[1]　项目网站：https://learning.hku.hk/ibms/。

[2]　Fung Y L, Lau B H P, Tam M Y J, et al. Protocol for psychosocial interventions based on Integrative Body-Mind-Spirit (IBMS) model for children with eczema and their parent caregivers[J]. Journal of evidence-based social work, 2019, 16(1): 36-53.

表 7.1　社会心理干预的主题和主要目标

	主题	主要目标
儿童组	我就是我	探索和认识自我，增加自我认同和自我欣赏
	可笑的怪物	以积极的方式面对湿疹，增加疾病认同
	情感魔术师	认识和理解不同情绪，提高表达能力和情绪调节能力
	不可战胜的我	增强复原力，增加对自己的皮肤状况的接受程度
	来自内部的力量	明确个人的内在力量、优势和资源
	我的支持网络	识别和了解社会支持网络
父母组	身心联系	了解身心灵全人健康模式的基本原理，了解湿疹的身心联系
	情绪与健康	了解健康与情绪的关系，学习如何帮助孩子表达情绪
	应对与自愈	体验自我欣赏和应对压力情境，通过经验分享提高疾病应对灵活性
	亲子幸福感	了解父母与子女在应对湿疹经验中的差异，重视父母的幸福感和生活质量
	照料体验的意义重构	重新审视照顾经历的意义，理解"放手"的重要性，成为一个正念的父母
	互惠与欣赏	感知照顾过程中的互惠和欣赏，实践互惠观念，向孩子、自己和他人表达感激之情

　　香港大学的研究团队与香港小童群益会（The Boys' & Girls' Club Association of Hong Kong，BGCA）[①]和香港复康会（The Hong Kong Society for Rehabilitation）[②]两个非政府组织（non-governmental organizations，NGOs）合作开展对湿疹儿童的身心灵全人健康干预项目。香港小童群益会创立于 1936 年，是香港历史最悠久的儿童服务机构之一。香港复康会于 1959 年成立，是香港复康界的先行者，也是香港历史最悠久的以复康为主题的慈善团体。香港大学的研究团队对这两个非政府组织中参与

[①]　官方网站：https://www.bgca.org.hk。

[②]　官方网站：https://www.rehabsociety.org.hk/zh-hans/。

本项目的专业社会工作者进行培训,培训不仅包括身心灵全人健康模式的课程培训,还包括观摩一个由研究团队实施的完整的干预过程以学习活动单元的内容和流程。该社会心理干预项目在两个非政府组织的 9 个服务中心进行,分别是香港小童群益会的赛马会南区青少年综合服务中心、赛马会长亨青少年综合服务中心、赛马会青衣青少年综合服务中心、赛马会长沙湾青少年综合服务中心、赛马会秀茂坪青少年综合服务中心、乐民儿童及家庭综合活动中心,以及香港复康会的港岛康山中心、适健中心的蓝田中心、社区康复网络威尔斯中心。

第三节 随机对照试验的研究方法与过程

一、随机对照试验的基本介绍

随机对照试验(RCT)属于实验性研究的范畴,是基于随机控制样本进行实验研究的方法,被视为推断政策或干预项目效果的黄金定律。[①] 随机对照试验是"从实验室到田野"(from the lab to the field)的研究方法,研究者以真实世界的情境取代实验室环境,克服实验室实验的弊端。[②] 在随机对照试验研究中,接受干预的人群被称为试验组(treatment group),与之对应的未接受干预的人群被称为对照组(control group),对比试验组与对照组的结果差异可以判断干预效果。为了排除其他因素的干扰,得到"纯净"的干预效果,在随机对照试验中严格要求试验组与对照组,除了接受干预不同,其他因素都应是可比的。因此,随机分组具有重要意义,也是随机对照试验最基本的特征。[③] 为了避免选择偏倚和信息偏倚对结果的影响,盲法(blinding)被广

① 曾琳,聂燕丽. 随机对照试验在健康管理研究中的应用[J]. 中华健康管理学杂志,2019,13 (5):458-464.

② Mascagni G. From the lab to the field:A review of tax experiments[J]. Journal of economic surveys,2018,32(2):273-301.

③ Schulz K F,Grimes D A. Generation of allocation sequences in randomised trials:Chance,not choice[J]. The lancet,2002,359(9305):515-519.

泛应用于 RCT 之中,即受试者、干预实施者或效果评估者不知道分组信息。[1] 为了提高试验的透明度及国际合作,国际医学期刊编辑委员会于 2005 年宣布,只发表已在公共临床试验注册机构注册的试验结果报告。常用的有美国临床试验注册中心[2]、中国临床试验注册中心[3]等。

二、数据来源及试验注册信息

香港大学的研究团队针对湿疹儿童及其父母开展了多期身心灵全人健康干预项目,并开展了多个独立的随机对照试验对项目的效果进行实证评估。本研究的数据来源于第一期项目,即 2017 年 7—11 月开展的随机对照试验。本研究中的随机对照试验已在香港大学临床试验注册中心(HKU Clinical Trials Registry,HKUCTR)[4]注册,该中心是由香港大学李嘉诚医学院建立的公共在线注册中心,本研究的注册编号为 HKUCTR-2234。整个随机对照试验评估了儿童和父母的一系列指标。研究团队中另一名成员的博士学位论文已汇报了干预对父母生活质量等指标的效果。[5] 本研究仅关注和汇报该社会心理干预项目对湿疹儿童身心健康方面的效果。本研究遵循临床试验报告的统一标准(consolidated standards of reporting trials,CONSORT)[6]进行报告。

三、研究的主要目的与研究假设

本研究的主要目的是使用随机对照试验评估一项针对湿疹患儿及其父母的社会心理干预项目在改善患儿身心健康方面的效果。本研究假设:与未

---

[1]　曾琳,聂燕丽. 随机对照试验在健康管理研究中的应用[J]. 中华健康管理学杂志,2019,13 (5):458-464.

[2]　官方网站:https://clinicaltrials. gov。

[3]　官方网站:http://www. chictr. org. cn/index. aspx。

[4]　官方网站:www. hkuctr. com。

[5]　Fung Y. Stress and wellbeing of parents of children with eczema:A prospective randomized controlled trial on psychosocial intervention [D]. Hong Kong:The University of Hong Kong, 2018.

[6]　官方网站:http://www. consort-statement. org。

接受干预服务的对照组相比,接受基于身心灵全人健康模式的社会心理干预服务能够显著降低湿疹患儿的湿疹严重程度,减轻焦虑症状,增强自尊心,提高情绪调节能力,改善儿童与父母的关系质量,提高儿童的整体生活质量。

四、研究对象

(一)参与者的纳入与排除标准

本研究的纳入标准是:(1)参与的儿童被临床诊断为患有湿疹或特应性皮炎;(2)参与的儿童在干预项目实施期间是学龄儿童(通常为 6~11 岁,12 岁的小学生也可以参与);(3)参与的父亲和/或母亲需承担至少 6 个月的主要照护责任;(4)儿童及其父母都自愿同意参与该项目并签署知情同意书。本研究的排除标准为:(1)有严重听力、语言、视力、智力障碍的儿童;(2)不能用广东话进行交流的儿童或父母;(3)非自愿同意参与项目或不能签署知情同意书的儿童或父母。

(二)样本量估计

在已发表的标准化干预方案中①,样本量是以父母的生活质量为主要指标进行估计的,假设样本流失率为 10%,使用 G * Power(版本 3.1.9.2)统计软件计算,得出至少需要 96 对患儿和父母参与研究。由于本研究评估的是儿童的结果指标,因此重新进行了样本量估计。本研究参考以往类似研究的方法估计样本量。以往研究使用随机对照试验设计评估了心理干预对特应

---

① Fung Y L, Lau B H P, Tam M Y J, et al. Protocol for psychosocial interventions based on Integrative Body-Mind-Spirit (IBMS) model for children with eczema and their parent caregivers[J]. Journal of evidence-based social work, 2019, 16(1): 36-53.

性患儿健康的影响,效应值在 0.189 到 0.355 之间。[①] 使用 G * Power 统计软件,取最大的效应值(0.355)、双尾显著性检验、10％的样本流失率、重复测量方差分析进行样本量估计,得出本研究至少需要 100 对湿疹儿童和父母参与研究。

五、随机对照试验的设计

随机对照试验包含干预组和等待对照组两个组,专业的社会工作者为干预组中的湿疹儿童和其父母提供包含 6 个活动单元的干预项目,等待对照组的儿童及其父母在此期间不接受此类服务。香港大学研究团队负责数据收集工作,在干预前(T0),收集了所有参与者的人口统计学特征和基线数据;在干预完成后一周内(T1),测量干预的即时效果;在干预完成后第五周(T2)再次评估以测量干预的持续效果。对照组中的湿疹儿童及其父母在 T2 之后接受相同的服务项目。研究团队对所有参与者按顺序编号,使用计算机的随机数生成器将参与者随机分配到干预组和对照组。所有参与者均不知道他们的小组分配结果,对照组中的参与者被告知他们将在完成 3 次评估后接受"培训"计划。两组参与者同时接受研究团队评估,进行儿童身心评估的调查员不知道参与者的分组情况。

六、结果指标和测量工具

本研究在干预前(T0)收集了湿疹儿童及家长的人口社会学特征数据,包括儿童的年龄、性别、家长的年龄、教育水平、职业、婚姻状况以及家庭的月收入,还收集了儿童的健康状况数据,包括被诊断患有湿疹的年龄、接受湿疹相关治疗的类型和数量、其他健康状况。在 T0、T1 和 T2 对湿疹儿童的 6 项身

---

① i. Staab D, Diepgen T L, Fartasch M, et al. Age related, structured educational programmes for the management of atopic dermatitis in children and adolescents: Multicentre, randomised controlled trial[J]. BMJ open, 2006, 332(7547): 933-938.
ii. Staab D, Von Rueden U, Kehrt R, et al. Evaluation of a parental training program for the management of childhood atopic dermatitis [J]. Pediatric allergy and immunology, 2002, 13(2): 84-90.

心健康相关指标进行了评估,包括湿疹严重程度、焦虑程度、情绪调节能力、自尊、与父母关系的质量、总体生活质量。测量工具的简单介绍见表7.2。

(一)湿疹的严重程度

本研究使用由欧洲湿疹工作组(European Task Force on Atopic Dermatitis)于1993年制定的SCORAD评分标准(Scoring Atopic Dermatitis Index),对儿童湿疹的严重程度进行评估[1](见图7.1)。SCORAD评分是既有研究中应用较多的特应性皮炎皮损严重程度评分表,具有较好的信效度。[2] 这项评分标准包括对客观症状(A)皮肤病变范围、(B)皮损严重程度及(C)主观症状瘙痒和睡眠影响程度的评估。使用"视觉模拟量表"对(A)皮肤病变范围进行评估。在湿疹患者正面和背面的模拟图上标识每个身体区域的面积,按照头颈部、臂各9%,躯干前、躯干后及下肢各18%来计算,手部包括腕部,足部包括踝部,躯干包括臀部。将每个区域的得分相加,以1%的皮损面积计为1分。对(B)皮损严重程度的评估需分别评估6项体征,包括红斑、水肿或丘疹、渗出或结痂、表皮剥脱、苔藓化、皮肤干燥(评价未受累皮肤)。根据皮损轻重程度(最具代表性的症状而非最严重或最轻微的症状),按照0~3分(0表示无,1表示轻度,2表示中度,3表示重度)进行评分。6个条目得分相加计算得出湿疹程度总得分,最高是18分。对(C)主观症状瘙痒和睡眠影响程度的评估是通过儿童自我评估的过去三昼夜瘙痒和睡眠状况两个条目计算得出,每个条目采用10厘米视觉模拟量表从0到10进行评分。对于瘙痒条目,从0=无瘙痒到10=患者所能想象最严重的瘙痒进行评分;对于睡眠状况条目,从0=无影响到10=根本无法入眠进行评分。湿疹

① Stalder J, Taieb A. European task force on atopic dermatitis. Severity scoring of atopic dermatitis: The SCORAD index[J]. Dermatology, 1993(186): 23-31.
② i. Charman C, Chambers C, Williams H. Measuring atopic dermatitis severity in randomized controlled clinical trials: What exactly are we measuring? [J]. Journal of investigative dermatology, 2003, 120(6): 932-941. ii. Ersser S J, Cowdell F, Latter S, et al. Psychological and educational interventions for atopic eczema in children[J]. Cochrane database of systematic reviews, 2014(1): CD004054.

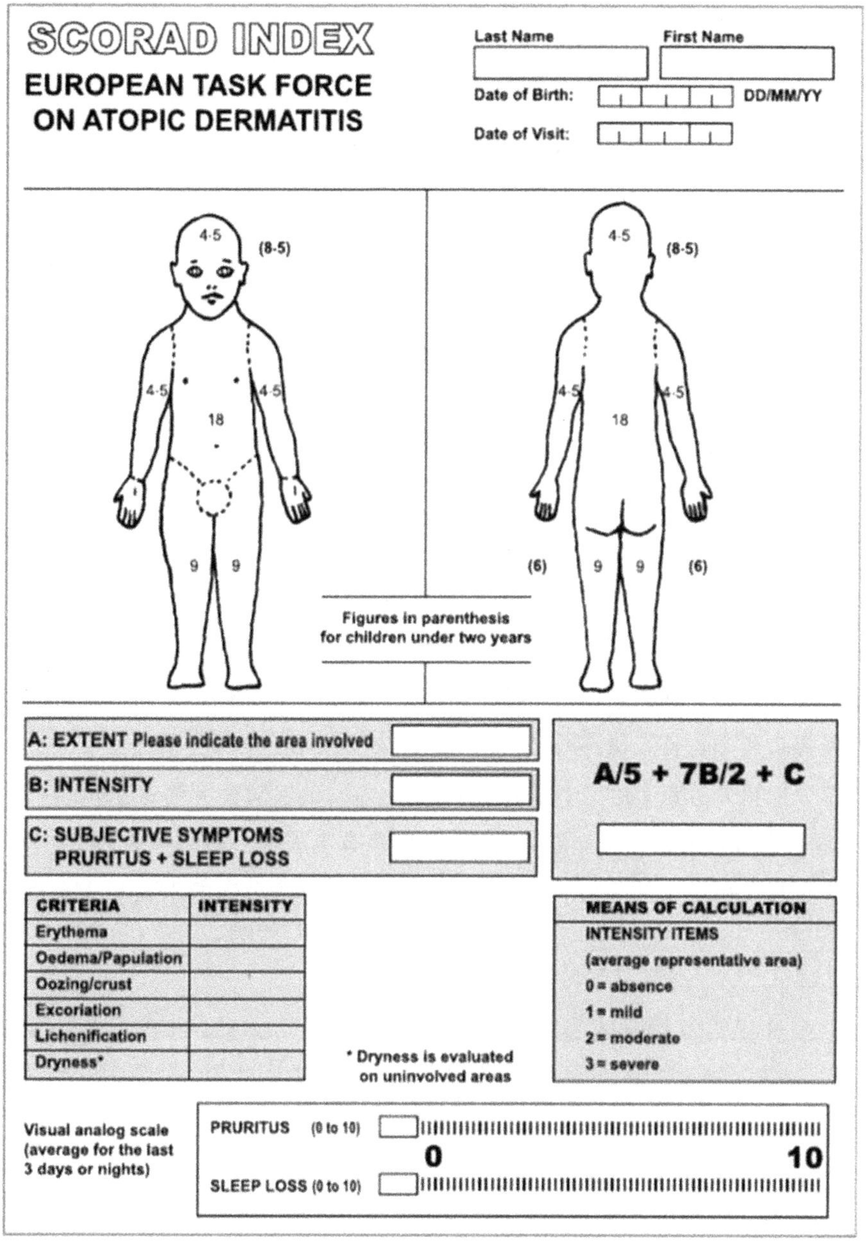

图 7.1　湿疹严重程度 SCORAD 评分

儿童的主观症状得分为两个条目得分之和,最高为 20 分。湿疹的严重程度总分计算公式为 A/5+7B/2+C,总分范围为 0~103 分,0~14 分为轻,25~50 分为中,51~103 分为重。除了总分外,也有研究鼓励单独使用客观条目(A/5+7B/2)评估湿疹的严重程度①,分数范围为 0~83 分,0~14 分为轻,15~40 分为中,41~83 分为重。

既往的研究发现,社会文化等因素会导致不同调查员对儿童湿疹严重程度的评估存在较大差异。② 因此,本研究在 3 个时间点的所有儿童湿疹严重程度评估均由一名研究人员进行,以保持评估标准的一致性,减少因不同调查员评估标准不一造成的偏误。本研究中儿童湿疹严重程度的评估均由笔者在接受皮肤科医生的培训后完成,对一个儿童进行评估的时长为 7~10 分钟。

(二)焦虑程度

由于既有研究发现湿疹儿童比健康儿童出现焦虑和人际交往困难的风险更大,因此本研究使用斯宾塞儿童焦虑量表(Spence Children's Anxiety Scale,SCAS)③的两个分量表,基于儿童的自我汇报测量其焦虑程度,两个量表分别测量广泛性焦虑(6 个条目)和社交恐惧症(6 个条目)。斯宾塞儿童焦虑量表采用李克特 4 级评分(从"0=从不"到"3=始终"),分别加总 6 个条目的得分即得到分量表的总分。斯宾塞(Spence,1998)对澳大利亚 2052 名 8~12 岁儿童进行的初步研究结果表明,该量表具有较高的内部一致性,所有子量表也具有可接受的内部一致性。斯宾塞儿童焦虑量表的中文版本已在我

① Oranje A P, Glazenburg E J, Wolkerstorfer A, et al. Practical issues on interpretation of scoring atopic dermatitis: The SCORAD index, objective SCORAD and the three-item severity score[J]. British journal of dermatology, 2007, 157(4): 645-648.

② Kunz B, Oranje A P, Labreze L, et al. Clinical validation and guidelines for the SCORAD index: Consensus Report of the European Task Force on Atopic Dermatitis [J]. Dermatology, 1997, 195(1): 10-19.

③ Spence S H. A measure of anxiety symptoms among children[J]. Behaviour research and therapy, 1998, 36(5): 545-566.

国的样本中应用①，两项研究都表明该量表适合评估中国儿童的焦虑症状。

（三）情绪调节能力

儿童的情绪调节能力是指他们调节情绪以适应环境或情境的能力。② 本研究使用情绪调节检查表（Emotion Regulation Checklist，ERC）评估湿疹儿童的情绪调节能力。该量表适用于评估学龄前儿童和学龄儿童的情绪调节能力，由儿童父母进行评估。③ 该量表包括（1）情绪不稳定或消极程度（14个条目）和（2）情绪调节能力（10个条目）两个维度，共24个条目。量表采用李克特4级评分评估某一行为的发生频率（从"1＝从不"到"4＝几乎总是"），每个维度所包含条目的平均分值为该维度得分。对于情绪不稳定或消极程度维度，分数越高意味着管理和调节情绪的能力越低，例如过度的情绪反应和频繁的情绪变化。对于情绪调节能力维度，得分越高表明对环境的适应程度越高。情绪调节检查表被翻译成多种语言，并广泛用于不同儿童群体的相

---

①　i. Li J C, Lau W, Au T K. Psychometric properties of the Spence Children's Anxiety Scale in a Hong Kong Chinese community sample[J]. Journal of anxiety disorders，2011，25(4)：584-591. ii. Zhao J, Xing X, Wang M. Psychometric properties of the Spence Children's Anxiety Scale (SCAS) in Mainland Chinese children and adolescents [J]. Journal of anxiety disorders，2012，26(7)：728-736.

②　Molina P，Sala M N，Zappulla C，et al. The Emotion Regulation Checklist-Italian translation. Validation of parent and teacher versions [J]. European journal of developmental psychology，2014，11(5)：624-634.

③　Shields A，Cicchetti D. Emotion regulation among school-age children：The development and validation of a new criterion Q-sort scale [J]. Developmental psychology，1997，33(6)：906.

关研究中。[①]

(四)自尊

本研究使用罗森博格自尊量表(Rosenberg Self-Esteem Scale,RSES)评估湿疹儿童的自尊,该量表基于儿童自我报告评估个体对自身的积极和消极感受。[②] 罗森博格自尊量表包含 10 个条目,采用李克特 4 级评分标准(从"1=强烈不同意"到"4=强烈同意"),其中有 5 个条目进行反向计分,总分是 10 个条目的平均分,总分越低表明儿童的自尊越低。该量表已被翻译成多种语言并在不同文化和国家的研究中广泛使用。可能是由于翻译方面的问题,学者们认为罗森博格自尊量表中文版的信度不高。[③] 一些学者建议该量表的中文版本应删除第 8 个条目(即"我希望我能对自己有更多的尊重")以提高信度。在一项针对澳门初中生的实证研究中,删除第 8 个条目后 Cronbach's α 值从 0.626 上升至 0.788。由于本研究中,在未删除第 8 个条目的情况下,内部一致性是可以接受的(Cronbach α=0.70)。因此,本研究中湿疹儿童的自尊仍然使用原量表中的 10 个条目进行评估,未进行删除。

---

① i. Blandon A Y, Calkins S D, Keane S P, et al. Individual differences in trajectories of emotion regulation processes: The effects of maternal depressive symptomatology and children's physiological regulation[J]. Developmental psychology, 2008, 44(4): 1110. ii. Kim J, Cicchetti D, Rogosch F A, et al. Child maltreatment and trajectories of personality and behavioral functioning: Implications for the development of personality disorder[J]. Development and psychopathology, 2009, 21(3): 889-912. iii. Onchwari G, Keengwe J. Examining the relationship of children's behavior to emotion regulation ability[J]. Early childhood education journal, 2011, 39(4): 279-284.

② Rosenberg M. Society and the adolescent self-image [M]. Princeton: Princeton University Press, 1965.

③ i. Leung S O, Wong P M. Validity and reliability of Chinese Rosenberg self-esteem scale[J]. New horizons in education, 2008, 56(1): 62-69. ii. Tsang S K M. Parenting and self-esteem of senior primary school students in Hong Kong[M]. Hong Kong: Department of Social Work and Social Administration, The University of Hong Kong, 1997.

（五）与父母的关系质量

本研究使用亲子亲密度量表（Closeness to Parents Scale，CPS）评估湿疹儿童与其父母关系的质量。[1] 该量表包含儿童汇报的与父亲的关系质量和与母亲的关系质量两部分，每个维度有 9 个条目，采用李克特 5 级评分（从"0＝一点也不"到"4＝非常"），每个维度的总得分是 9 个条目的平均分。中文版亲子亲密度量表的信度和效度已在中国青少年的样本中得到验证。[2]

（六）生活质量

本研究采用皮肤病患儿的生活质量指标（Children's Dermatology Life Quality Index，CDLDI）[3]测量湿疹儿童的生活质量。该量表是根据儿童特点特别设计的，共包括 10 个条目，分别与症状和感觉（2 个条目）、休闲（3 个条目）、学校或假期（1 个条目）、人际关系（2 个条目）、睡眠（1 个条目）和治疗（1 个条目）相关。采用李克特 4 级评分（从"0＝一点也不"到"3＝非常"），10 个条目得分之和为儿童生活质量总分，总分在 0～30 之间，总分越高，生活质量受疾病影响越大。中文版皮肤病患儿生活质量指标的信度和效度已经在中国香港地区的儿童样本中得到验证。[4]

---

[1] Buchanan C M, Maccoby E E, Dornbusch S M. Caught between parents: Adolescents' experience in divorced homes[J]. Child development, 1991, 62(5): 1008-1029.

[2] Liu Q X, Fang X Y, Zhou Z K, et al. Perceived parent-adolescent relationship, perceived parental online behaviors and pathological internet use among adolescents: Gender-specific differences[J]. PloS one, 2013, 8(9): e75642.

[3] Lewis-Jones S. Quality of life and childhood atopic dermatitis: The misery of living with childhood eczema[J]. International journal of clinical practice, 2006, 60(8): 984-992.

[4] Chuh A A T. Validation of a Cantonese version of the children's dermatology life quality index[J]. Pediatric dermatology, 2003, 20(6): 479-481.

表7.2 随机对照试验的结局指标与测量工具

结局指标	测量工具	维度	条目	内部一致性
湿疹严重程度	SCORAD 评分标准	(A)皮肤病变范围 (B)皮损严重程度 (C)主观症状瘙痒和睡眠影响程度	/	/
焦虑程度	斯宾塞儿童焦虑量表	(1)广泛性焦虑 (2)社交恐惧症	18	Cronbach's α=0.70 Cronbach's α=0.71
情绪调节	情绪调节检查表	(1)情绪不稳定或消极程度 (2)情绪调节	24	Cronbach's α=0.85 Cronbach's α=0.70
自尊	罗森博格自尊量表	/	10	Cronbach's α=0.70
亲子关系质量	亲子亲密度量表	(1)与父亲的关系质量 (2)与母亲的关系质量	18	Cronbach's α=0.88 Cronbach's α=0.80
生活质量	皮肤病患儿的生活质量指标	(1)症状 (2)休闲 (3)学校或假期 (4)人际关系 (5)睡眠 (6)治疗	10	Cronbach's α=0.82

七、数据收集过程与伦理考虑

调查问卷由参与的儿童及其父母在进行社会心理干预的非政府组织服务中心填写。为了避免相互影响问卷的作答,儿童和他们的父母在不同的房间或空间完成了问卷调查。四年级以上的儿童独立完成问卷的填写,四年级以下的儿童在调查人员的协助下完成问卷的填写。为了保护孩子的隐私,儿童湿疹严重程度的评估在一个单独的房间里由笔者完成,在评估过程中,孩子的父母和另一名社会工作者全程在场。参与者完全自愿选择是否参加本研究项目。在招募参与者时,非政府组织的社会工作者向所有申请参与的家庭解释了该项目的目的。在研究项目开始之前,儿童和父母分别签署了一份包含研究目的和程序的知情同意书。本研究已向所有参与者解释了他们的权利和潜在风险，并获得了香港大学人类研究伦理委员会的伦理批准（Ref. EA1612023）。

八、数据分析方法

本研究使用 SPSS 23.0 版统计软件进行数据分析。采用多重插补（multiple imputation，MI）回归模型来处理缺失数据。多重插补被认为是处理缺失数据的合适且首选的方法。[1] 数据缺失有 3 种机制：完全随机缺失（missing completely at random，MCAR）、随机缺失（missing at random，MAR）和非随机缺失（missing not at random，MNAR）。[2] 在目前的研究中，丢失的数据大多是在基线调查之后由参与者退出项目产生的。由于存在与缺失相关的变量并且几乎没有未收集的信息可以解释缺失，因此随机缺失（MAR）的假设在本研究中是合理的。[3] 本研究中数据缺失的比例为 5.8%。

本研究的数据分析遵循意向性治疗（intention-to-treat，ITT）的分析原则，所有参与基线调查的参与者都被纳入了数据分析，包括那些未完整参与干预服务的参与者以及那些未参与追踪调查的参与者。使用 X^2 检验、独立样本 t 检验和 Fisher 精确检验评估干预组和对照组参与者之间的社会人口统计学特征和基线测量数据的组间差异。使用组内差异和组间差异来衡量社会心理干预的效果。首先，对每个结果变量进行配对 t 检验评估组内效应（T0 vs. T1 和 T0 vs. T2），通过计算 Cohen'd 值来评估效应大小；然后对每个结果变量进行重复单变量方差分析（repeated measures of univariate analysis of variance，ANOVA）评估组间效应。双尾 $p < 0.05$ 被认为是显著的。

---

① Klebanoff M A，Cole S R. Use of multiple imputation in the epidemiologic literature [J]. American journal of epidemiology，2008，168(4)：355-357.

② Rubin D B. Inference and missing data[J]. Biometrika，1976，63(3)：581-592.

③ Lee K J，Roberts G，Doyle L W，et al. Multiple imputation for missing data in a longitudinal cohort study：A tutorial based on a detailed case study involving imputation of missing outcome data[J]. International journal of social research methodology，2016，19(5)：575-591.

第四节　社会心理干预改善湿疹儿童身心健康的效果

一、研究对象的特征

2017 年 5 月至 6 月间，香港大学的研究团队和非政府组织的 9 个服务中心的社会工作者们共同参与了参与者招募，主要通过学校、患者互助组织、互联网平台、新闻发布会、皮肤科医生或儿科医生推荐等方式进行招募。第一期的干预项目共 222 个有湿疹儿童的家庭报名参加。根据参与者的纳入和排除标准对报名的家庭进行筛选后，有 163 个家庭符合参与标准，被随机分配到干预组（$n=84$）或对照组（$n=79$）。有 50 个家庭（30.7%）在基线调查前退出了该研究项目，包括 26 个在干预组的家庭和 24 个在对照组的家庭。最终共有 113 个家庭参与了基线调查，因此本研究的总样本为 113 个家庭，58 个家庭在干预组，55 个家庭在对照组。

表 7.3 列出了参与该项目的儿童及其父母的特征。儿童的平均年龄为 8.6 岁（$SD=1.94$）。参与者中有 47% 是女孩，53% 是男孩。这些儿童被诊断患有湿疹的年龄从刚出生到 10.5 岁不等，平均诊断年龄约为 21 个月（$SD=25.91$）。超过 2/3 的儿童（69.9%，$n=79$）在 2 岁之前被诊断患有湿疹。根据父母的汇报，有 10 名儿童（8.8%）还患有哮喘，10 名儿童（8.8%）患有过敏性鼻炎，9 名儿童（8.0%）患有注意缺陷多动障碍，4 名儿童（3.5%）患有自闭症。平均而言，儿童接受了 4 种以上不同类型的湿疹治疗（$M=4.3$，$SD=1.36$）。具体而言，保湿剂（94.7%）、类固醇局部用药（91.2%）、非类固醇局部用药（72.6%）和中医药（74.3%）是儿童最经常接受的 4 种治疗。一些儿童还接受了口服抗生素（39.8%）、湿敷疗法（38.1%）以及其他治疗（19.5%）。和儿童一起参与该项目的大部分是其母亲（87.6%）。父母的平均年龄为 41.2 岁（$SD=5.80$）。大多数父母是已婚或同居状态（92.0%）、受过中等或高等教育（79.7%）、拥有全职工作（56.6%）。有近一半的家庭（45.1%）月收入在 20000 港元至 49999 港元之间。就基线数据而言，除接受中医药治疗这一项，儿童及父母的其他特征没有显著的组间差异。对照组接

受中医药治疗的儿童（87.3％）明显多于干预组（62.1％，$p<0.01$）。表 7.4
列出了基线调查数据。样本中儿童的湿疹严重程度较高，总样本的平均
SCORAD 评分为 58.00，干预组为 55.55，对照组为 60.57。基线调查中，干
预组和对照组的结果指标不存在显著的组间差异。

表 7.3　随机对照试验中参与者的特征

	总样本（N＝113）	干预组（n＝58）	对照组（n＝55）	p
儿童的特征				
性别,n(％)				0.454
男	60 (53.1％)	33 (56.9％)	27(49.1％)	
女	53 (46.9％)	25 (43.1％)	28 (50.9％)	
年龄,mean(SD),岁	8.58 (1.94)	8.49 (1.82)	8.66 (2.07)	0.639
诊断患有湿疹的年龄, mean(SD),月	21.31(25.91)	23.38 (27.47)	19.13 (24.21)	0.386
治疗的种类,mean(SD)	4.30 (1.362)	4.09 (1.367)	4.53 (1.331)	0.085
治疗的类型,n(％)				
保湿剂	107 (94.7％)	54 (93.1％)	53 (96.4％)	0.680
类固醇局部用药	103 (91.2％)	50 (86.2％)	53 (96.4％)	0.095
非类固醇局部用药	82 (72.6％)	39 (67.2％)	43 (78.2％)	0.212
湿敷疗法	43 (38.1％)	23 (39.7％)	20 (36.4％)	0.847
口服抗生素	45 (39.8％)	24 (41.4％)	21 (38.2％)	0.848
中医治疗	84 (74.3％)	36 (62.1％)	48 (87.3％)	0.003**
其他	22 (19.5％)	11 (19.0％)	11 (20.0％)	1.000
其他健康状况,n(％)	35 (31.0％)	19 (32.8％)	16 (29.1％)	0.690
哮喘	10 (8.8％)	5 (8.6％)	5 (9.1％)	1.000
过敏性鼻炎	10 (8.8％)	4 (6.9％)	6 (10.9％)	0.521
自闭症	4 (3.5％)	1 (1.7％)	3 (5.5％)	0.355
注意缺陷多动障碍	9 (8.0％)	6 (10.3％)	3 (5.5％)	0.491

续表

	总样本 ($N=113$)	干预组 ($n=58$)	对照组 ($n=55$)	p
其他(例如 G6PD 缺乏)	7 (6.2%)	6 (10.3%)	1 (1.8%)	0.114
父母的特征				
与孩子的关系,n(%)				0.575
父亲	14 (12.4%)	6 (10.3%)	8 (14.5%)	
母亲	99 (87.6%)	52 (89.7%)	47 (85.5%)	
年龄,mean(SD),岁	41.20 (5.80)	41.21 (6.10)	41.20 (5.52)	0.995
教育程度,n(%)				0.265
小学及以下	2 (1.8%)	2 (3.4%)	0 (0.0%)	
中学	48 (42.5%)	24 (41.4%)	24 (43.6%)	
专科或本科	42 (37.2%)	24 (41.4%)	18 (32.7%)	
硕士或以上	21 (18.6%)	8 (13.8%)	13 (23.6%)	
职业状况,n(%)				0.957
全职	64 (56.6%)	33 (56.9%)	31 (56.4%)	
兼职	10 (8.8%)	5 (8.6%)	5 (9.1%)	
退休或失业	3 (2.7%)	2 (3.4%)	1 (1.8%)	
家庭主妇	36 (31.9%)	18 (31.0%)	18 (32.7%)	
婚姻状况,n(%)				1.000
已婚或同居	104 (92.0%)	53 (91.4%)	51 (92.7%)	
单身、分居、离婚或丧偶	9 (8.0%)	5 (8.6%)	4 (7.3%)	
家庭月收入,n(%),港元				0.057
<20000	19 (16.8%)	14 (24.1%)	5 (9.1%)	
20000~49999	51 (45.1%)	26 (44.8%)	25 (45.5%)	
50000~69999	18 (15.9%)	10 (17.2%)	8 (14.5%)	
>70000	11 (9.7%)	2 (3.4%)	9 (16.4%)	
不作答	14 (12.4%)	6 (10.3%)	8 (14.5%)	

注:mean = 均值;SD = 标准误;G6PD = 红细胞葡萄糖-6-磷酸脱氢酶;*** = $p<0.001$,** = $p<0.01$,* = $p<0.05$。

表 7.4 随机对照试验的基线数据

	总样本 （N＝113）	干预组 （n＝58）	对照组 （n＝55）	p
湿疹严重程度,mean(SD)				
SCORAD 总分	58.00 (20.78)	55.55 (23.26)	60.57 (17.64)	0.197
SCORAD 客观总分	47.09 (18.63)	44.52 (20.26)	49.81 (16.48)	0.130
皮肤病变范围	34.75 (23.57)	32.49 (25.03)	37.13 (21.90)	0.295
皮损严重程度	11.47 (4.24)	10.86 (4.61)	12.11 (3.74)	0.117
瘙痒程度	6.81 (2.55)	6.93 (2.59)	6.69 (2.52)	0.618
睡眠影响程度	4.09 (2.82)	4.10 (2.89)	4.07 (2.76)	0.954
焦虑程度,mean(SD)				
社交恐惧症	4.96 (3.81)	4.78 (3.94)	5.15 (3.69)	0.608
广泛性焦虑	4.81 (3.50)	4.74 (3.51)	4.89 (3.52)	0.822
情绪调节,mean(SD)				
情绪不稳定	2.09 (0.42)	2.11 (0.42)	2.06 (0.42)	0.523
情绪调节	2.46 (0.32)	2.42 (0.31)	2.51 (0.32)	0.125
自尊,mean(SD)	3.02 (0.57)	2.98 (0.59)	3.07 (0.59)	0.417
亲子关系质量,mean(SD)				
与母亲的关系质量	2.91 (0.71)	2.87 (0.73)	2.97 (0.69)	0.453
与父亲的关系质量	2.67 (0.98)	2.54 (1.03)	2.80 (0.92)	0.153
生活质量,mean(SD)				
CDLQI 总分	7.70 (5.36)	7.12 (5.49)	8.38 (5.16)	0.211
症状	2.48 (1.48)	2.43 (1.51)	2.53 (1.46)	0.732
休闲	2.04 (2.13)	1.81 (2.14)	2.33 (2.10)	0.197
学校或假期	0.43 (0.73)	0.48 (0.78)	0.40 (0.68)	0.549

续表

	总样本 （N=113）	干预组 （n=58）	对照组 （n=55）	p
人际关系	0.81 (1.19)	0.69 (1.13)	0.95 (1.25)	0.257
睡眠	0.47 (0.85)	0.34 (0.79)	0.62 (0.89)	0.087
治疗	1.46 (1.06)	1.36 (1.10)	1.56 (1.01)	0.314

注：mean＝均值；SD＝标准误；SCORAD＝湿疹评分指数；CDLQI＝生活质量指标；***＝$p<0.001$，**＝$p<0.01$，*＝$p<0.05$。

二、样本流失情况

在干预组的 58 个家庭中，27 个家庭（46.6%）完整参加了 6 次活动单元，12 个家庭（20.7%）参加了 5 次课程，19 个家庭（32.8%）错过了不只一次课程。5 个家庭（8.6%）因时间冲突未参加任何一次培训课。最后，113 个家庭中 92% 的家庭（n＝104）在干预后一周内（T1）完成了评估，88% 的家庭（n＝99）在干预后 5 周内（T2）完成了第二次评估。由于时间问题，9 个家庭（8%）没有参加 T1 阶段的评估（5 对在干预组，4 对在对照组），14 个家庭（12%）没有参加 T2 阶段的评估（8 对在干预组，6 对在对照组）。按照自愿参与原则，所有 113 个家庭均被纳入数据分析。图 7.2 为随机对照试验的科克伦流程图。干预组（8/58）和对照组（6/55）中失访的参与者比例没有显著差异（X^2＝0，p＝1.00）。

三、湿疹儿童身心健康的结果

（一）湿疹的严重程度

与对照组相比，干预组的湿疹儿童在干预后（T1）的湿疹严重程度显著降低。时间 * 组别交互项显著（T0 vs. T1；＝4.827，$p<0.05$，η^2＝0.042），表明社会心理干预对降低 SCORAD 总分具有显著的即时效果。在干预组中，儿童湿疹的严重程度从 T0 时的重度（Mean＝55.55，SD＝23.26）下降到 T1 时的中度（Mean＝44.05，SD＝20.29），该变化显著且具有中等效应量 d＝0.63（$p<0.001$）。对照组儿童的 SCORAD 总分从 T0 到 T1 没有发生显著变化，湿疹的严重程度没有显著降低。干预后第五周的随访数据显示社会心

理干预在降低湿疹严重程度方面没有显著的持续效应(T0 与 T2;$p=$ 0.168)。

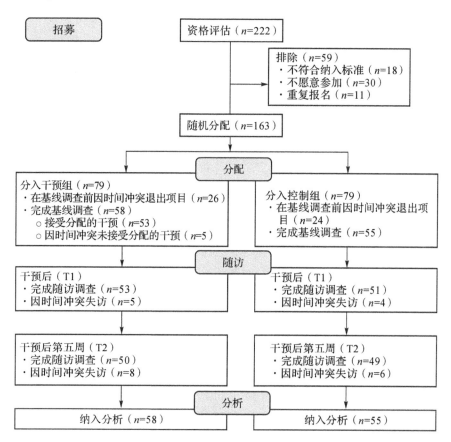

图 7.2　随机对照试验 CONSORT 流程

（二）焦虑程度

与对照组相比,干预组儿童的广泛性焦虑在干预后第五周时比干预前显著降低,社会心理干预表现出显著的持续效应(T0 vs. T2;$F=6.027$,$p<$ 0.05,$\eta^2=0.051$)。干预组中儿童广泛性焦虑的平均得分从 T0(Mean$=$ 4.74,SD$=3.51$)至 T2(Mean$=3.19$,SD$=2.60$)显著降低,社会心理干预具有中等干预效果($d=0.50$)。对照组儿童的广泛性焦虑平均得分从 T0 到 T2

没有发生显著变化。从干预前(T0)到干预后一周内(T1),社会心理干预没有表现出显著降低湿疹儿童广泛性焦虑的即时效果,组间和组内效应均不显著。与对照组相比,干预组儿童在干预后第五周(T2)的社交恐惧症发生率明显低于干预前(T0)的水平($F = 5.692, p < 0.05, \eta^2 = 0.049$)。从 T0 到 T2,干预组的社交恐惧症平均得分降低,而对照组的社交恐惧症平均得分升高,但两组组内变化均不显著。从干预前(T0)到干预后一周内(T1),社会心理干预没有表现出显著降低社交恐惧症的即时效果,组间和组内效果均不显著。

(三)情绪调节能力

与对照组相比,社会心理干预有效地降低了儿童在情绪波动或消极情绪维度的得分,T0 到 T1 的时间和组别的交互项($F = 4.370, p < 0.05, \eta^2 = 0.038$)与 T0 到 T2 的时间和组别的交互项($F = 4.975, p < 0.05, \eta^2 = 0.043$)均显著。在干预组中,情绪波动性或消极性的得分从 T0(Mean = 2.11, SD = 0.42)到 T1(Mean = 1.92, SD = 0.42)显著降低,社会心理干预具有较小的干预效果($d = 0.45, p < 0.01$);从 T0 到 T2,社会心理干预也表现出较小但显著改善情绪波动性或消极性的效果($d = 0.33, p < 0.05$)。然而,对照组的情绪波动性或消极性得分没有发生显著变化。在情绪调节维度,从 T0 到 T1,社会心理干预并未使干预组和对照组之间出现显著的组间差异($p = 0.030$),但干预组儿童的情绪调节能力得分较初始水平有小而显著的增加(T0 vs. T1; $d = 0.34, p < 0.05$)。与对照组相比,从 T0 到 T2,干预组的时间和组别的交互项显著($F = 6.588, p < 0.05, \eta^2 = 0.056$),表明社会心理干预在提高湿疹儿童情绪调节能力方面具有显著的维持效果。但从 T0 到 T2,两组的组内变化均不显著。

(四)自尊

与基线数据相比,无论是干预后的即时调查(T1),还是干预后第五周的随访调查(T2),干预组和对照组中儿童的自尊均未发生显著的变化。组别与时间的交互项也不显著,表明社会心理干预对提高儿童的自尊没有显著的效果。

表 7.5　社会心理干预的即时效果

结果指标	时间*组别 F (df)	时间*组别 (p value)	Partial η^2	即时效果(T0 vs. T1) 时间 F (df)	时间 (p value)	Partial η^2	组别 F (df)	组别 (p value)	Partial η^2
湿疹严重程度, mean (SD)									
SCORAD总分	4.827 (1, 111)	0.030*	0.042	18.591 (1, 111)	0.000***	0.143	7.258 (1, 111)	0.008**	0.061
SCORAD客观总分	3.921 (1, 111)	0.050	0.034	11.331 (1, 111)	0.001**	0.093	8.195 (1, 111)	0.005**	0.069
皮肤病变范围	0.893 (1, 111)	0.347	0.008	36.756 (1, 111)	0.000***	0.249	3.103 (1, 111)	0.081	0.027
皮损严重程度	4.322 (1, 111)	0.040*	0.037	5.337 (1, 111)	0.023*	0.046	9.296 (1, 111)	0.003**	0.077
瘙痒程度	2.131 (1, 111)	0.147	0.019	33.720 (1, 111)	0.000***	0.233	0.080 (1, 111)	0.778	0.001
睡眠影响程度	1.508 (1, 111)	0.222	0.013	10.584 (1, 111)	0.002**	0.087	0.521 (1, 111)	0.472	0.005
焦虑程度, mean(SD)									
社交恐惧症	0.359 (1, 111)	0.550	0.003	0.944 (1, 111)	0.333	0.008	0.734 (1, 111)	0.394	0.007
广泛性焦虑	0.587 (1, 111)	0.445	0.005	1.319 (1, 111)	0.253	0.012	0.544 (1, 111)	0.462	0.005
情绪调节, mean(SD)									

续表

结果指标	时间*组别 F (df)	时间*组别 (p value)	Partial η^2	时间 F (df)	时间 (p value)	Partial η^2	组别 F (df)	组别 (p value)	Partial η^2
				即时效果(T0 vs. T1)					
情绪不稳定	4.370 (1, 111)	0.039*	0.038	9.595 (1, 111)	0.002**	0.080	0.149 (1, 111)	0.700	0.001
情绪调节	3.474 (1, 111)	0.065	0.030	2.258 (1, 111)	0.136	0.020	0.385 (1, 111)	0.536	0.003
自尊,mean(SD)	1.918 (1, 111)	0.169	0.017	0.840 (1, 111)	0.361	0.008	0.023 (1, 111)	0.879	0.000
亲子关系质量,mean (SD)									
与母亲的关系质量	0.376 (1, 111)	0.541	0.003	0.059 (1, 111)	0.808	0.001	1.182 (1, 111)	0.279	0.011
与父亲的关系质量	0.002 (1, 111)	0.961	0.000	1.558 (1, 111)	0.215	0.014	2.246 (1, 111)	0.137	0.020
生活质量,mean(SD)									
CDLQI总分	0.029 (1, 111)	0.866	0.000	40.682 (1, 111)	0.000***	0.268	0.029 (1, 111)	0.866	0.000
症状	0.019 (1, 111)	0.891	0.000	30.174 (1, 111)	0.000***	0.214	0.325 (1, 111)	0.570	0.003
休闲	0.095 (1, 111)	0.759	0.001	12.204 (1, 111)	0.001**	0.099	3.290 (1, 111)	0.072	0.029

续表

结果指标	即时效果（T0 vs. T1）								
	F (df)	时间*组别 (p value)	Partial η^2	F (df)	时间 (p value)	Partial η^2	F (df)	组别 (p value)	Partial η^2
学校或假期	0.072 (1, 111)	0.789	0.001	14.581 (1, 111)	0.000***	0.116	0.441 (1, 111)	0.508	0.004
人际关系	0.160 (1, 111)	0.690	0.001	1.288 (1, 111)	0.259	0.011	3.584 (1, 111)	0.061	0.031
睡眠	0.892 (1, 111)	0.347	0.008	8.282 (1, 111)	0.005**	0.069	3.086 (1, 111)	0.082	0.027
治疗	0.013 (1, 111)	0.909	0.000	18.695 (1, 111)	0.000***	0.144	1.325 (1, 111)	0.252	0.012

注：T0=干预前，T1=干预后一周内；mean=均值；SD=标准误；df=自由度；Partial η^2=方差分析效应量；SCORAD=湿疹评分指数；CDLQI=生活质量量表分指标；***=$p<0.001$，**=$p<0.01$，*=$p<0.05$。

表 7.6 社会心理干预的持续效果

结果指标	F (df)	时间 * 组别 (p value)	Partial η^2	F (df)	即时效果(T0 vs. T2) 时间 (p value)	Partial η^2	F (df)	组别 (p value)	Partial η^2
湿疹严重程度, mean (SD)									
SCORAD 总分	1.927 (1, 111)	0.168	0.017	26.124 (1, 111)	0.000***	0.191	5.316 (1, 111)	0.023	0.046
SCORAD 客观总分	1.384 (1, 111)	0.242	0.012	17.416 (1, 111)	0.000***	0.136	6.308 (1, 111)	0.013	0.054
皮肤病变范围	2.301 (1, 111)	0.132	0.020	43.689 (1, 111)	0.000***	0.282	4.052 (1, 111)	0.047	0.035
皮损严重程度	0.817 (1, 111)	0.368	0.007	10.163 (1, 111)	0.002**	0.084	5.796 (1, 111)	0.018	0.050
瘙痒程度	2.515 (1, 111)	0.116	0.022	36.670 (1, 111)	0.000***	0.248	0.245 (1, 111)	0.621	0.002
睡眠影响程度	1.270 (1, 111)	0.262	0.011	12.622 (1, 111)	0.001**	0.102	0.812 (1, 111)	0.369	0.007
焦虑程度, mean(SD)									
社交恐惧症	5.692 (1, 111)	0.019*	0.049	0.059 (1, 111)	0.809	0.001	3.649 (1, 111)	0.059	0.032
广泛性焦虑	6.027 (1, 111)	0.016*	0.051	4.767 (1, 111)	0.031*	0.041	3.609 (1, 111)	0.060	0.031
情绪调节, mean(SD)									

续表

结果指标	时间*组别 F(df)	时间*组别 (p value)	Partial η²	即时效果(T0 vs. T2) 时间 F(df)	时间 (p value)	Partial η²	组别 F(df)	组别 (p value)	Partial η²
情绪不稳定	4.975 (1, 111)	0.028*	0.043	2.394 (1, 111)	0.125	0.021	0.307 (1, 111)	0.580	0.003
情绪调节	6.588 (1, 111)	0.012*	0.056	0.390 (1, 111)	0.534	0.004	0.010 (1, 111)	0.919	0.000
自尊,mean(SD)	1.008 (1, 111)	0.318	0.009	1.308 (1, 111)	0.255	0.012	0.016 (1, 111)	0.899	0.000
亲子关系质量,mean(SD)									
与母亲的关系质量	0.004 (1, 111)	0.947	0.000	3.319 (1, 111)	0.071	0.029	0.660 (1, 111)	0.418	0.006
与父亲的关系质量	0.417 (1, 111)	0.520	0.004	0.138 (1, 111)	0.711	0.001	3.352 (1, 111)	0.070	0.029
生活质量,mean(SD)									
CDLQI总分	0.584 (1, 111)	0.446	0.005	50.834 (1, 111)	0.000***	0.314	1.542 (1, 111)	0.217	0.014
症状	0.025 (1, 111)	0.875	0.000	35.527 (1, 111)	0.000***	0.242	0.138 (1, 111)	0.711	0.001

续表

结果指标	时间 * 组别			即时效果(T0 vs. T2)					
	F (df)	(p value)	Partial η^2	时间 F (df)	时间 (p value)	Partial η^2	组别 F (df)	组别 (p value)	Partial η^2
休闲	0.611 (1, 111)	0.436	0.005	21.453 (1, 111)	0.000***	0.162	1.696 (1, 111)	0.196	0.015
学校或假期	2.444 (1, 111)	0.121	0.022	0.033 (1, 111)	0.856	0.000	0.169 (1, 111)	0.681	0.002
人际关系	0.901 (1, 111)	0.344	0.008	5.060 (1, 111)	0.026*	0.044	0.837 (1, 111)	0.362	0.007
睡眠	1.547 (1, 111)	0.216	0.014	8.050 (1, 111)	0.005**	0.068	2.719 (1, 111)	0.102	0.024
治疗	0.431 (1, 111)	0.513	0.004	42.245 (1, 111)	0.000***	0.276	0.819 (1, 111)	0.367	0.007

注:T0=干预前,T2=干预后第五周;mean=均值;SD=标准误;df=自由度;Partial η^2=方差分析效应量;SCORAD=湿疹评分指数;CDLQI=生活质量指标;*** =$p<0.001$,** =$p<0.01$,* =$p<0.05$。

表7.7　社会心理干预的总体效果

结果指标	时间 * 组别 F (df)	(p value)	Partial η^2	总体效果（T0, T1 vs. T2） F (df)	时间 (p value)	Partial η^2	F (df)	组别 (p value)	Partial η^2
湿疹严重程度, mean (SD)									
SCORAD总分	2.645 (2, 222)	0.073	0.023	17.947 (2, 222)	0.000***	0.139	8.617 (1, 111)	0.004**	0.072
SCORAD客观总分	2.101 (2, 222)	0.125	0.019	11.692 (2, 222)	0.000***	0.095	9.716 (1, 111)	0.002**	0.080
皮肤病变范围	1.400 (2, 222)	0.249	0.012	32.981 (2, 222)	0.000***	0.229	4.934 (1, 111)	0.028*	0.043
皮损严重程度	2.171 (2, 222)	0.116	0.019	6.323 (2, 222)	0.002**	0.054	9.902 (1, 111)	0.002**	0.082
瘙痒程度	1.644 (2, 222)	0.196	0.015	24.611 (2, 222)	0.000***	0.181	0.556 (1, 111)	0.457	0.005
睡眠影响程度	1.035 (2, 222)	0.357	0.009	9.253 (2, 222)	0.000***	0.077	1.475 (1, 111)	0.227	0.013
焦虑程度, mean(SD)									
社交恐惧症	3.584 (2, 222)	0.029*	0.031	0.512 (2, 222)	0.600	0.005	2.834 (1, 111)	0.095	0.025
广泛性焦虑	3.876 (2, 222)	0.022*	0.034	2.928 (2, 222)	0.056	0.026	2.935 (1, 111)	0.089	0.026
情绪调节, mean(SD)									

续表

结果指标	时间 * 组别 F (df)	时间 * 组别 (p value)	Partial η^2	总体效果 (T0、T1 vs. T2) 时间 F (df)	时间 (p value)	Partial η^2	组别 F (df)	组别 (p value)	Partial η^2
情绪不稳定	3.619 (2,222)	0.028*	0.032	5.056 (2,222)	0.007**	0.044	0.754 (1,111)	0.387	0.007
情绪调节	4.287 (2,222)	0.015*	0.037	2.194 (2,222)	0.114	0.019	0.034 (1,111)	0.853	0.000
自尊,mean(SD)	0.901 (2,222)	0.407	0.008	0.905 (2,222)	0.406	0.008	0.011 (1,111)	0.918	0.000
亲子关系质量,mean (SD)									
与母亲的关系质量	0.252 (2,222)	0.778	0.002	2.533 (2,222)	0.082	0.022	1.085 (1,111)	0.300	0.010
与父亲的关系质量	0.349 (2,222)	0.706	0.003	0.713 (2,222)	0.491	0.006	3.038 (1,111)	0.084	0.027
生活质量,mean(SD)									
CDLQI总分	0.567 (2,222)	0.568	0.005	35.540 (2,222)	0.000***	0.243	2.316 (1,111)	0.131	0.020
症状	0.051 (2,222)	0.951	0.000	25.357 (2,222)	0.000***	0.186	0.281 (1,111)	0.597	0.003
休闲	0.673 (2,222)	0.511	0.006	12.527 (2,222)	0.000***	0.101	2.837 (1,111)	0.095	0.025

续表

| 结果指标 | 时间 * 组别 | | 总体效果(T0, T1 vs. T2) | | | 组别 | | | |
	F (df)	$(p\ \text{value})$	Partial η^2	F (df)	时间 $(p\ \text{value})$	Partial η^2	F (df)	$(p\ \text{value})$	Partial η^2
学校或假期	1.738 (2, 222)	0.178	0.015	9.349 (2, 222)	0.000***	0.078	0.022 (1, 111)	0.883	0.000
人际关系	1.186 (2, 222)	0.307	0.011	3.073 (2, 222)	0.048*	0.027	2.186 (1, 111)	0.142	0.019
睡眠	0.910 (2, 222)	0.404	0.008	5.695 (2, 222)	0.004**	0.049	3.034 (1, 111)	0.084	0.027
治疗	0.231 (2, 222)	0.794	0.002	20.871 (2, 222)	0.000***	0.158	1.134 (1, 111)	0.289	0.010

注:T0=干预前,T1=干预后一周内,T2=干预后第五周;mean=均值;SD=标准误;df=自由度;Partial η^2=方差分析效应量;SCORAD=湿疹评分指数;CDLQI=生活质量指标;*** =$p<0.001$,** =$p<0.01$,* =$p<0.05$。

表 7.8 随机对照试验结果指标的组内比较

结果指标	试验组 (n=58)					对照组 (n=55)				
	T0 M(SD)	T1 M(SD)	d	T2 M(SD)	d	T0 M(SD)	T1 M(SD)	d	T2 M(SD)	d
湿疹严重程度·mean(SD)										
SCORAD总分	55.55 (23.26)	44.05 (20.29)***	0.63	42.98 (20.71)***	0.64	60.57 (17.64)	56.84 (17.70)	0.20	53.37 (19.89)*	0.36
SCORAD客观总分	44.52 (20.26)	36.10 (17.40)***	0.52	35.28 (17.91)***	0.51	49.81 (16.48)	47.63 (16.30)	0.13	44.63 (17.01)*	0.28
皮肤病变范围	32.49 (25.03)	20.17 (17.50)***	0.68	18.79 (16.94)***	0.74	37.13 (21.90)	28.14 (19.53)**	0.47	28.55 (19.27)**	0.50
皮损严重程度	10.86 (4.61)	9.14 (4.22)**	0.44	9.10 (4.49)**	0.41	12.11 (3.74)	12.02 (4.02)	0.02	11.13 (4.15)	0.20
瘙痒程度	6.93 (2.59)	5.14 (2.80)***	0.72	4.80 (2.75)***	0.83	6.69 (2.52)	5.62 (2.49)**	0.39	5.45 (2.62)**	0.38
睡眠影响程度	4.10 (2.89)	2.90 (2.40)***	0.50	2.56 (2.49)**	0.49	4.07 (2.76)	3.53 (2.43)	0.17	3.27 (2.50)	0.21
焦虑程度·mean(SD)										
社交恐惧症	4.78 (3.94)	4.90 (3.80)	0.04	4.03 (2.97)	0.22	5.15 (3.69)	5.65 (4.13)	0.13	6.05 (4.47)	0.26
广泛性焦虑	4.74 (3.51)	4.10 (3.07)	0.20	3.19 (2.60)***	0.50	4.89 (3.52)	4.76 (3.54)	0.03	4.98 (3.29)	0.02
情绪调节·mean(SD)										

续表

结果指标	试验组（n=58）					对照组（n=55）				
	T0	T1		T2		T0	T1		T2	
	M(SD)	M(SD)	d	M(SD)	d	M(SD)	M(SD)	d	M(SD)	d
情绪不稳定	2.11 (0.42)	1.92 (0.42)**	0.45	1.96 (0.45)*	0.33	2.06 (0.42)	2.02 (0.46)	0.10	2.09 (0.47)	0.07
情绪调节	2.42 (0.31)	2.52 (0.39)*	0.34	2.49 (0.42)	0.22	2.51 (0.32)	2.50 (3.36)	0.03	2.39 (0.43)	0.26
自尊,mean(SD)	2.98 (0.59)	3.10 (0.54)	0.22	3.14 (0.77)	0.18	3.07 (0.59)	3.04 (0.67)	0.04	3.08 (0.76)	0.02
亲子关系质量,mean(SD)										
与母亲的关系质量	2.87 (0.73)	2.81 (0.76)	0.08	2.98 (0.73)	0.17	2.97 (0.69)	2.99 (0.78)	0.04	3.08 (0.71)	0.18
与父亲的关系质量	2.54 (1.03)	2.47 (1.00)	0.12	2.47 (1.00)	0.10	2.80 (0.92)	2.72 (0.95)	0.12	2.82 (0.90)	0.03
生活质量,mean(SD)										
CDLQI总分	7.12 (5.49)	4.55 (3.79)***	0.65	4.67 (4.22)***	0.62	8.38 (5.16)	5.95 (4.46)***	0.56	5.35 (3.22)***	0.72
症状	2.43 (1.51)	1.55 (1.37)***	0.53	1.55 (1.23)***	0.56	2.53 (1.46)	1.69 (1.10)***	0.51	1.60 (0.96)***	0.56
休闲	1.81 (2.14)	1.14 (1.56)*	0.34	1.19 (1.46)*	0.35	2.33 (2.10)	1.76 (1.84)*	0.32	1.45 (1.43)***	0.53

续表

结果指标	试验组（n=58）					对照组（n=55）				
	T0	T1		T2		T0	T1		T2	
	M(SD)	M(SD)	d	M(SD)	d	M(SD)	M(SD)	d	M(SD)	d
学校或假期	0.48 (0.78)	0.19 (0.51)**	0.40	0.34 (0.61)	0.16	0.40 (0.68)	0.15 (0.52)*	0.30	0.51 (0.61)	0.14
人际关系	0.69 (1.13)	0.50 (0.88)	0.15	0.53 (0.92)	0.13	0.95 (1.25)	0.85 (1.03)	0.07	0.56 (0.81)*	0.29
睡眠	0.34 (0.79)	0.21 (0.55)	0.19	0.22 (0.50)	0.16	0.62 (0.89)	0.35 (0.65)*	0.35	0.31 (0.57)*	0.36
治疗	1.36 (1.10)	0.97 (0.99)**	0.40	0.83 (0.92)***	0.59	1.56 (1.01)	1.15 (0.93)**	0.41	0.91 (0.78)***	0.63

注：T0=干预前，T1=干预后一周内，T2=干预后第五周；mean=均值；SD=标准误差；d=组间差异效应量；SCORAD=湿疹评分指数；CDLQI=生活质量指标；*** =p<0.001，** =p<0.01，* =p<0.05。

（五）亲子关系质量

与基线数据相比，无论是干预后的即时调查（T1），还是干预后第五周的随访调查（T2），干预组和对照组中儿童与父母的关系质量均未发生显著变化。组别与时间的交互项也不显著，表明社会心理干预对提高湿疹儿童与父母的关系质量没有显著的干预效果。

（六）生活质量

组内效应显著表明干预组和对照组儿童的总体生活质量都随时间显著改善。然而，与对照组相比，干预组患有湿疹的儿童总体生活质量随时间的推移没有明显改善。在干预后的即时调查中（T0 vs. T1；$p=0.866$）、干预后第五周的随访调查中（T0 vs. T2；$p=0.446$）或是考虑 3 个时间点的情况下，"CDLQI 总得分"均未发现明显的组间交互作用（$p=0.568$）。

第五节　对社会心理干预效果的讨论

一、对既有干预模式的拓展

本研究采用随机对照试验的方法评估了一项针对 6～12 岁湿疹儿童及其父母的社会心理干预的效果。研究证据表明，这项基于身心灵全人健康模式的社会心理干预能够有效缓解儿童湿疹的严重程度，减轻焦虑程度，提高情绪调节能力。基于身心灵全人健康模式的社会心理干预对改善成年人身心健康的效果在以往的研究中已经得到了证实。[1] 本研究作为既有研究的

---

[1] i. Hsiao F H, Chang K J, Kuo W H, et al. A longitudinal study of cortisol responses, sleep problems, and psychological well-being as the predictors of changes in depressive symptoms among breast cancer survivors [J]. Psychoneuroendocrinology，2013，38(3)：356-366. ii. Ng S, Leng L, Ho R T H, et al. A brief body-mind-spirit group therapy for Chinese medicine stagnation syndrome：A randomized controlled trial[J]. Evidence-based complementary and alternative medicine，2018(2018)：8153637. iii. Tang V Y H, Lee A M, Chan C L W, et al. Disorientation and reconstruction：The meaning searching pathways of patients with colorectal cancer[J]. Journal of psychosocial oncology，2007，25(2)：77-102.

延伸,首次探讨了基于该模式的社会心理干预在患有身体健康问题儿童群体中的应用和效果。针对湿疹儿童群体的教育干预或教养干预的基本假设是,通过提高父母照护技能或改善父母的养育行为可以改善患病儿童的身心健康。① 然而,很少有非药物干预关注阻碍湿疹儿童进行自我管理的情绪或社交困扰。基于身心灵全人健康模式的社会心理干预以全面性和预防性的视角改变了既有的非药物干预的理念和模式。该社会心理干预不仅包括对湿疹儿童生理、心理和社交需求方面的元素,也包括提高他们的心理韧性、情绪调节能力和自尊感的元素。此外,既有针对湿疹儿童群体的非药物干预项目(特别是教育干预)通常由护士在医疗机构中实施和提供②,但在医疗和护理条件有限的地区可能很难提供此类干预措施。本研究证明了专业社会工作者在为湿疹儿童提供社会心理干预方面的有效性,有利于推动由多学科参与的干预措施的进一步发展。

二、社会心理干预效果机制的讨论

本研究结果表明,基于身心灵全人健康模式的社会心理干预可以作为治疗儿童湿疹的非药物辅助方法。通过使湿疹儿童能够以正念的态度接受疾病,培养在疾病治疗中的平和心态,并在具有类似经历的患者和家庭之间建立相互支持的网络可能是该社会心理干预发挥积极作用的关键途径。③ 具体而言,基于身心灵全人健康模式的社会心理干预能够有效提高湿疹儿童身

---

① Thompson D L，Thompson M J. Knowledge，instruction and behavioural change：Building a framework for effective eczema education in clinical practice[J]. Journal of advanced nursing，2014，70(11)：2483-2494.

② i. Ersser S J，Cowdell F，Latter S，et al. Psychological and educational interventions for atopic eczema in children[J]. Cochrane database of systematic reviews，2014(1)：CD004054. ii. Lee Y，Oh J. Educational programs for the management of childhood atopic dermatitis：An integrative review[J]. Asian nursing research，2015，9(3)：185-193.

③ Lee M Y，Chan C C H Y，Chan C L W，et al. Integrative body-mind-spirit social work：An empirically based approach to assessment and treatment[M]. New York：Oxford University Press，2018.

心健康可能有如下几个方面的原因。

第一，除皮肤症状外，湿疹儿童群体还存在心理和社交困难的累积风险。[1] 基于身心灵全人健康模式的社会心理干预将湿疹儿童视为一个完整的人进行干预。研究结果表明，基于整体视角的一体化干预模式能够最大化地满足湿疹儿童的需求，并实现改善他们长期健康的效果。

第二，湿疹的皮肤症状会导致儿童情绪困扰，情绪困扰也会反过来诱发或加剧湿疹的严重程度。[2] 该社会心理干预强调湿疹儿童的皮肤状况与情绪的联系，也强调儿童的情绪表达和调节，对儿童的情绪维度有较好的干预效果，在短期内有助于缓解患病儿童的焦虑程度，让他们保持平静，在长期则可以提升他们的心理弹性。该研究结果也印证了在情绪维度对湿疹儿童进行干预的重要性。[3]

第三，对于患有湿疹的儿童来说，社会隔离和歧视是一个普遍存在的问题，这造成了严重的情感伤害。[4] 该社会心理干预采用团体辅导的形式，这也可能是它能够实现积极效果的一个重要因素。团体辅导是在团体情景中提供社会心理帮助与指导的一种辅导与治疗形式，它通过团体人际的交互作用，促成个体的助人过程。团体辅导的形式为儿童创建了一个相互支持的网络以及一个被接纳的安全空间，这会让他们感受到温暖和认可。[5] 当湿疹儿童与患有相同疾病的儿童在团体中一起玩耍时，他们感觉到的压力会更小，

---

[1] Xie Q W, Dai X, Tang X, et al. Risk of mental disorders in children and adolescents with atopic dermatitis: A systematic review and meta-analysis [J]. Frontiers in psychology, 2019(10): 1773.

[2] Barilla S, Felix K, Jorizzo J L. Stressors in atopic dermatitis [J]. Management of atopic dermatitis, 2017(1027): 71-77.

[3] Bronkhorst E, Schellack N, Motswaledi M H. Effects of childhood atopic eczema on the quality of life [J]. Current allergy & clinical immunology, 2016, 29(1): 18-22.

[4] Chernyshov P V. Stigmatization and self-perception in children with atopic dermatitis [J]. Clinical, cosmetic and investigational dermatology, 2016(9): 159-166.

[5] Nguyen C M, Koo J, Cordoro K M. Psychodermatologic effects of atopic dermatitis and acne: A review on self-esteem and identity [J]. Pediatric dermatology, 2016, 33(2): 129-135.

并对自己和其他患病儿童产生同理心。他们还可以在团体中相互学习,交换经验,尝试模仿适应行为,学习社会交往技巧等。

第四,本研究也表明,在对患有湿疹的儿童进行心理社会干预时,让患病儿童及其父母参与非常重要。湿疹可能对儿童与父母的亲子关系的质量产生负面影响,但父母和家庭也是儿童获取支持最重要的来源。① 既往的研究也发现,稳定的亲子关系可以为提供给慢性病患儿的社会心理干预发挥效果提供良好的基础。② 该社会心理干预项目采用了父母与儿童共同参与的平行小组干预模式,这一模式也可能是干预实现积极效果的重要原因。

第五,提供给湿疹儿童的社会心理干预项目在内容和形式设计上需要考虑儿童特殊的发展阶段。该社会心理干预根据儿童的发展阶段设计并使用游戏和绘画的表达方法,这些活动不仅给孩子们带来即时的快乐和满足,而且有助于传递关于身心联系和情绪调节的抽象信息,帮助他们学习使用除语言之外的其他方法表达自己。

在本研究中社会心理干预对提高儿童的自尊、改善亲子关系质量、提高患儿生活质量方面的效果并不显著。首先,与拒绝参加或忽视本项目的家庭相比,父母与孩子愿意一起参加一个为期 6 周共 18 小时的干预项目的家庭中的亲子关系起码不会特别差,这些父母也更有可能为孩子提供支持。这也说明了为什么在干预组或对照组中亲子关系的质量都没有发生显著变化。其次,这些不显著的结果还可能是由儿童无法控制或在短时间内无法改变的因素引起的,比如公众对湿疹的认知、社会对美的界定、父母离婚导致的亲子关系问题等。虽然社会心理干预有效地改善了儿童的福祉,但要想全面改善

---

① Mitchell A E, Fraser J A, Morawska A, et al. Parenting and childhood atopic dermatitis: A cross-sectional study of relationships between parenting behaviour, skin care management, and disease severity in young children[J]. International journal of nursing studies, 2016(64): 72-85.

② Scholten L, Willemen A M, Napoleone E, et al. Moderators of the efficacy of a psychosocial group intervention for children with chronic illness and their parents: What works for whom? [J]. Journal of pediatric psychology, 2015, 40(2): 214-227.

湿疹患儿的生活质量，需要向这些家庭提供持续的帮助，例如家庭咨询、公共教育等，为这些儿童及家庭营造一个更友善的社会环境。

三、本研究的局限性

本研究可能存在如下 4 个方面的局限。第一，实施社会心理干预的 9 个社区服务中心在招募参与者上起到了重要作用。因此，与那些从未与这些服务中心打过交道的家庭相比，与服务中心经常有联系的家庭更容易获得招募信息。对照组中的一些家庭与服务中心原本有联系或之前接受过服务中心的其他服务，他们与服务中心良好的互动关系或是在干预过程中的一些求助行为可能会导致安慰剂效应，从而低估了本研究中社会心理干预的效果。这也部分解释了为什么干预组和对照组儿童的总体生活质量都随着时间增加显著地改善了。第二，局限性与参与者退出率有关。在随机化分配之后，有50 个家庭退出了该项目且没有参加基线调查。他们退出的主要原因是他们个人的安排与所分配组的服务时间有冲突。因此，为增加家庭获得服务的机会，提供更灵活的时间表、更多的课程以及更合适的服务场地是非常重要的。第三，由于服务中心的社会工作者负责招募参与者并为干预组和对照组的家庭提供服务，因此对他们来说"双盲"是难以实现的。提供服务的社会工作者知道分组情况，可能会影响他们与不同组别家庭的互动。尽管干预组和对照组的儿童一起参加了 SCORAD 评估，但由于 SCORAD 评估员知晓分组情况，因此也可能存在一定的偏误。第四，为了避免儿童填写问卷时间过长造成其负担，本研究只评估了有限的结果指标。实际上，我们需要更多的研究来评估基于身心灵全人健康模式的社会心理干预在其他方面的效果，如儿童治疗依从性、药物用量和同伴侵害等。而且本研究没有进一步分析该社会心理干预项目对湿疹儿童的效果机制，未来的研究需要进一步探究社会心理干预效果的调节和中介效应，以确定干预内容中最有效或最重要的部分。

第六节　本章小结

通过严谨的研究设计，本研究的结果显示，基于身心灵全人健康干预模式的社会心理干预项目能够有效降低6～12岁湿疹患儿的湿疹严重程度、缓解其广泛性焦虑和社交恐惧症,并提高其情绪调节能力。未来的研究需要将这种社会心理干预模式推广到其他不同地理环境、不同发展阶段的湿疹儿童群体中,使更多的湿疹儿童受益。下一章将通过"以儿童为中心"的质性研究方法评估该社会心理干预项目对湿疹儿童主观疾病经历的影响。

第八章
社会心理干预对湿疹儿童主观疾病经历的影响：前后对照的质性研究

非药物干预对解决湿疹儿童的心理和社会需求至关重要。[①] 本书使用混合研究设计，综合评估了一项基于身心灵全人健康模式的社会心理干预项目对改善湿疹儿童身心健康的效果。在上一章中，随机对照试验的研究结果发现，这项社会心理干预措施对减轻儿童湿疹的严重程度、缓解焦虑程度、提高调节情绪能力方面具有显著的效果；但该干预措施在提高儿童的自尊、改善其与父母的关系质量、提高总体生活质量方面没有展现出显著的效果。本章将聚焦混合研究设计中质性部分的研究发现。本研究使用前后对照的质性研究设计，旨在倾听患有湿疹儿童的声音，从主体经验层面解释这项社会心理干预对湿疹儿童主观疾病经历的影响，并根据质性研究的结果进一步剖析随机对照试验中干预措施在儿童身心健康指标方面产生效果的机制以及没有产生效果的原因。

第一节　随机对照试验结果的缺失

一、参与者的主观体验被忽视

随机对照试验是评估社会心理干预措施效果的金标准，能够提供有关干

---

① Kelsay K，Klinnert M，Bender B. Addressing psychosocial aspects of atopic dermatitis[J]. Immunology and allergy clinics，2010，30(3)：385-396.

预措施与参与者身心健康结果指标之间因果关系的证据。① 但是,随机对照试验有关干预措施有效性的统计结果难以充分考虑参与者的主体经验。② 特别是在对提供给儿童的干预措施进行效果评估时,儿童的声音很少被倾听。③ 事实上,将儿童的声音纳入项目效果评估的研究进展十分缓慢。④ 特别是在包含随机对照试验的研究设计中,考虑儿童的主体经验或主观观点更是困难重重。⑤ 在众多对社会心理干预项目的效果评估中,儿童常常只被当作干预服务的被动接受者,他们在项目中的主体经验极少被用作论证干预措施是否有效以及为什么有效的证据。一般而言,研究者通常会邀请儿童的父母或照顾者对儿童的健康结果指标进行评估。⑥ 即便是让儿童自行填写问卷进行效果评估,随机对照试验的设计和实施流程也都是由成人主导的,在选择评估哪些结果指标或者是选择使用哪些测量工具上,接受干预服务的儿童自身几乎是没有话语权的。但是,父母或照顾者不可能完全了解儿童自身在干预中的主体经验和感受。如果没有从当事人那里获得关于干预措施效果的有效信息,不免会导致儿童作为参与者的需求与提供给他们的服务之间

---

① Solomon P, Cavanaugh M M, Draine J. Randomized controlled trials: Design and implementation for community-based psychosocial interventions[M]. Oxford: Oxford University Press, 2009.

② O'Farrelly C. Bringing young children's voices into programme development, randomized controlled trials and other unlikely places[J]. Children & society, 2021, 35(1): 34-47.

③ De Bes J, Legierse C M, Prinsen C A C, et al. Patient education in chronic skin diseases: A systematic review[J]. Acta dermato-venereologica, 2011, 91(1): 12-17.

④ Lees A, Payler J, Ballinger C, et al. Positioning children's voice in clinical trials research: A new model for planning, collaboration, and reflection[J]. Qualitative health research, 2017, 27(14): 2162-2176.

⑤ O'Farrelly C. Bringing young children's voices into programme development, randomized controlled trials and other unlikely places[J]. Children & society, 2021, 35(1): 34-47.

⑥ Huang X, O'Connor M, Ke L S, et al. Ethical and methodological issues in qualitative health research involving children: A systematic review[J]. Nursing ethics, 2016, 23(3): 339-356.

产生脱节。因此，在对提供给儿童的社会心理干预措施进行效果评估时，从儿童的视角出发，尊重儿童的独特性并理解他们的主体经验十分重要。干预措施效果的评估研究非常有必要采用适合儿童发展阶段的研究设计和方法，直接从儿童那里获取信息，并将他们的声音纳入研究结果的汇报中。

二、干预效果机制与原因不明确

此外，当社会心理干预项目包含较为多元或复杂的内容时，随机对照试验对于干预有效或无效的原因并不能提供很好的实证解释。[①] 基于身心灵全人健康模式的社会心理干预正是一种包含多元内容的综合型干预项目。仅通过随机对照试验的量化结果，我们很难清楚地知道该干预项目对于湿疹儿童健康结果指标有效或无效背后的原因。而对于干预措施机制的了解，特别是对于有效或无效的原因的剖析，无论是对进一步改进干预措施的效果，还是对在其他社会文化情境中实施相似项目都是至关重要的。

第二节　研究目的与方法

一、研究目的

越来越多的学者建议，在评估项目效果时，将随机对照试验与质性研究结合使用。[②] 质性研究的结果不仅能够理解参与者的主体经验，还可以为解释复杂干预措施效果背后的原因提供洞见，帮助研究人员解释或反思随机对

---

① Mowat R，Subramanian S V，Kawachi I. Randomized controlled trials and evidence-based policy: A multidisciplinary dialogue[J]. Social science & medicine, 2018(210): 1.

② Northcott S，Simpson A，Thomas S，et al. "Now I am myself": Exploring how people with poststroke aphasia experienced solution-focused brief therapy within the SOFIA trial[J]. Qualitative health research，2021，31(11): 2041-2055.

照试验的结果,从而得出有价值的建议,为进一步改进干预方案提供指导。[①]
尽管有这些益处,在当前的项目评估研究和实践中,将质性研究与随机对照
试验一起使用的情况仍然非常有限。[②] 本研究遵循"以儿童为中心"的研究
范式,采用儿童友好的质性研究方法,在进行随机对照试验的同时,并行使用
前后对照的质性研究方法,评估一项提供给湿疹儿童的社会心理干预项目的
效果。具体而言,本研究旨在实现以下3个主要目标:(1)通过倾听湿疹儿童
的声音,探索基于身心灵全人健康模式的社会心理干预措施对其主观疾病经
历的影响;(2)分析该社会心理干预措施对湿疹儿童产生影响的机制;(3)基
于质性研究结果对第七章中随机对照试验的研究结果进行解释。

二、研究的方法与过程

(一)研究设计

在进行随机对照试验时,如何以合理的方式融入质性研究是个难点。为
了防止随机对照试验中研究流程过于复杂对量化研究结果产生干扰,也为了
避免干预组中的儿童因在同一时间段接受量化和质性评估产生负担,本研究
选择不对干预组的儿童进行质性访谈。本章中的研究对象从随机对照试验
的对照组儿童($n=55$)中进行招募。在随机对照试验完成之后,对照组中的
儿童接受了与干预组相同的身心灵全人健康活动单元,我们将此视为一项新
的社会心理干预项目,并且在本章中使用前后对照设计的质性研究方法考察
其对儿童主观疾病经验的影响。图8.1呈现了该质性研究与第五章湿疹儿

---

① i. Mannell J, Davis K. Evaluating complex health interventions with randomized controlled trials: How do we improve the use of qualitative methods? [J]. Qualitative health research, 2019, 29(5): 623-631. ii. Toye F, Williamson E, Williams M A, et al. What value can qualitative research add to quantitative research design? An example from an adolescent idiopathic scoliosis trial feasibility study[J]. Qualitative health research, 2016, 26(13): 1838-1850.

② O'Cathain A, Thomas K J, Drabble S J, et al. Maximising the value of combining qualitative research and randomised controlled trials in health research: The Qualitative Research in Trials (QUART) study-a mixed methods study[J]. Health technology assessment, 2014, 18(38): 1197.

童疾病经历研究以及第七章随机对照试验研究的关系。

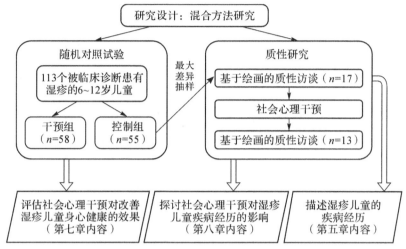

图 8.1　前后对照质性研究的研究设计

（二）研究对象

年龄在 8~12 岁之间并参与了基于身心灵全人健康模式的社会心理干预项目的湿疹儿童符合本研究的纳入标准。根据儿童的年龄、性别和湿疹严重程度 3 项差异化指标，在 55 名儿童中进行最大差异抽样。具体抽样过程详见本书第五章第二节以及表 5.1。有 17 名儿童及其父母愿意参与这项质性研究并接受了干预前的第一轮质性访谈。由于时间冲突，有 4 名男孩决定退出干预项目。其他 13 名儿童参与了干预项目并接受了第二轮质性访谈。因此，本研究的最终样本是 13 名儿童（8 名女孩和 5 名男孩），4 名退出干预项目的湿疹儿童不纳入本研究。在 13 名研究对象中，有 9 名参与者患有严重湿疹，其余 4 名患有中度湿疹。有 9 名儿童在 1 岁之前被诊断患有湿疹。所有的受访儿童都接受了各种类型的湿疹治疗。有 4 名儿童还有其他生理健康状况，如过敏性鼻炎（H10）、哮喘（G16）、注意缺陷多动障碍（C15）以及孤独症谱系障碍（D08）。有 1 名儿童（G12）来自低收入家庭，家庭月收入低于 20000 港元。大多数家庭都有不只一个孩子，有 6 个家庭有 1 个以上的孩子被诊断为湿疹。13 名研究对象的主要特征见表 8.1。

表 8.1 前后对照质性研究中参与者的特征

编号	性别	年龄/岁	SCORAD总分	初诊年龄/月	接受治疗种类	其他健康状况	家庭月收入/HKD	家中儿童数量	家中湿疹儿童数量	第一轮访谈时长/分钟	第二轮访谈时长/分钟
A12	女	9	78	6	123456	/	未报告	2	2	75	52
C14	女	12	94	3	12356	/	30000~39999	2	2	57	88
D06	女	8	71	1	12356	/	60000~69999	2	1	65	68
E02	女	10	40	0	123456	/	≥80000	2	2	62	60
H08	女	9	25	36	123456	/	≥80000	1	1	66	46
H10	女	10	63	48	1236	AR	未报告	4	3	22	40
H20	女	9	77	1	1236	/	≥80000	1	1	60	41
K07	女	11	82	3	123456	/	20000~29999	2	1	54	31
B06	男	12	43	20	123467	/	20000~29999	3	1	34	50
C15	男	10	74	84	126	ADHD	未报告	2	2	67	71
D08	男	9	46	12	12367	ASD	30000~39999	2	1	23	29
G12	男	11	78	2	1234567	/	10000~19999	1	1	66	48
G16	男	8	63	3	1246	Asthma	20000~29999	2	2	47	62

注:SCORAD=湿疹严重程度评分指数;接受治疗种类:1=保湿剂,2=局部类固醇治疗,3=局部非类固醇治疗,4=湿敷治疗,5=口服抗生素,6=传统中医治疗,7=其他;其他健康状况:ADHD=注意缺陷多动障碍,ASD=孤独症谱系障碍,AR=过敏性鼻炎,Asthma=哮喘。

（三）数据收集

在社会心理干预项目的前后,分别进行了一轮基于绘画的质性访谈。第一轮访谈于 2017 年 9 月至 10 月进行,第二轮访谈于 2017 年 11 月至 2018 年 2 月进行。采用将半结构式访谈(semi-structured interview)与绘制和解释技术(draw-and-explain technique)[①]相结合的方式,每轮访谈中让儿童完成两幅绘画任务并进行口头解释。有关绘画任务的具体内容和访谈流程已在第五章第三节进行阐述,此处不再赘述。在第二轮访谈临近结束时,增加了针对社会心理干预项目的体验或看法的相关访谈问题。所有访谈都进行了录音,录音时长从 22 分钟到 88 分钟不等,平均持续时间为 52.6 分钟。访谈以广东话进行,并逐字转录为中文。

（四）数据分析

使用 NVivo 12 软件对转录后的文本资料进行管理和编码。对两轮数据分开编码分析。本研究的目的是通过比较湿疹儿童在参与社会心理干预前后疾病经历的主要变化分析该干预项目对儿童的影响,因此仅分析参与社会心理干预及前后两次质性访谈的 13 名湿疹儿童的资料。对于第一轮数据,使用莫斯塔卡(1994)的现象学方法[②]进行分析。在获得对数据库的总体认识后,重要的语句被分组为意义单元(meaning units),即代码(code),然后再组合成主题(themes),通过归纳分析的过程形成编码本(见表 5.3)。湿疹儿童在参加社会心理干预前的疾病体验本质上是通过对他们在"罹患湿疹"这一现象中体验到的"什么"以及他们在特定情境中体验这种现象的"方式"的综合描述形成的。对第一轮访谈的数据分析过程详见本书第五章第二节。根据编码本对第二轮数据集进行了演绎分析,随之产生关于儿童在社会心理干预项目中疾病经历的

①　Günindi Y. Preschool children's perceptions of the value of affection as seen in their drawings[J]. International electronic journal of elementary education,2015,7(3):371-382.

②　Moustakas C. Phenomenological research methods [M]. Thousand Oaks:Sage Publications,1994.

新意义单元和主题。根据第二轮数据中的意义单元和主题形成有关湿疹儿童在干预后疾病经历的综合描述。为了了解湿疹儿童在参与社会心理干预前后主观体验的变化,我们比较了两个时间点的综合描述、主题和意义单位、每个儿童的访谈文本中产生的主题和意义单位。儿童的绘画作品用以帮助研究者理解儿童口头表达的内容和语境,不作正式分析。表8.2展示了社会心理干预前后每个主题或意义单元中重要陈述出现的频率。

表 8.2　社会心理干预前后湿疹儿童重要陈述数量的比较

主题和意义单元	干预前	干预后
生理方面的挑战与危机		
1.瘙痒和搔抓	47	36
2.睡眠障碍	17	6
3.无休止的治疗	12	9
4.明显的皮损及样貌改变	15	8
5.长期性和反复发作	3	6
6.疼痛	9	1
7.身高矮	5	5
8.诱发其他生理症状	4	1
心理方面的挑战与危机		
1.生气或恼怒	24	34
2.悲伤或不开心	24	11
3.担心或害怕	7	5
4.紧张或压力	3	3
5.尴尬	2	0
6.困惑	4	0
社会方面的挑战与危机		
1.与同伴/同学的关系	37	22
2.与父母的关系	21	17

续表

主题和意义单元	干预前	干预后
3.与兄弟姐妹的关系	5	5
4.与老师的关系	6	4
5.与其他人的关系	2	1
认知方面的挑战与危机		
1.湿疹的负面形象	3	4
2.对"罹患湿疹"的认知	15	5
3.对自己的认知	16	10
4.感知的歧视	10	6
学业方面的挑战与危机	18	9
日常生活方面的挑战与危机	22	9
财务方面的挑战与危机	2	2
应对策略		
1.积极应对	16	26
2.适应性应对	7	18
3.消极应对	3	2
适应与现状		
1.成长	16	22
2.接受	12	20
3.未适应	2	2
社会支持来源		
1.父母	41	37
2.兄弟姐妹	10	8
3.其他家庭成员	34	27
4.同伴/同学	29	23
5.老师	12	6
6.其他	1	3

续表

主题和意义单元	干预前	干预后
社会支持类型		
1.情感/情绪支持	38	26
2.有形的或工具性支持	44	34
3.信息支持	5	0
4.社会互动支持	39	39

第三节　干预前后湿疹儿童疾病经历的变化

基于身心灵全人健康模式的社会心理干预措施对湿疹儿童的影响是通过儿童参与干预项目前后疾病经历的变化体现出来的。通过对儿童疾病体验的前后比较,本研究发现他们在认知、行为、环境和身心结果层面的相关疾病经历发生了一些变化,并进一步分析了发生变化的潜在机制。

一、认知层面的变化:被重新诠释的疾病认知

对比两次访谈的质性资料会发现,大多数儿童在干预前的访谈中展现出对疾病的极度抗拒,认为自己是受害者,不应该患上湿疹;而在干预后的访谈中,他们中的许多人对湿疹经历进行了重新诠释,并对自己患有湿疹这件事情形成了新的、相对积极的认知和理解。

(一)对湿疹的理解加深

首先,参与社会心理干预项目让他们有机会接触到其他同样患有湿疹的同龄人。一些儿童表示,这样的经历让他们对自己的疾病有了更多、更深刻的理解。同质群体中的新体验在改变儿童对湿疹的理解方面发挥了重要作用。

访谈员:你觉得上完这个课程之后,你对湿疹有什么理解?

H10_2:加深了。

访谈员:怎样加深法?

H10_2:知道湿疹,不从别人的角度看,就是一些有湿疹的人看有湿疹的人,知道的多了。

(H10,女,10 岁,重度湿疹)

（二）湿疹是个具有两面性的"普通人"

在社会心理干预之后与儿童的访谈对话中,湿疹不再被无限地"恶魔化",儿童自己也开始摆脱受害者的身份。例如,在第一次访谈中,C14 认为湿疹是一个偷走了她人际关系锁的钥匙的恶魔,她非常详细地描述了在学校里糟糕的同伴关系以及在社区中经历的歧视。当时的她非常痛苦,哭诉着患有湿疹是多么的不公。然而,在第二次访谈中,她谈论起湿疹时不再那么痛苦和悲怆,湿疹在她画中的形象变成了两只恐龙。尽管她仍然不喜欢湿疹,但她开始认为湿疹具有两面性,以下是她对第二次访谈中画作的解释。

访谈员:你说一下这个画是怎么样的?

C14_2:这个是很痒很痒的时候,这个是舒服的时候,没有痒。

访谈员:这两个不同颜色、不同样子,为什么?

C14_2:两边,一个左一个右。

访谈员:两边的? 为什么是两边,而不是两个东西?

C14_2:因为湿疹只是一个东西。

访谈员:因为湿疹是同一样东西,但是有两边的?

C14_2:这边温和。

访谈员:粉红色代表温和。

C14_2:温和一点,没那么沉。

访谈员:红色的?

C14_2:流血,一点点。

访谈员:所以这个样是?

C14_2:很痒,所以会凶点。

访谈员:很痒?

C14_2:敏感点。

访谈员:敏感点的。那这个样是?

C14_2:很开心。

访谈员:它温和点就会好开心?

C14_2:嗯。

访谈员:这个时候有没有湿疹的?

C14_2:有。但是都会很开心的,因为温和了,舒服了点。

访谈员:但是它的样都是这样的,为什么?

C14_2:同一样东西。

访谈员:都是怪兽?

C14_2:不是怪兽。

访谈员:它是什么?

C14_2:恐龙。

访谈员:为什么是恐龙?

C14_2:够凶。

访谈员:湿疹对你来说是很凶的东西,但是很凶的都有温和的一面。

C14_2:好像恐龙爸爸见到自己的孩子都会好,都会有好的一面。

访谈员:那自己和这个恐龙的关系是怎么样的?

C14_2:没得分开。

访谈员:是哪部分或者哪个位置?

C14_2:两部分都是。

访谈员:如果是你,你会站在恐龙的这里吗?

C14_2:我会站中间。两边都有,和它分开不了。

访谈员:那你有什么感觉?

C14_2:没什么感觉。

访谈员:有没有喜欢、不喜欢?

C14_2:没分。

访谈员:它是你的敌人还是朋友?

C14_2:两样都是。

访谈员:它为什么会是你的敌人?

C14_2:因为有时候搞到我很生气。

访谈员:就是它有凶的一面。那为什么会是你的朋友呢?

C14_2:有时候不凶,有时候一痒都会帮到我想事情。

访谈员:帮你想什么?

C14_2:怎样令自己不痒。

访谈员:你觉得会想事是好的,你会想什么?

C14_2:看紧自己的手,不让自己抓。

访谈员:那样就会好点的?

C14_2:没那么痒。

访谈员:那你觉得你自己是不是想一些方法令自己没那么痒?为什么觉得想事是一件好事?

C14_2:好过没有想。

访谈员:你都喜欢自己去想一些事去帮自己?

C14_2:画画都是。

访谈员:画画都是其中一个帮到你不痒的方法……这里有个心心眼,那为什么你心心眼它?

C14_2:对人都会好。

访谈员:你会对人都好的,例如呢?

C14_2:没有那么凶,因为不那么痒。和它玩。就是对家里人都会好点,心心眼是表示爱身边的人……嗯,不知道你有没有发现一个事?

访谈员:什么?

C14_2:这只肥点,这只瘦点。

访谈员:为什么呢?

C14_2:我很开心就会吃好多东西。

(C14,女,12 岁,重度湿疹)

在参加过社会心理干预后,儿童明显表现出对自己患有湿疹这件事情更高的接受度。例如,D06 在第一次访谈中认为湿疹是一种很不好的疾病,是"完完全全的坏人"。然而,在干预后的访谈中,她重新构建了湿疹的形象,将其视为没有那么坏的"普通人"。

> 访谈员:湿疹以前很凶的?
>
> D06_2:很凶很凶。
>
> 访谈员:那它现在是什么样呢?
>
> D06_2:是一个普通人。
>
> 访谈员:会不会是你的朋友?
>
> D06_2:不会。
>
> 访谈员:为什么?
>
> D06_2:因为都还是有的。
>
> 访谈员:它都是不好的?
>
> D06_2:就是这个坏人没那么坏了。
>
> (D06,女,8 岁,重度湿疹)

(三)湿疹不是核心记忆

在社会心理干预之后,一些儿童开始重新思考湿疹在他们生活中的角色。例如,在第一次访谈中,G12 只关注湿疹给他带来的不便和限制,比如,他表示想看看机票是什么样子的,因为皮肤的问题他从未坐过飞机;此外,他非常喜欢踢足球,但其他人认为湿疹患者不擅长踢足球。他详细地描述了湿疹是如何极大地影响他的日常生活、运动、外出旅行以及人际关系。湿疹似乎给他的人生蒙上了阴影,而他无路可逃。然而,在第二次访谈中,他整个人似乎从"被限制"转变得更为自由。在绘画任务中,他画了《哆啦A梦》的随意门和竹蜻蜓,并表示它们可以帮助他打破湿疹造成的束缚。此外,他在画作中以及访谈对话中更倾向于表达自己喜欢的事物而非湿疹带来的限制,比如他的爱好等。正如他在第二次访谈中所说的,湿疹不再是他的核心记忆。他用《玩转脑朋友》(又翻译为《头脑特工队》)这部电影诠释了湿疹在他当前生活中的角色。

G12_2:不如你教我画随意门。

访谈员:随意门？

G12_2:嗯。

访谈员:你想画随意门吗？

G12_2:是啊,不过不是很知道怎么画。

访谈员:我们不是要画漂亮的嘛,都行的,这个随意门。

G12_2:像不像？

访谈员:什么？

G12_2:竹蜻蜓。

访谈员:这个真是像啊。为什么画这个呢？有没有想到一些？

G12_2:想到一些关心的事。

访谈员:什么关心事？

G12_2:去玩。

访谈员:湿疹去玩？

G12_2:带着湿疹去玩。

访谈员:怎样带着湿疹去玩？

G12_2:去迪士尼、海洋公园啊。

访谈员:怎么带着它去玩啊？

G12_2:因为它黏着皮肤,走来走去它都是在的,所以你就明白为什么带着它走了。

访谈员:明白。你除了带着湿疹去玩之外,湿疹还带了什么给你？

G12_2:你觉得呢？

访谈员:我不知道。你什么时候发现可以和湿疹到处去玩的？

G12_2:没有怎么发现,只是想着怎么玩,想到就会立刻去做了。我是保持乐观的心态。你知不知道《玩转脑朋友》里面呢,那里有一个大脑总部,大脑总部有周围世界,世界对着大脑总部中间有黑色的东西,那些就是忘记了的记忆,记忆球,你知不知道？

访谈员:我知道。

G12_2:我都有看,我希望再出一部新的《玩转脑朋友 2》。

访谈员:那你觉得你的湿疹是会在忘记了的灰色球里面,还是在核心的里面,还是说在黄色的建立的记忆球里面?

G12_2:长期记忆。

访谈员:你长期记忆的湿疹有什么片断?

G12_2:那个长期记忆的工作人员,你记不记得那些工作人员将那些球无端端抽走了,那有什么问题?

访谈员:那就会没有了那个岛。

G12_2:他们抽走那些记忆球,为什么? 因为那个球已经是灰色了。

访谈员:核心记忆不会灰色的。

G12_2:我不是说核心记忆,是长期记忆。

访谈员:是啊。那湿疹不是属于核心,是长期记忆?

G12_2:是。湿疹的记忆是可以丢掉的。

访谈员:丢到坑里的。

G12_2:也都可以不丢。你知不知道最后那个球呢,消失了?

访谈员:因为落在了坑里? 不记得了。

G12_2:是了。但是阿乐会被人忘记的,因为他是一种情绪来的,只要他回到总部,就会控制任何事,因为他是一种情绪来的,所以不会消失。

访谈员:你觉得你的脑里面哪一个是主导着?

G12_2:阿乐。你呢?

访谈员:我都是阿乐的。你觉得这个长期记忆,你刚才说湿疹是长期记忆球,那它需不需要扔?

G12_2:很小时候的记忆应该丢了。

访谈员:最近的那些呢?

G12_2:我不会摆在核心记忆。核心记忆是好的东西。

访谈员:核心记忆是不是真是好的东西? 记不记得那个《玩转脑朋友》里面。

G12_2：核心记忆那个球就一个岛嘛，当我开始玩足球，之后就真正爱它，那个主角，那个人，那个银幕，其实就是眼睛，它那个岛是根据喜好而定出来的，我喜欢玩足球，那么我就是足球岛了。你是什么岛啊？

访谈员：我有很多岛的。那有没有一个岛是叫湿疹岛的？

G12_2：没有。

访谈员：因为它是记忆球。

G12_2：嗯。

访谈员：你家里那个岛里面有什么？

G12_2：妈妈、我，还有家里人。

访谈员：他们对湿疹呢，对你抓痒这些有没有说过什么？

G12_2：主要是给我一些东西令我湿疹好些，譬如这些东西，一开始什么记忆都有的，但是随着成长，最后就只剩下核心记忆停留在这里，其他可能是无谓的东西，当你真成长，这些就算一支火箭一样升，不断升的时候，可能有些东西就忘记了。

（G12，男，11 岁，重度湿疹）

（四）痛苦的治疗也有益处

在第一次访谈中，大多数儿童都认为各种各样的、频繁的治疗非常难以忍受。在社会心理干预之后，他们在访谈中甚至谈论起那些曾经让他们深恶痛绝的治疗的一些好处。其中，日常搽药膏是让每一个儿童都感到高度紧张的话题，他们抱怨着搽药膏会有"黏""不舒服""刺痛"等感觉。相比之下，他们在第二次访谈中对搽药膏表现出不同的看法。有几位儿童表示，他们愿意为将来皮肤变得更好而"努力"。例如 A12 虽然觉得搽药膏很麻烦，但是她认识到搽药膏是获得好皮肤的必要努力。

访谈员：知不知道自己什么时候有湿疹的？

A12_2：差不多出生的时候。

访谈员：这个是谁告诉你知道的？

A12_2：妈咪。

访谈员:你现在知道了,觉得这个事情怎么样呢?

A12_2:觉得好不了。但是过了青春期可能才会好。

访谈员:可不可以告诉我,你刚才说到青春期后有机会会好,这个想法,你自己怎么看的?

A12_2:我觉得都挺想的。除了说之外,都要自己努力。

访谈员:自己的努力。努力是哪一方面?

A12_2:搽药膏。

访谈员:自己经常有搽药膏的?

A12_2:有。很麻烦。

访谈员:麻烦。为什么? 要搽很久?

A12_2:不是很久,不舒服。因为不舒服所以不搽。但是对自己又会好点……痒的时候,经常都会忍不住抓痒。

(A12,女,9岁,重度湿疹)

E02 在第一次的访谈中抱怨了对湿疹以及搽药膏的痛恨,在社会心理干预后的访谈中,她对湿疹的憎恶有些"松动",发现了与湿疹生活在一起的好处。她对湿疹的看法从"憎恨"转变为了"少少不喜欢",甚至还描述了搽药膏给她带来的额外的好处——和母亲有更多的沟通机会。

访谈员:你对于湿疹的理解怎么样?

E02_2:很痒,很不舒服。

访谈员:很痒很不舒服。除此之外呢? 你对它有什么感受?

E02_2:我不喜欢它。

访谈员:你不喜欢它的程度呢?

E02_2:少少不喜欢。

访谈员:为什么少少不喜欢?

E02_2:因为有些时候湿疹这个事,不至于说很憎它。

访谈员:不至于很憎它。那湿疹这个东西,在你生命中扮演着什么角色?

E02_2:比如夜晚搽药膏,可以多点时间和妈妈聊天。湿疹不至于全部是负面的事。

(E02,女,10岁,中度湿疹)

除了搽药膏,很多儿童还在同时接受其他治疗。G16在两次访谈中的"我的湿疹"这幅绘画任务中完成的两幅画的名字都与他喝的中药有关。在第一次访谈中,他描述了他最讨厌的、苦涩的中药,甚至认为喝中药这件事在整个湿疹经历中是最艰难和痛苦的。然而,在第二次访谈中,他对中药表现出积极的态度,并描述了喝中药对他身体的好处。

访谈员:你觉得喝完有没有好处?

G16_2:一天都可以拉屎。就是肠胃好了。

访谈员:湿疹有没有好些?

G16_2:有一点。

访谈员:怎么一点点?

G16_2:平时很痒,现在只是一点点痒。

访谈员:如果平时十分痒呢,10分是最高分,平时是多少分?

G16_2:9分。

访谈员:喝完中药之后呢?

G16_2:8分。

(G16,男,8岁,重度湿疹)

(五)我就是我,尽管我有湿疹

在第一次访谈中,儿童相当关注周围的人对自己的评价和判断,通常表现出一种"以他人为中心"的自我意识。他们中的大多数人认同并内化了外界对自己的负面评价并进一步形成自我污名,表现出强烈的自我否定、消极的自我形象以及低自尊。他们表达了对自己皮肤的憎恨,认为自己的皮肤"很脏""很恶心"。他们甚至倾向于否认自己的能力,认为自己在学习和体育等各方面能力不足。有些儿童甚至认为,因为他们有湿疹,同学和老师不喜欢他们是理所当然的。他们直接表达"羡慕其他没有湿疹的人"。C14在第一次访谈中说，她希望自己能成为一个"普通人"，甚至是一个"愚蠢的人"，而不是一个患有湿疹的人。

在社会心理干预之后，一些儿童表现出强大的自我意识，他们认为自己只是一个患有湿疹的人，与其他人没什么区别。例如，在初次访谈的绘画任务中，A12 在她自己的旁边画了一个人以指代身边那些经常评论她皮肤的人，然而在第二次绘画任务中，她只画了她自己而没有画那些经常评论她的人。据她所说，那些曾经深深伤害过她的人以及他们对自己的评论已经没有那么重要了。在第二次访谈中，她更关注自己的感受而非他人的评论。很可能是由于自我意识和自我接受度的提高，一些儿童在第二次访谈中表现出了更强的自尊以及对自己更高的满意度。就像 C14 说的："我就是我，尽管我有湿疹。"C15 也说："我和其他人一样。"儿童积极的自我认同的产生不仅与社会心理干预小组的活动内容紧密相关，还与他们在小组内与他人建立起来的良性互动关系有关。与其他儿童的积极互动可能会使他们产生更积极的自我认同。例如，E02 描述了她在与其他孩子互动中表达出的友善是如何让她对自己感到满意的。

> 访谈员：那你在这些活动里面学到什么，你自己觉得？
>
> E02_2：我学到可以和多一些人玩，可以学一下社交。
>
> 访谈员：可不可以举个例子，怎样学到社交？
>
> E02_2：有时候我们去选某些奖品，有一个小朋友就会好想要那个奖品、那个颜色，那我也想要那个颜色，就是会可以谈好。就是学会在沟通里面，有时候你让一下我，我让一下你。
>
> 访谈员：最后的结果怎么样？
>
> E02_2：经常都是我让给人家。
>
> 访谈员：你的感受怎么样？
>
> E02_2：都觉得挺开心。
>
> 访谈员：为什么觉得开心，你让了你喜欢的东西给人家？
>
> E02_2：因为这个东西我不会留很久的，我也不会说怎么挂起它，我

弄完就算了。因为那个人也是比我小的。

访谈员:你觉得可能给他的用处会更加大?

E02_2:是。

访谈员:你自己的感受是怎么样的?

E02_2:我觉得很开心,因为可以让人家笑。就是自己都很满足的。

(E02,女,10 岁,中度湿疹)

二、行为层面的变化:增加或习得的应对策略

(一)增加了应对瘙痒和搔抓的策略

在第二次的访谈中,儿童明显对瘙痒和搔抓表现出更多的克制和忍耐。

访谈员:如果你有一个机会去帮助其他有湿疹的小朋友,那最想和他们分享的应对湿疹的经验是什么?

E02_2:偶尔抓一下下可以,不过抓太多的话,可能会导致发炎,所以要节制,不要经常抓。

(E02,女,10 岁,中度湿疹)

一些儿童明确表示,他们从社会心理干预小组中学习到了很多应对瘙痒和搔抓的策略。事实上,小组的活动内容中并没有应对瘙痒和搔抓的专门板块,儿童们大多是相互交流和学习这些策略,比如在痒的时候让自己分散注意力等。例如 A12 在第二次访谈中所说:"可能多学一点可以分散自己的注意力,不要摆在湿疹那,不会整天抓这样。"在两次访谈中,H20 给她的画作起的名都与瘙痒有关,但她对瘙痒的行为反应其实发生了很大的变化。在第一次访谈中,她在痒的时候无法停止搔抓,也无法入睡。在第二次访谈中,她自豪地分享了她从社会心理干预小组中其他孩子那里学到的防止自己搔抓的策略,并且当她在课堂上感到痒的时候应用了此策略,于是她终于可以专注于老师在课堂上讲的内容,而不是她瘙痒的皮肤。

访谈员:你可不可以告诉我你画了什么,这个是老师,你画了,老师在做什么?

H20_2:教东西。

访谈员:英文课是不是?

H20_2:是啊。

访谈员:那这一幅画里面发生了什么事?

H20_2:痒。

访谈员:谁痒?

H20_2:我痒。

访谈员:为什么你会无端端痒的?

H20_2:因为英文课之前是体育课。

访谈员:体育课,为什么体育课会痒?

H20_2:出汗。

访谈员:你那个时候有什么感受?

H20_2:很痒。

访谈员:那持续了多久,这个痒?

H20_2:半节课。

访谈员:你一节课多久?

H20_2:45分钟。

访谈员:所以都痒着,有20分钟。

H20_2:是啊。

访谈员:那最后你是怎么处理到不痒?

H20_2:用屁股压着手这样。

访谈员:这样坐就不痒?

H20_2:用手抓嘛,不让手去抓。

……

访谈员:如果让你去帮助其他有湿疹的小朋友,你想和他们分享哪些应对湿疹的方法或者经验?

H20_2:平时不要用手抓。

访谈员:那要怎样?

H20_2：用屁股压着手。

（H20，女，9 岁，重度湿疹）

（二）增加了应对压力情绪的策略

与第一次访谈相比，儿童的情绪调节能力有所提高。有一些儿童在干预之后的访谈中提到在社会心理干预小组中学习到了能够使自己放松和平静的技巧，例如正念呼吸等技巧。以下是 D08 的描述，他可以感受到放松情绪对皮肤的正面影响。

访谈员：记不记得里面学了什么？

D08_2：放松心情。

访谈员：放松心情。还有没有？你觉得对你有没有帮助？

D08_2：有啊。

访谈员：是什么样的帮助呢？

D08_2：心情放松了。

访谈员：记不记得一些技巧？

D08_2：深呼吸。

访谈员：深呼吸完之后，你有什么感觉啊？

D08_2：舒服了。

访谈员：什么舒服了？

D08_2：湿疹好像弱了。

（D08，男，9 岁，中度湿疹）

A12 也表示，如果向其他湿疹儿童介绍该社会心理干预项目，她也会分享有关如何调节情绪的部分。

访谈员：最后我想你有一点想象的，假设完成这 6 次的小组活动之后，想你去帮其他有湿疹的小朋友，你会最想和他分享哪些事，或者你会分享什么给他知道？

A12_2：分享这个活动。分享过来，怎样平复自己的心情，怎样让自己不要抓。

（A12，女，9岁，重度湿疹）

（三）增加了应对歧视和欺凌的策略

受到同龄人的歧视和欺凌是湿疹儿童面临的一大挑战，给他们带来了巨大的困扰。在初次访谈中，他们普遍表达了在面对他人歧视和欺凌时的无助。在参加社会心理干预之后，儿童展现出了与之前不同的应对方式。例如，有一些儿童在面对他人对自己的皮肤状况进行评论或有疑惑的时候，他们开始主动去向他人解释湿疹这种疾病，以便获得更多的理解。例如，K07在第一次访谈中谈论了她在学校里没有朋友的困境，而在第二次访谈中，她说到她会主动跟同学解释湿疹没有传染性以获得更多同学的理解。还有一些儿童用更释然的态度面对歧视。例如，当面对别人对自己的皮肤进行评论时，C14说:"我不去管他们说什么，这不重要。"H10在参加过社会心理干预小组后也学会使用更加冷静的态度处理别人的嘲笑。

访谈员:你在小组里面学到什么?

H10_2:学到当人家可能笑我们湿疹的时候，怎么去令自己冷静或者不用跟人家打架，还有就是可能就是情绪方面……就是学到怎样应对人家，怎样看你有湿疹这个事，那都是对情绪方面有帮助的。

（H10，女，10岁，重度湿疹）

有些儿童则选择对欺凌进行反击，直接对抗困难。例如，B06在第一次访谈中描述了他在面对同学的言语和身体欺凌时的脆弱和无助。在他的画作中，他被同学指着谩骂，他跪在角落显得十分弱小，不知所措。在社会心理干预后的访谈里，他变得更愿意表达出自己的愤怒和不满，并且表示要"反抗"和"教训"湿疹，他还描述了自己如何解决同学的欺凌，那些曾经欺凌他的人已经在他内心的世界里消失了。

访谈员:那你记不记得你上一次画了什么?

B06_2:一大堆人围着我。

访谈员:一大堆围着你?

B06_2:嗯,围着我打。

访谈员:那这次其他人在哪里?

B06_2:死了。

访谈员:不如你画些死了的人出来?

B06_2:不会画。

访谈员:点一下。

B06_2:消失了,是梦境来的。

访谈员:那些人为什么没有了呢?

B06_2:因为他蠢,讨人厌。

访谈员:那他们是怎么消失的,他上一次打你,这次又消失了?

B06_2:因为在我梦里他们消失了。

访谈员:那你觉得梦是你想发生的还是真是发生了的?

B06_2:发生了吧。

访谈员:哪些都是?

B06_2:圈外那些全部都是,圈外的那些全部都是好麻烦的。

访谈员:很麻烦的,他们是怎样的?

B06_2:小学那班,就是 WhatsApp group。有人@回去。我就是检举了他们全部人,我是这个月才脱离了这个很烦的状况。

访谈员:怎样的?

B06_2:检举他们。

访谈员:怎么检举他们?

B06_2:举报他们发垃圾信息,然后检举他们拆散他们的群。

访谈员:他们做了什么在那个群里?

B06_2:语言欺凌,都是会。

访谈员:就是他们会说你这样的,短信群里见到他们这样你有什么感觉?

B06_2:想杀掉他们。

访谈员:所以你用的方法就是打散他们。

B06_2:是检举他们,等到管理员拆了他们群,现在他们全部被人拆了。

访谈员:管理员是谁?

B06_2:不知道,我不认识的。

访谈员:你们班的管理员?

B06_2:不是,是整个 WhatsApp 的管理员。

访谈员:然后他们被人检举就不能用?

B06_2:会检查他们做了什么。

访谈员:你成功检举了他们,你有什么感觉?

B06_2:很嗨的感觉。

(B06,男,12 岁,中度湿疹)

三、环境层面的变化:改善的社会关系

(一)同质性小组中的接纳与幸福感

在第二次访谈中,当询问对干预项目的看法时,儿童都表达了他们参与小组活动获得的快乐。他们普遍认为游戏是干预中最令人印象深刻的部分,他们很享受与其他孩子一起玩耍和游戏,并获得了幸福感。

访谈员:你在小组活动里有没有发生什么令你印象深刻的事?

H20_2:玩游戏。

访谈员:为什么你的印象很深刻?

H20_2:可以一起玩了。

访谈员:和谁玩?

H20_2:整个湿疹小组里面的人都一起玩。

访谈员:你觉得一起玩怎么样?

H20_2:好玩。

访谈员:你什么感受呢?

H20_2:非常开心。

（H20，女，9 岁，重度湿疹）

在学校或者社区中，被同龄人孤立和欺凌对湿疹儿童来说是非常普遍的问题。而在干预小组中，与那些具有相同皮肤症状的儿童相处，让儿童没有受他人评论的压力，不用再遮掩自己的皮肤。就像 C14 说的："没有必要回避什么。"在小组中被其他成员接纳，让儿童感受到了久违的温暖和支持。

访谈员：认识他们让你有什么感觉？

K07_2：可以和他们很舒服聊天，没那么大压力……他们也有湿疹，大家都有湿疹，在一起就没有很大压力了。

（K07，女，11 岁，重度湿疹）

访谈员：你和他们一起玩的感受是怎么样的？

E02_2：在那个活动过程里面，和那些小朋友其实本身都会有湿疹问题的。觉得大家都有共同点，就不用遮遮掩掩说我有湿疹。

访谈员：你觉得是帮到你的？

E02_2：就是可以玩得开心点，不用说这么拘束，藏着掖着的。和他们玩都会开心一点。

……

访谈员：有没有关于一些是人际关系或者成长方面的经验？

E02_2：你有湿疹不会遮遮掩掩，如果你觉得那个人真是朋友的话，你可以直接说你有湿疹。正常来说，如果真是好朋友的话，不会特别在意人的外观的。

（E02，女，10 岁，中度湿疹）

（二）团队合作，不再孤独

一些儿童还表示，他们在干预小组活动中学会了如何与他人相处。正如 A12 在第二次访谈中说的，她"学到与人相处，不单自己，其他人都有"。D06 在第二次访谈中也谈到因为湿疹的原因，她在学校经常受到排挤，团队合作对她来说是可望而不可即的事情。而在干预小组中，她有机会与其他小朋友进行团队合作,不会孤单,她感到十分开心。

访谈员:你觉得学得最多的是什么?

D06_2:只是玩。

访谈员:只是玩,还有吗?

D06_2:团体合作。

访谈员:怎样合作?

D06_2:搭着车的时候做一下运动,就一起做。

访谈员:你们一起做一些运动,你有什么感觉?

D06_2:开心。

访谈员:因为一起做?

D06_2:是,不是我自己做。

访谈员:你觉得和人家合作有什么不同,你说你学了团体合作?

D06_2:和人合作,不会孤单。

访谈员:你会不会因为这样,都想在学校和多一些同学合作?

D06_2:想,但是没人想和我合作,没人想和我一队,和我一队的人都很失望。你知不知道每次我都是最后才有拍档的,不会一开始就有人找我的,没人找我的,我自己找,老师选的。

访谈员:你开不开心?

D06_2:到最后老师找了人就开心。

访谈员:一直以来都是这样?

D06_2:是,每次。有些合作的运动我根本做不到。

访谈员:例如呢?

D06_2:找拍档,没有人找我的。有一些玩的要几个人靠在一起的,没人想和我靠在一起的,都是把我塞进去的,那些同学玩不了才叫我进去的。

访谈员:你觉得他们怎么样?

D06_2:我觉得他们很普通,有时候那些人集体一起说人家,有些人本身是好的，但都加进去的，可能见到集体这样好像很好玩。

访谈员：那你觉得你会不会和那些同学做朋友？

D06_2：不会，因为他们三心二意。

访谈员：如果（干预）小组的时候会不会不同？

D06_2：不同。因为大家一定都会和大家玩的。

访谈员：是不是第一次试过原来大家都会很想和大家玩的？

D06_2：是。

访谈员：现在还有没有机会见（干预）小组的同学？

D06_2：应该会有的，报多一次（干预小组）。

（D06，女，8 岁，重度湿疹）

（三）结识了新朋友

大多数儿童在第一次访谈中表示，他们在学校和社区里没有朋友，感到非常孤独。幸运的是，他们中的许多人在干预小组中结交了新朋友。

访谈员：你小组里面有没有认识到一些新的朋友？

E02_2：有。

访谈员：认识的几个？

E02_2：三个。

访谈员：他们是谁？

E02_2：一个何××、一个叫伍××、一个叫伍××。

访谈员：你见到他们的时候，你自己的感受怎么样？

E02_2：开心。因为多一些人一起玩，多一些人开心一点。

（E02，女，10 岁，中度湿疹）

访谈员：这个活动里面，都有其他的小朋友，你刚才说知道其他小朋友都有相同的状况，有没有认识到新朋友？

A12_2：有。

访谈员：他们是谁，可不可以分享给我？

A12_2:张××、林××。就是之前没参加这个小组之前不认识他们的,现在过了6次活动就认识了。

访谈员:有没有和他们分享那些事或者聊天聊其他事?

A12_2:都有的。

访谈员:觉得自己和他们的关系好吗?

A12_2:OK啦,朋友这样。可能他们已经有(湿疹)了,就不会介意别人。

访谈员:当你看到他们和你一起玩,你有什么感受?

A12_2:很开心。

(A12,女,9岁,重度湿疹)

(四)增加的亲子互动与联结

在第一次访谈中谈及与父母的关系时,许多儿童的关注焦点是与父母在湿疹治疗方面的冲突。大多数父母倾向于给出命令,而不是与儿童合作。大多数儿童在第二次访谈中更乐意去描述与父母的积极互动。孩子们很喜欢在干预小组中与父母进行互动的环节,包括一起制作手工、解决问题、相互赠送礼物以及说爱和感激的话等等。与父母合作以及向父母表达感激之情让儿童感到很开心。例如,以下是G16在第二次访谈中描述的和爸爸一起做礼物并将礼物送给爸爸的愉快经历。

访谈员:还有没有其他活动记得的?

G16_2:漏了。

访谈员:什么呢? 你最喜欢弄哪一个?

G16_2:最后那天做的。

访谈员:做什么?

G16_2:一张纸。贴了一些东西上去。

访谈员:贴了什么东西上去?

G16_2:贴了英文字母。

访谈员:英文字母,是什么英文字母?

G16_2：HEIHATO。

访谈员：有什么意思的呢？

G16_2：HEI 是我的名最后那个字。

访谈员：然后呢？

G16_2：HA 是妈妈最后那个名。

访谈员：然后呢？

G16_2：爸爸是最后的 TO。

访谈员：为什么喜欢那个劳作？

G16_2：因为最后一天。要在好多人面前被人看的。

访谈员：那你有什么感受？

G16_2：有点怕，叫爸爸帮我做。

访谈员：叫爸爸帮你做？

G16_2：是。

访谈员：是带回家做的劳作？

G16_2：是那里做的。但是爸爸和我一起做的。

访谈员：就是那个英文字母是你自己贴上去的，是不是？

G16_2：是。

访谈员：那个主题是什么？为什么会贴爸爸妈妈的名再加你的名？

G16_2：准备送给爸爸妈妈。

访谈员：那你拿劳作回去送给爸爸，就是你刚才说的那份礼物，送给爸爸，爸爸会怎么样？

G16_2：贴在柜子那里。爸爸都有份，一起做的。

（G16，男，8 岁，重度湿疹）

孩子和父母在每次干预结束回家后还会分享各自在小组中的经历，小组中的活动内容为他们的沟通搭建了桥梁，提供了更多的交流话题。

访谈员：爸爸妈妈有没有和你说过小组的什么？有没有什么样感受？

D06_2:我们都开心。

访谈员:爸爸妈妈一起上的?

D06_2:一起上。

访谈员:知不知道他们还有没有说?

D06_2:有。他们画画。

访谈员:他们画画。有没有告诉你他们画了什么?

D06_2:画了一座山,画了我、弟弟,画了她,画了爸爸。

访谈员:就是他们有和你说小组做什么的?

D06_2:有,当然。

(D06,女,8岁,重度湿疹)

(五)更多的亲子沟通与信任

在参加社会心理干预之后,一些儿童还表示,他们可以从父母那里得到更多的支持和理解。由于对父母的信任度的提高,一些儿童开始主动与父母沟通他们在学校中遇到的困难,这也使他们的情绪状态更加放松。在第一次访谈中,E02表达了她在学校遭受欺凌后无处发泄的愤怒,经常回家后找各种理由发脾气。在第二次访谈中,她的愤恨感减少了很多,她表示父母对她的关心更多了,与父母就学校里的经历进行的沟通交流让她的压力减少了。

访谈员:所以和爸爸妈妈的关系都会有所不同的?

E02_2:是啊。

访谈员:为什么?

E02_2:因为起码我不会滋扰他们。

访谈员:就是如果你很痒然后就会滋扰他们?

E02_2:是。

访谈员:为什么你以前会有这样的感觉?

E02_2:因为我觉得自己抓痒的时候,很麻烦。

访谈员:所以你觉得他们都会觉得很麻烦?

E02_2:不是啊,可能会吵到他们,有时候做事的时候会吵到。

访谈员:现在就觉得自己好像会控制了?

E02_2:是啊。

访谈员:所以就不会吵到他们。你说你对他们不同了,他们对你有没有不同了?

E02_2:有。

访谈员:例如呢?

E02_2:都会关心我多点。

访谈员:以前不会吗?

E02_2:以前少一些,比以前多点。

访谈员:他们会怎样关心你多了?

E02_2:就是经常关心我的状况,上课的状况。

访谈员:就是问你今天学校发生的事?

E02_2:是。

访谈员:以前是没有怎么问的?

E02_2:嗯。

访谈员:那你都会很开心地告诉他们知道的?

E02_2:会啊。因为学校的事都是开心的。

访谈员:那你和爸爸妈妈说多了学校的事,是不是都是开心的?

E02_2:是,就没那么大压力。

访谈员:怎样的压力?

E02_2:之前不说出来的话,会总觉得自己很累,不知道为什么,现在说出来之后就没那么累,就是没了之前那种疲累感。

访谈员:就是说了出来好像放松了这样。爸爸妈妈的关系,就是和他们都好了。为什么妈妈是比爸爸近的?

E02_2:因为好多都是妈妈做的,爸爸会照顾我,但是没妈妈那么多。

访谈员:就是妈妈主要是照顾你的?

E02_2:是啊。

访谈员:但是爸爸和你都是亲近的。

E02_2:是,都是会聊天。

……

访谈员:听你说好像经历过一次比较印象深刻的事,可不可以说一下这个经验?

E02_2:二年班的时候,我湿疹之余,其实我有点手汗,有个同学每天都打我一捶,虽然不是很大力,不是很痛,但是心里面会很痛,同学而已,不用这样打我吧,我妈都不会这样打我,为什么他会?然后我回到家就发脾气,很不开心,然后之后每晚都发脾气。

访谈员:当时你选择回家发脾气,那你怎么发脾气,你怎么做?

E02_2:其实小小事,妈妈吃饭的时候撞到我,或者我筷子跌落地,我就有机会发脾气不肯吃饭。

访谈员:因为妈妈撞跌了你的筷子,所以发脾气。所以因为可能生活上的很小的事,但是因为你经历过这样的一件事之后,所以发更大的脾气?

E02_2:是。

访谈员:那你当时的感受怎么样?

E02_2:我有时候知道发脾气没用,但是发脾气时候舒服点。

访谈员:你现在回头看这个事,你的感受怎么样,对于发脾气?

E02_2:我觉得其实没用,应该一早就和妈妈说。

(E02,女,10 岁,中度湿疹)

四、结果层面的变化:改善的心理和身体状况

(一)好点的湿疹

可能是因为在瘙痒和搔抓方面的应对能力有所提高,在第二次访谈中,一些儿童直接表示他们的皮肤状况比以前好了一些。正如 K07 描述的:"参加这个小组后,它(湿疹)似乎好多了,我感觉好多了,我的湿疹越来越好。"孩子们表示他们也睡得更好了。在第一次访谈中,睡眠障碍是 D06 生活经历中

的核心挑战,患有湿疹对她来说意味着巨大的压力和恐惧。在第二次访谈中,她给自己画作起的名字叫"好点的湿疹",在访谈中她分享了她的快乐,因为她的皮肤和睡眠得到了改善。她表示自己从来没有尝试过湿疹的状况有好这么长时间,非常兴奋地说她现在终于可以睡个好觉了,对她来说湿疹从"100万倍恐怖"变成了"10倍恐怖"。但与此同时,她也十分担心湿疹会卷土重来,回到以前的状况。

> 访谈员:这个是什么?
>
> D06_2:这个就是我从10点到7点钟都没事。
>
> 访谈员:就是不会醒的?
>
> D06_2:不醒,不过妈妈说我睡觉的时候有抓,不过我不知道。
>
> 访谈员:以前呢?
>
> D06_2:我以前痒的时候会醒来抓的,不过现在睡着了抓都不知道。
>
> 访谈员:你睡这么多是什么感觉?
>
> D06_2:很好睡。开心。
>
> 访谈员:我看你第一个就是画它了。
>
> D06_2:是,之前次次都睡不好,很晚才睡得着。
>
> 访谈员:之前觉得怎么样?
>
> D06_2:不开心,上课的时候就想睡觉。现在睡得着,上课会精神一点。
>
> 访谈员:所以开心的?
>
> D06_2:嗯。
>
> 访谈员:这个是什么?
>
> D06_2:上课的时候不记得搽药膏。
>
> 访谈员:以前上学时要搽药膏的?
>
> D06_2:上课之前就要搽药膏的,不过现在在学校不用搽药膏。
>
> 访谈员:你之前要搽药膏的时候觉得怎么样?
>
> D06_2:不开心。

访谈员:为什么搽药膏会不开心?

D06_2:搽药膏会很痒。

访谈员:搽药膏之后会痒的?

D06_2:不会,因为痒才会搽药膏。

访谈员:搽了不是应该会舒服一点?

D06_2:搽了不会舒服,有时。

访谈员:现在都不用搽了?

D06_2:嗯。不是经常不用搽的,不用搽那么多。

访谈员:少搽了药膏是怎样的开心法?

D06_2:不用痒,就开心。

访谈员:玩的时候有没有不同?

D06_2:玩的时候会开心。

……

访谈员:你说湿疹不凶的时候是怎么样的? 你说这一阵不凶的,为什么湿疹不凶的?

D06_2:我不知道。我没试过这么久都不凶的。(以前)最多两日的。

访谈员:那这次多久?

D06_2:差不多一个星期。

访谈员:就是这个差不多都是一个星期了?

D06_2:是。

访谈员:你现在想起湿疹,你觉得和以前想起湿疹有什么不同?

D06_2:以前想起湿疹就立刻 100 万倍恐怖,现在是 10 倍恐怖。

访谈员:100 万变到 10 了。你觉得湿疹以后都会恐怖,还是以后都会这样了?

D06_2:我好了以后就会这样。

访谈员:你觉得下个星期会怎么样?

D06_2:我不知道,不过过多几天就是下个星期了。

访谈员:你怕不怕湿疹变回以前那么恐怖?

D06_2:怕。

访谈员:如果湿疹变成以前那么恐怖,你会怎么样?

D06_2:我会不开心。所以最好以后湿疹再好点。

访谈员:就是还可以再好一点的?

D06_2:还有啊。

访谈员:你最好是怎么样?

D06_2:最好恢复好。

访谈员:你觉得湿疹最好是怎么样?

D06_2:(湿疹)没有了。

访谈员:你试一下画,如果湿疹好了是怎么样的?

D06_2:很开心,妈妈说如果我好了就给我两个雪糕。

访谈员:你现在没有吃雪糕的?

D06_2:没有。妈妈说好了就给我庆祝,两个雪糕。

访谈员:这个是雪糕是不是?

D06_2:嗯。今天我弟弟和堂妹去吃雪糕,我没得吃,我没去接他,不过原本就不能吃。

访谈员:但是好了就可以吃雪糕了?

D06_2:嗯。

访谈员:恢复好了还可以怎么样?

D06_2:恢复好了,什么都可以吃,还可以吃好多东西,可以吃饼,还可以吃蛋。

访谈员:除了吃东西之外呢?

D06_2:还可以玩平时妈妈不给做的事。

访谈员:所以是最开心的?

D06_2:还有碰了栏杆不用洗手。

访谈员:现在碰了栏杆要洗手?

D06_2:一定要。

访谈员:就是你觉得会越来越好的?

D06_2:嗯。还有我觉得会高点。

访谈员:就是人会高点?

D06_2:因为我吃着药人会矮点的。

访谈员:所以不用吃药就会高点?

D06_2:会高很多。

……

访谈员:如果你现在帮这一幅画起个名,有没有想到什么?

D06_2:好点的湿疹。

(D06,女,8岁,重度湿疹)

(二)我的生活是五颜六色的

在第一次访谈中,儿童表达出的主要情绪是愤怒、烦恼、悲伤、担忧、恐惧、尴尬、孤独和困惑。强烈的瘙痒感、睡眠障碍、日常生活中的限制、学校欺凌和社区歧视造成了严重的心理障碍。有 6 名儿童表示,患有湿疹是一件"非常悲惨"的事。而在第二次访谈中,一些儿童的情绪和态度明显变得更加平和。例如 E02 在面对同学的欺凌时就显得更加的释然。

访谈员:现在你这个时间回头看一年级,他们对你当时有些排斥或者歧视你,你的感受怎么样?

E02_2:可能当时的同学小,不明白,现在就 OK。可能比较接纳或者理解多一些,不会说再生气……其实这是一件很小的事情来的。

(E02,女,10岁,中度湿疹)

此外,儿童在第二次访谈中表达出了更积极的情绪。在一些儿童的画作和口头表达中也可以明显感受到他们的希望和期望。例如,在第一次访谈中,学校表现不佳和人际关系问题是 K07 画作和口头表达的重点;然而,在第二次访谈中,她的画作的名字叫作"梦想的中学",表达了她对新的学校环境的期望以及对未来的希望。再比如,在第一次访谈中,B06 表示他没有朋友,非常孤独。而在社会心理干预后的访谈中,他成功地应对了同学的欺凌,还结识了新的朋友,他毫不吝啬地表达了对自己生活的满意和感激,他的画作是五彩的颜色,正如他说的:"我现在的人生很色彩缤纷的。"

> **访谈员:**你这个圈都是彩色的?
>
> **B06_2:**嗯。所以我画色彩缤纷,就是我现在的人生很色彩缤纷的。
>
> **访谈员:**很色彩缤纷的,喜欢的人满了。
>
> **B06_2:**现在的朋友都喜欢的。这些是好的朋友,而不好的朋友虽然在这里,但是他们隐性了。

（B06,男,12岁,中度湿疹）

五、儿童发生变化的其他可能原因

虽然上述质性资料表明,基于身心灵全人健康模式的社会心理干预项目对湿疹儿童的主观疾病经历产生了积极的影响,但我们也有必要认识到,还可能有一些其他因素在起作用。例如,B06的变化可能是因为他在第一次访谈后从以前的学校毕业了,换到了一个新的学习环境。此外,H10在第二次访谈中表示她感觉压力小了很多,可能是因为她刚刚结束期末考试。

第四节　社会心理干预的效果机制分析

基于儿童参与基于身心灵全人健康模式的社会心理干预项目前后疾病经历的变化,本研究对该项目产生积极效果的潜在机制(见图8.2)作如下分析。

第一,基于身心灵全人健康模式的社会心理干预项目的内容、结构、周期、场所以及社会工作者的专业水平等元素是作为一个不可分割的整体对湿疹儿童的疾病经历产生影响。其中,干预项目的内容和结构似乎具有更显性的影响,而其周期、场所以及社会工作者的专业水平等可能具有隐性影响。

第二,在认知层面,儿童在参与了社会心理干预之后,对湿疹、湿疹治疗、湿疹在自己生活中的角色以及患有湿疹的自己的认知都发生了重要的改变。社会心理干预项目的内容在一定程度上影响了儿童的认知。有关疾病认同感的内容的核心理念是帮助儿童以正念的态度面对湿疹,在疾病旅程中培养平和心态,发现痛苦背后的意义,拥抱生活中的苦难。对湿疹的正念态度不

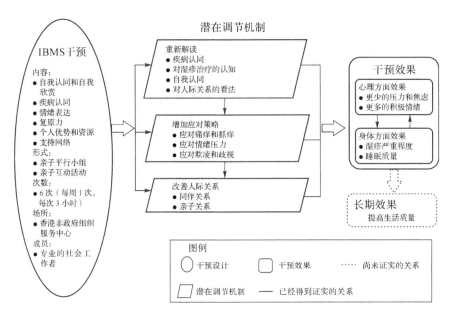

图 8.2　社会心理干预效果的潜在机制

仅可以减少儿童对其皮肤状况的焦虑,还可以鼓励他们从湿疹治疗中发现益处,从而提高他们对治疗的依从性,进而降低湿疹的严重程度。同样,与接受干预前相比,儿童的自我意识和自尊有所提高。社会心理干预项目中有关探索自我、自我欣赏以及内在力量的内容,强调个体的独特性以及复原力,有助于儿童以积极的方式面对湿疹并形成积极的自我认同感,他们逐渐认识到"我就是我,尽管我有湿疹"。由于湿疹儿童时刻都在与自己相处,明白自己是独特的,对自己有合理的期望,学会自我接纳对其心理健康有深远影响。

　　第三,在行为层面,儿童在参与了社会心理干预之后,习得了多种应对困难的策略,如应对瘙痒和抓挠的策略、应对情绪困扰的策略以及应对人际困难的策略等,一些孩子还在实际生活中应用了这些策略。社会心理干预项目的内容和结构在儿童行为改变方面都发挥了作用。从干预的内容上来看,情绪适应和表达内容的核心理念是让儿童能够识别、理解和适应自己不同的情绪,儿童在该板块中学习了有关身心联系的信息、基于正念的放松技能(如正念呼吸、正念行走等)和情绪管理工具(如情绪瓶和情绪天气预报等)。内在力量内容的理念是强调儿童个人的内在能力和资源以及在不利情况下培养韧性,尤其是在面临歧视和学校欺凌时。从小组干预的结构上来看,儿童在与患有湿疹的同龄人的交流中学习了应对瘙痒和抓痒的策略。成功的应对体验不仅可以提高自尊和控制感,还可以减少自我污名,改善他们的整体身心健康。

第四,在环境层面,社会心理干预的小组结构在改善儿童与同龄人和父母的关系方面发挥了重要作用。小组环境为参与的儿童提供了一个安全、民主、接纳和放松的场所,营造了一个爱和信任的氛围,让他们可以放松地交流对湿疹的看法并从患有湿疹的同龄人那里学习应对策略。在小组活动中与同龄人积极的互动体验进一步激发了他们对人际关系意义的重新解读。他们在新的人际环境中对自己感到更满意。亲子联合活动的干预结构增加了儿童与父母之间的积极互动,培养积极的情绪和相互欣赏的习惯,提高了他们之间的关系质量。

第五,在结果层面,该社会心理干预项目在改善儿童心理指标上的效果似乎比改善身体指标上的效果更直接。在参与社会心理干预项目之后,一些儿童湿疹的严重程度降低了,睡眠质量也提高了,但对于大部分儿童而言,降低疾病的严重程度需要更长的时间。但是,几乎对于所有参与儿童来说,他们可以从那些根据他们的发展阶段所设计的游戏和小组活动中获得即时的快乐和满足。他们的压力和焦虑明显减少了,积极情绪明显增加了。儿童认知、行为以及环境因素的改变可能是社会心理干预项目发挥积极作用的重要中介变量。

第五节 社会心理干预项目评估中儿童的声音与研究证据

一、让儿童参与对社会心理干预项目的评估

通过基于绘画的研究方法,本研究从儿童的视角了解社会心理干预对其主观疾病经历的影响,并描述了"以儿童为中心"的项目评估结果,这对

发展儿童友好的干预服务有重要的意义。《儿童权利公约》以法定的形式规定了儿童作为权利主体的地位，在与儿童相关的事务中需要倾听儿童的声音。① 在儿童健康研究和实践领域，倾听罹患生理健康问题儿童的声音，了解他们的主观疾病经历，是相关专业人士提高实践能力并改善服务质量的一个有效途径。② 本研究强调，在评估为儿童设计的、较为复杂的社会心理干预措施效果时，应更广泛地使用"以儿童为中心"的质性研究方法，充分激发儿童的声音，尊重儿童参与的权利，让儿童健康相关服务真正实现"儿童友好"。

二、质性与量性研究证据的融合

越来越多的研究者建议，通过质性研究方法将参与者的声音嵌入随机对照试验中。③ 本研究支持在对与儿童相关的社会心理干预的评估研究中，将质性和量性方法全面整合。④ 在比较质性研究和随机对照试验的结果时，我们进一步认为，质性研究是整个项目的一个非常重要的部分，而不是对随机

---

① 参见：联合国大会《儿童权利公约》(Convention on the Rights of the Child) (1989-11-20)。

② i. Ångström-Brännström C，Norberg A. Children undergoing cancer treatment describe their experiences of comfort in interviews and drawings[J]. Journal of pediatric oncology nursing，2014，31(3)：135-146. ii. Ford K. "I didn't really like it，but it sounded exciting"：Admission to hospital for surgery from the perspectives of children[J]. Journal of child health care，2011，15(4)：250-260.

③ i. Lees A，Payler J，Ballinger C，et al. Positioning children's voice in clinical trials research：A new model for planning，collaboration，and reflection[J]. Qualitative health research，2017，27 (14)：2162-2176. ii. O'Farrelly C. Bringing young children's voices into programme development，randomized controlled trials and other unlikely places[J]. Children & society，2021，35(1)：34-47.

④ i. Mannell J，Davis K. Evaluating complex health interventions with randomized controlled trials：How do we improve the use of qualitative methods? [J]. Qualitative health research，2019，29(5)：623-631. ii. Northcott S，Simpson A，Thomas S，et al. "Now I am myself"：Exploring how people with poststroke aphasia experienced solution-focused brief therapy within the SOFIA trial[J]. Qualitative health research，2021，31(11)：2041-2055.

对照试验可有可无的补充。例如，在本研究中，一些质性研究结果与量性研究结果一致，即湿疹和负面情绪的严重程度降低，情绪调节能力提高。然而，存在不同的发现。例如，量性结果显示，干预对儿童的自尊或与父母的关系的影响并不显著，尽管它们是积极的。相比之下，质性研究发现，在参与干预后，自我意识、自尊、更高的信任度以及与父母的积极互动都有所提高。一种可能的解释是，干预措施的效果有限，无法通过量性的量表进行显著检验。另一种可能的解释是，在参与干预前，湿疹儿童的自尊相对较高，与父母的关系良好，因此在干预后得到的改善相对有限。

　　本研究中质性研究的结果有助于反思随机对照试验中结果指标测量的适当性。由于通过量性和质性数据都发现湿疹儿童的心理和身体结果得到了改善，我们可以预期他们的生活质量在长期内会有所改善，因为个人的生活质量通常会受到其身体健康、心理健康和人际关系的共同影响。[1]　然而，根据儿童皮肤病生活质量指数（CDLQI）[2]进行测量，随机对照试验未发现儿童的整体生活质量得到明显改善。首先，生活质量的改善可能受制于短时间内无法消除的因素。其次，或许应该重新考虑在本项目中使用CDLQI测量湿疹儿童生活质量是否合适。由于基于身心灵全人健康模式的社会心理干预强调了作为湿疹患者的自我接纳并接受痛苦，而不是直接解决与疾病症状或日常生活的相关困难，因此，在干预后湿疹儿童仍然需要面对影响生活质量的困难和危机，但他们的心态可能发生变化，从受害者立场到幸存者立场的转变可以增强儿童的整体心理韧性。然而，CDLQI更关注困难本身而非儿童对这些困难的主观认知，这可能是通过该量表无法观测到儿童生活质量明显改善的原因之一。此外，质性数据还展现了湿疹儿童的一些疾病经历的变化，而这些变化在随机对照试验中并未得到评估，例如儿童的疾病身份、对

---

[1]　Bronkhorst E, Schellack N, Motswaledi M H. Effects of childhood atopic eczema on the quality of life[J]. Current allergy & clinical immunology, 2016, 29(1): 18-22.

[2]　Lewis-Jones M S, Finlay A Y. The Children's Dermatology Life Quality Index (CDLQI): Initial validation and practical use[J]. British journal of dermatology, 1995, 132(6): 942-949.

湿疹治疗的认知、对人际关系的认知、处理瘙痒和搔抓以及对欺凌的应对策略等。因此,在未来的量性研究中可能需要进一步包含对儿童治疗依从性、同伴关系质量以及应对策略的测量。

三、本研究的局限性

第一,尽管质性研究的参与者接受了由相同的社会工作者提供的、内容元素相同的社会心理服务,但质性研究和随机对照试验评估的并不是同一个社会心理干预的效果。本研究使用质性结果来解释随机对照试验结果或比较混合数据时可能存在局限性。

第二,本研究将绘画作为一种"以儿童为中心"的研究工具进行数据收集,而不是一种治疗工具。然而,由于儿童在绘画过程中进行自我表达,治疗效果可能存在,这可能会混淆本研究中社会心理干预的效果。

第三,本研究样本量较小,可能会限制研究结果解读。为了减少这种限制,本研究已经根据参与者的年龄、性别和湿疹的严重程度进行了最大差异抽样。

第四,尽管这项质性研究有助于初步了解社会心理干预对湿疹儿童疾病经历影响的可能机制,为未来对中介效应的分析提供了基础,但它无法具体验证每个中介变量的效应量。

第五,这些数据也不足以探索潜在的亚组差异,无法检查年龄和性别等人口社会学变量是否会调节项目的影响。因此,未来可能需要采用更大的样本进行量性的纵向研究,进一步检验中介和调节效应,以明确该社会心理项目效果的潜在机制。

第六节　本章小结

本研究采用随机对照试验和质性研究相结合的混合设计,综合评估了基于身心灵全人健康模式的社会心理干预对湿疹患儿的影响。本章报告了质性研究阶段的结果,通过描述湿疹儿童主观疾病经历的变化,探索了该社会心理干预的影响和影响背后的机制。随机对照试验研究结果虽然客观严谨,但在一定程度上不免忽视了儿童参与者作为权利主体的意义。质性研究结果不仅使我们能够反思随机对照试验的结果，探索社会心理干预有效或无效的原因，而且还能够超越随机对照试验，为了解社会心理干预的影响做出独立贡献。本研究有助于进一步讨论如何更好地评估社会心理干预对所服务儿童的效果和影响，对儿童健康领域中"儿童友好"的研究和实践体系的发展具有重要意义。

参考文献

［1］ Absolon C M，Cottrell D，Eldridge S M，et al. Psychological disturbance in atopic eczema：The extent of the problem in school-aged children［J］. British journal of dermatology，1997，137（2）：241-245.

［2］ Ainlay S C，Becker G，Coleman L M. The dilemma of difference：A multidisciplinary view of stigma［M］. New York：Plenum，1986.

［3］ Alanen L. Generational order［C］//Qvortrup J，Corsaro W A，Honig M S. The Palgrave handbook of childhood studies. Basingstoke and New York：Palgrave Macmillan，2009：159-174.

［4］ Alderson P，Morrow V. The ethics of research with children and young people：A practical handbook ［M］. Thousand Oaks：Sage Publications，2020：37-56,127-160.

［5］ Alerby E，Brown J. Voices from the margins：School experiences of refugee，migrant and indigenous children［M］. New York：Sense Publishers，2008.

［6］ Alerby E. "A picture tells more than a thousand words"：Drawings used as research method ［M］//Children's images of identity. Rotterdam：Springer，2015：15-25.

［7］ Allen B，Tussey C. Can projective drawings detect if a child experienced sexual or physical abuse? A systematic review of the controlled research［J］. Trauma，violence，& abuse，2012，13（2）：

97-111.

[8] Alpsoy E, Polat M, Fettahlıo Glu-Karaman B, et al. Internalized stigma in psoriasis: A multicenter study [J]. The journal of dermatology, 2017, 44(8): 885-891.

[9] Alpsoy E, Polat M, Yavuz I H, et al. Internalized stigma in pediatric psoriasis: A comparative multicenter study [J]. Annals of dermatology, 2020, 32(3): 181-188.

[10] Anderson M, Tulloch-Reid M K. "You cannot cure It, just control it": Jamaican adolescents living with diabetes [J]. Comprehensive child and adolescent nursing, 2019, 42(2): 109-123.

[11] Andriana E, Evans D. Voices of students with intellectual disabilities: Experiences of transition in "inclusive schools" in Indonesia [J]. British journal of learning disabilities, 2021, 49(3): 316-328.

[12] Ångström-Brännström C, Norberg A. Children undergoing cancer treatment describe their experiences of comfort in interviews and drawings[J]. Journal of pediatric oncology nursing, 2014, 31(3): 135-146.

[13] Archer C B. Atopic eczema[J]. Medicine, 2013, 41(6): 341-344.

[14] Archibald M M, Wittmeier K, Gale M, et al. Living labs for patient engagement and knowledge exchange: An exploratory sequential mixed methods study to develop a living lab in paediatric rehabilitation [J]. BMJ open, 2021, 11(5): e041530.

[15] Arruda-Colli M N F, Perina E M, Santos M A. Experiences of Brazilian children and family caregivers facing the recurrence of cancer [J]. European journal of oncology nursing, 2015, 19(5): 458-464.

[16] Ashwanikumar B P, Das S, Punnoose V P, et al. Interphase between skin, psyche, and society: A narrative review[J]. Indian journal of social psychiatry, 2018, 34(2): 99-104.

[17] Atik D，Ozdamar Ertekin Z. Children's perception of food and healthy eating：Dynamics behind their food preferences[J]. International journal of consumer studies，2013，37(1)：59-65.

[18] Aujoulat I，Johnson C，Zinsou C，et al. Psychosocial aspects of health seeking behaviours of patients with Buruli ulcer in southern Benin[J]. Tropical medicine & international health，2003，8(8)：750-759.

[19] Austin J K，Perkins S M，Dunn D W. A model for internalized stigma in children and adolescents with epilepsy[J]. Epilepsy & behavior，2014(36)：74-79.

[20] Avrahami-Winaver A，Regev D，Reiter S. Pictorial phenomena depicting the family climate of deaf/hard of hearing children and their hearing families[J]. Frontiers in psychology，2020(11)：2221.

[21] Bach S R. Spontaneous pictures of leukemic children as an expression of the total personality，mind and body[J]. Acta paedopsychiatrica，1975，41(3)：86-104.

[22] Bache I. Evidence，policy and wellbeing[M]. Sheffield：Palgrave Pivot Cham，2020.

[23] Backett-Milburn K，McKie L. A critical appraisal of the draw and write technique[J]. Health education research，1999，14(3)：387-398.

[24] Baghdadi Z D，Jbara S，Muhajarine N. Children's drawing as a projective measure to understand their experiences of dental treatment under general anesthesia[J]. Children，2020，7(7)：73.

[25] Barilla S，Felix K，Jorizzo J L. Stressors in atopic dermatitis[J]. Management of atopic dermatitis，2017(1027)：71-77.

[26] Basra M K A，Shahrukh M. Burden of skin diseases[J]. Expert review of pharmacoeconomics & outcomes research，2009，9(3)：271-283.

[27] Becker-Haimes E M, Diaz K I, Haimes B A, et al. Anxiety and atopic disease: Comorbidity in a youth mental health setting[J]. Child psychiatry & human development, 2017, 48(4): 528-536.

[28] Bell I R, Caspi O, Schwartz G E R, et al. Integrative medicine and systemic outcomes research: Issues in the emergence of a new model for primary health care[J]. Archives of internal medicine, 2002, 162 (2): 133-140.

[29] Ben-David B, Nel N. Applying Bronfen Brenner's ecological model to identify the negative influences facing children with physical disabilities in rural areas in Kwa-Zulu Natal[J]. Africa education review, 2013, 10(3): 410-430.

[30] Bennis I, Thys S, Filali H, et al. Psychosocial impact of scars due to cutaneous leishmaniasis on high school students in Errachidia Province, Morocco[J]. Infectious diseases of poverty, 2017, 6 (1): 1-8.

[31] Bertrand J, Mervis C B. Longitudinal analysis of drawings by children with Williams syndrome: Preliminary results[J]. Visual arts research, 1996, 22(44): 19-34.

[32] Bice A A, Hall J, Devereaux M J. Exploring holistic comfort in children who experience a clinical venipuncture procedure[J]. Journal of holistic nursing, 2018, 36(2): 108-122.

[33] Billeci L, Tonacci A, Tartarisco G, et al. Association between atopic dermatitis and autism spectrum disorders: A systematic review[J]. American journal of clinical dermatology, 2015, 16(5): 371-388.

[34] Blandon A Y, Calkins S D, Keane S P, et al. Individual differences in trajectories of emotion regulation processes: The effects of maternal depressive symptomatology and children's physiological regulation[J]. Developmental psychology, 2008, 44(4): 1110.

[35] Bodeker G, Ryan T J, Volk A, et al. Integrative skin care: Dermatology and traditional and complementary medicine[J]. The journal of alternative and complementary medicine, 2017, 23(6): 479-486.

[36] Boles J C, Winsor D L. "My school is where my friends are": Interpreting the drawings of children with cancer[J]. Journal of research in childhood education, 2019, 33(2): 225-241.

[37] Bombi A S, Pinto G. Making a dyad: Cohesion and distancing in children's pictorial representation of friendship[J]. British journal of developmental psychology, 1994, 12(4): 563-575.

[38] Boozalis E, Grossberg A L, Püttgen K B, et al. Itching at night: A review on reducing nocturnal pruritus in children[J]. Pediatric dermatology, 2018, 35(5): 560-565.

[39] Borenstein M, Hedges L V, Higgins J P T, et al. Introduction to meta-analysis[M]. Hoboken: John Wiley & Sons, 2009.

[40] Bosacki S L, Marini Z A, Dane A V. Voices from the classroom: Pictorial and narrative representations of children's bullying experiences[J]. Journal of moral education, 2006, 35(2): 231-245.

[41] Bowlby J. The making and breaking of affectional bonds[J]. The British journal of psychiatry, 1977, 130 (3): 201-210.

[42] Boyatzis C J. The artistic evolution of mommy: A longitudinal case study of symbolic and social processes[M]// Boyatzis C J, Watson C W. Symbolic and social constraints on the development of children's artistic style. San Francisco: Jossey-Bass, 2000: 5-29.

[43] Boyd J R, Hunsberger M. Chronically ill children coping with repeated hospitalizations: Their perceptions and suggested interventions[J]. Journal of pediatric nursing, 1998, 13(6): 330-342.

[44] Braun V, Clarke V. Using thematic analysis in psychology [J].

Qualitative research in psychology, 2006, 3(2): 77-101.

[45] Britzman D. Who has the floor? Curriculum teaching and the English student teacher's struggle for voice[J]. Curriculum inquiry, 1989, 19 (2): 143-162.

[46] Bronkhorst E, Schellack N, Motswaledi M H. Effects of childhood atopic eczema on the quality of life[J]. Current allergy & clinical immunology, 2016, 29(1): 18-22.

[47] Bryan G, Bluebond-Langner M, Kelly D, et al. Studying children's experiences in interactions with clinicians: Identifying methods fit for purpose[J]. Qualitative health research, 2019, 29(3): 393-403.

[48] Buchanan C M, Maccoby E E, Dornbusch S M. Caught between parents: Adolescents' experience in divorced homes [J]. Child development, 1991, 62(5): 1008-1029.

[49] Buckner J D, Heimberg R G, Ecker A H, et al. A biopsychosocial model of social anxiety and substance use[J]. Depression and anxiety, 2013, 30(3): 276-284.

[50] Bui A L, Dieleman J L, Hamavid H, et al. Spending on children's personal health care in the United States, 1996—2013[J]. JAMA pediatrics, 2017, 171(2): 181-189.

[51] Buske-Kirschbaum A, Jobst S, Wustmans A, et al. Attenuated free cortisol response to psychosocial stress in children with atopic dermatitis[J]. Psychosomatic medicine, 1997, 59(4): 419-426.

[52] Pope C, Mays N. Qualitative research in health care [M]. 3rd ed. New York: Blackwell Publishing, 2006: 6-9.

[53] Callaghan T C, Rochat P. Children's understanding of artist-picture relations: Implications for their theories of pictures[M]// Milbrath C, Trautner H M. Children's understanding and production of pictures, drawings and arts: Theoretical and empirical approaches. Ann Arbor:

Hogrefe & Huber Publishers, 2008: 187-206.

[54] Camfferman D, Kennedy J D, Gold M, et al. Eczema, sleep, and behavior in children[J]. Journal of clinical sleep medicine, 2010, 6 (6): 581-588.

[55] Camfferman D, Kennedy J D, Gold M, et al. Sleep and neurocognitive functioning in children with eczema [J]. International journal of psychophysiology, 2013, 89(2): 265-272.

[56] Campbell C, Skovdal M, Mupambireyi Z, et al. Can AIDS stigma be reduced to poverty stigma? Exploring Zimbabwean children's representations of poverty and AIDS[J]. Child: Care, health and development, 2012, 38(5): 732-742.

[57] Campbell C, Skovdal M, Mupambireyi Z, et al. Exploring children's stigmatisation of AIDS-affected children in Zimbabwe through drawings and stories[J]. Social science & medicine, 2010, 71(5): 975-985.

[58] Carroll C L, Balkrishnan R, Feldman S R, et al. The burden of atopic dermatitis: Impact on the patient, family, and society[J]. Pediatric dermatology, 2005, 22(3): 192-199.

[59] Carson C G. Risk factors for developing atopic dermatitis[J]. Danish medical journal, 2013, 60(7): B4687-B4687.

[60] Carter B, Ford K. Researching children's health experiences: The place for participatory, child-centered, arts-based approaches [J]. Research in nursing & health, 2013, 36(1): 95-107.

[61] Carter B, Ford K. How arts-based approaches can put the fun into child-focused research[J]. Nursing children and young people, 2014 (26): 9.

[62] Cassemiro L K D S, Okido A C C, Furtado M C C, et al. The hospital designed by hospitalized children and adolescents [J]. Revista

Brasileira de enfermagem, 2020, 73(suppl 4): e20190399.

[63] Chamlin S L, Frieden I J, Williams M L, et al. Effects of atopic dermatitis on young American children and their families [J]. Pediatrics, 2004, 114(3): 607-611.

[64] Chan C H Y, Ng E H Y, Chan C L W, et al. Effectiveness of psychosocial group intervention for reducing anxiety in women undergoing in vitro fertilization: A randomized controlled study[J]. Fertility and sterility, 2006, 85(2): 339-346.

[65] Chan C L W, Ho R T H, Mphil W F, et al. Turning curses into blessings: An Eastern approach to psychosocial oncology[J]. Journal of psychosocial oncology, 2006, 24(4): 15-32.

[66] Chan C L W, Ng S M, Ho R T H, et al. East meets West: Applying eastern spirituality in clinical practice[J]. Journal of clinical nursing, 2006, 15(7): 822-832.

[67] Chang H Y, Seo J H, Kim H Y, et al. Allergic diseases in preschoolers are associated with psychological and behavioural problems[J]. Allergy, asthma & immunology research, 2013, 5(5): 315-321.

[68] Chang Y T, Li Y F, Muo C H, et al. Correlation of Tourette syndrome and allergic disease: Nationwide population-based case-control study[J]. Journal of developmental & behavioral pediatrics, 2011, 32(2): 98-102.

[69] Charman C, Chambers C, Williams H. Measuring atopic dermatitis severity in randomized controlled clinical trials: What exactly are we measuring? [J]. Journal of investigative dermatology, 2003, 120(6): 932-941.

[70] Chen M H, Su T P, Chen Y S, et al. Attention deficit hyperactivity disorder, tic disorder, and allergy: Is there a link? A nationwide

population-based study [J]. Journal of child psychology and psychiatry, 2013, 54(5): 545-551.

[71] Cheng C M, Hsu J W, Huang K L, et al. Risk of developing major depressive disorder and anxiety disorders among adolescents and adults with atopic dermatitis: A nationwide longitudinal study[J]. Journal of affective disorders, 2015(178): 60-65.

[72] Cherney I D, Seiwert C S, Dickey T M, et al. Children's drawings: A mirror to their minds[J]. Educational psychology, 2006, 26(1): 127-142.

[73] Chernyshov P V. Stigmatization and self-perception in children with atopic dermatitis [J]. Clinical, cosmetic and investigational dermatology, 2016(9): 159-166.

[74] Chernyshov P. Stigmatization and self-perception in children with atopic dermatitis [J]. Clin cosmet investig dermatol, 2016 (9): 159-166.

[75] Chesson R A, Good M, Hart C. Will it hurt? Patients' experience of X-ray examinations: A pilot study[J]. Pediatric radiology, 2002, 32 (1): 67-73.

[76] Chevrier C, Sullivan K, White R F, et al. Qualitative assessment of visuospatial errors in mercury-exposed Amazonian children [J]. Neurotoxicology, 2009, 30(1): 37-46.

[77] Chida Y, Hamer M, Steptoe A. A bidirectional relationship between psychosocial factors and atopic disorders: A systematic review and meta-analysis[J]. Psychosomatic medicine, 2008, 70(1): 102-116.

[78] Chinn D J, Poyner T, Sibley G. Randomized controlled trial of a single dermatology nurse consultation in primary care on the quality of life of children with atopic eczema[J]. British journal of dermatology, 2002, 146(3): 432-439.

[79] Chio C C, Shih F J, Chiou J F, et al. The lived experiences of spiritual suffering and the healing process among Taiwanese patients with terminal cancer[J]. Journal of clinical nursing, 2008, 17(6): 735-743.

[80] Chuh A A T. Validation of a Cantonese version of the children's dermatology life quality index[J]. Pediatric dermatology, 2003, 20 (6): 479-481.

[81] Clark A, Moss P. Listening to young children: The mosaic approach [M]. 2nd ed. London: National Children's Bureau, 2011.

[82] Clark C D. In a younger voice: Doing child-centered qualitative research[M]. New York: Oxford University Press, 2010.

[83] Clarke L, Ungerer J, Chahoud K, et al. Attention deficit hyperactivity disorder is associated with attachment insecurity[J]. Clinical child psychology and psychiatry, 2002, 7(2): 179-198.

[84] Coca A F, Cooke R A. On the classification of the phenomena of hypersensitiveness[J]. The journal of immunology, 1923, 8(3): 163-182.

[85] Compas B E, Jaser S S, Dunn M J, et al. Coping with chronic illness in childhood and adolescence [J]. Annual review of clinical psychology, 2012, 8(1): 455-480.

[86] Connor-Smith J K, Compas B E, Wadsworth M E, et al. Responses to stress in adolescence: Measurement of coping and involuntary stress responses[J]. Journal of consulting and clinical psychology, 2000, 68 (6): 976.

[87] Constantinou C, Payne N, van den Akker O, et al. A qualitative exploration of health-related quality of life and health behaviours in children with sickle cell disease and healthy siblings[J]. Psychology & health, 2021: 1-22.

[88] Corrigan P W, Watson A C, Barr L. The self-stigma of mental illness: Implications for self-esteem and self-efficacy[J]. Journal of social and clinical psychology, 2006, 25(8): 875-884.

[89] Corrigan P W, Watson A C. The paradox of self-stigma and mental illness[J]. Clinical psychology: Science and practice, 2002, 9(1): 35-53.

[90] Corrigan P W. Mental health stigma as social attribution: Implications for research methods and attitude change[J]. Clinical psychology: Science and practice, 2000, 7(1): 48-67.

[91] Corrigan P, Markowitz F E, Watson A, et al. An attribution model of public discrimination towards persons with mental illness[J]. Journal of health and social behavior, 2003, 44(2): 162-179.

[92] Corrigan P. How stigma interferes with mental health care[J]. American psychologist, 2004, 59(7): 614-625.

[93] Corsano P, Majorano M, Vignola V, et al. Hospitalized children's representations of their relationship with nurses and doctors[J]. Journal of child health care, 2013, 17(3): 294-304.

[94] Corsano P, Majorano M, Vignola V, et al. The waiting room as a relational space: Young patients and their families' experience in a day hospital[J]. Child: Care, health and development, 2015, 41 (6): 1066-1073.

[95] Coster S, Norman I. Cochrane reviews of educational and self-management interventions to guide nursing practice: A review[J]. International journal of nursing studies, 2009, 46(4): 508-528.

[96] Cotton S, Grossoehme D, McGrady M E. Religious coping and the use of prayer in children with sickle cell disease[J]. Pediatric blood & cancer, 2012, 58(2): 244-249.

[97] Cox M V, Maynard S. The human figure drawings of children with

Down syndrome[J]. British journal of developmental psychology, 1998, 16(2): 133-137.

[98] Coyne I, Carter B. Being Participatory: Researching with Children and Young People[M]. London: Springer Cham, 2018.

[99] Crawford E, Gross J, Patterson T, et al. Does children's colour use reflect the emotional content of their drawings? [J]. Infant and child development, 2012, 21(2): 198-215.

[100] Creswell J W, Clark V L P. Designing and conducting mixed methods research[M]. Thousand Oaks: Sage Publications, 2017.

[101] Creswell J W, Creswell J D. Research design: Qualitative, quantitative, and mixed methods approaches[M]. 5th ed. Thousand Oaks: Sage Publications, 2018.

[102] Creswell J W, Poth C N. Qualitative inquiry and research design: Choosing among five approaches [M]. Thousand Oaks: Sage Publications, 2016.

[103] Cugmas Z. Representations of the child's social behavior and attachment to the kindergarten teacher in their drawing[J]. Early child development and care, 2004, 174(1): 13-30.

[104] Cutrona C E, Russell D W. The provisions of social relationships and adaptation to stress[J]. Advances in personal relationships, 1987, 1(1): 37-67.

[105] Daud L R, Garralda M E, David T J. Psychosocial adjustment in preschool children with atopic eczema[J]. Archives of disease in childhood, 1993, 69(6): 670-676.

[106] De Bes J, Legierse C M, Prinsen C A C, et al. Patient education in chronic skin diseases: A systematic review [J]. Acta dermato-venereologica, 2011, 91(1): 12-17.

[107] Dertlio ğlu S B, Cicek D, Balci D D, et al. Dermatology life quality

index scores in children with vitiligo: Comparison with atopic dermatitis and healthy control subjects[J]. International journal of dermatology, 2013, 52(1): 96-101.

[108] do Vale Pinheiro I, da Costa A G, Rodrigues D C B, et al. Hospital psychological assessment with the drawing of the human figure: A contribution to the care to oncologic children and teenagers [J]. Psychology, 2015, 6(4): 484-500.

[109] Donfrancesco R, Dell'Uomo A, Mugnaini D, et al. Dissociative disorder in children: A case study[J]. Minerva pediatrica, 2004, 56 (4): 445-451.

[110] Doyle L, Brady A-M, Byrne G J. An overview of mixed methods research[J]. Journal of research in nursing, 2009, 14(2): 175-185.

[111] Eichenfield L F, Hanifin J M, Beck L A, et al. Atopic dermatitis and asthma: Parallels in the evolution of treatment[J]. Pediatrics, 2003, 111(3): 608-616.

[112] Einarsdottir J, Dockett S, Perry B. Making meaning: Children's perspectives expressed through drawings [J]. Early child development and care, 2009, 179(2): 217-232.

[113] Eldén S. Inviting the messy: Drawing methods and "children's voices"[J]. Childhood, 2013, 20(1): 66-81.

[114] Elizur A. The psychological evaluation of the organic child[J]. Journal of projective techniques and personality assessment, 1965, 29 (3): 292-299.

[115] Engel G L. The clinical application of the biopsychosocial model[J]. The American journal of psychiatry, 1980, 137(5): 535-544.

[116] Engel G L. The need for a new medical model: A challenge for biomedicine[J]. Science, 1977, 196(4286): 129-136.

[117] Ergler C. Beyond passive participation: From research on to research

by children［M］//Evans R，Holt L，Skelton T. Methodological approaches. Singapore：Springer，2015：97-115.

[118] Erikson E H. Childhood and society［M］. 2nd ed. New York：Norton & Company，1963.

[119] Erikson E H. Identity and the life cycle：Selected papers［J］. Psychological issues，1959(1)：1-171.

[120] Ersser S J，Cowdell F，Latter S，et al. Psychological and educational interventions for atopic eczema in children［J］. Cochrane database of systematic reviews，2014 (1)：CD004054.

[121] European Task Force on Atopic Dermatitis. Severity scoring of atopic dermatitis：The SCORAD index. Consensus report of the European Task Force on Atopic Dermatitis［J］. Dermatology，1993 (186)：23-31.

[122] Farokhi M，Hashemi M. The analysis of children's drawings：Social，emotional，physical，and psychological aspects［J］. Procedia-social and behavioral sciences，2011(30)：2219-2224.

[123] Fernandes L M S，Souza A M. The meaning of childhood cancer：The occupation of death with life in childhood［J］. Psicologia em Estudo，2019(24)：1-12.

[124] Filipo R，Bosco E，Mancini P，et al. Cochlear implants in special cases：Deafness in the presence of disabilities and/or associated problems［J］. Acta Oto-Laryngologica，2004，124(sup552)：74-80.

[125] Ford K，Campbell S，Carter B，et al. The concept of child-centered care in healthcare：A scoping review protocol［J］. JBI evidence synthesis，2018，16(4)：845-851.

[126] Ford K. "I didn't really like it，but it sounded exciting"：Admission to hospital for surgery from the perspectives of children［J］. Journal of child health care，2011，15(4)：250-260.

[127] Fung Y L, Lau B H P, Tam M Y J, et al. Protocol for psychosocial interventions based on Integrative Body-Mind-Spirit (IBMS) model for children with eczema and their parent caregivers[J]. Journal of evidence-based social work, 2019, 16(1): 36-53.

[128] Fung Y. Stress and wellbeing of parents of children with eczema: A prospective randomized controlled trial on psychosocial intervention [D]. Hong Kong: The University of Hong Kong, 2018.

[129] Gallacher L A, Gallgagher M. Methodological immaturity in childhood research? Thinking through participatory methods[J]. Childhood, 2008, 15(4): 499-516.

[130] Gallo A D. Drawing as a means of communication at the initial interview with children with cancer [J]. Journal of child psychotherapy, 2001, 27(2): 197-210.

[131] Germain N, Augustin M, François C, et al. Stigma in visible skin diseases—A literature review and development of a conceptual model [J]. Journal of the European academy of dermatology and venereology, 2021, 35(7): 1493-1504.

[132] Ghio D, Greenwell K, Muller I, et al. Psychosocial needs of adolescents and young adults with eczema: A secondary analysis of qualitative data to inform a behaviour change intervention[J]. British journal of health psychology, 2021, 26(1): 214-231.

[133] Gibson F, Aldiss S, Horstman M, et al. Children and young people's experiences of cancer care: A qualitative research study using participatory methods [J]. International journal of nursing studies, 2010, 47(11): 1397-1407.

[134] Gibson F, Shipway L, Barry A, et al. What's it like when you find eating difficult: Children's and parents' experiences of food intake [J]. Cancer nursing, 2012, 35(4): 265-277.

[135] Gillies J. Variations in drawings of "a person" and "myself" by hearing-impaired and normal children [J]. British journal of educational psychology, 1968, 38(1): 86-89.

[136] Goffman E. Stigma: Notes on the management of spoiled identity [M]. New York: Simon & Schuster, 1963: 3.

[137] Goodwin D L, Krohn J, Kuhnle A. Beyond the wheelchair: The experience of dance[J]. Adapted physical activity quarterly, 2004, 21(3): 229-247.

[138] Govender K, Ebrahim H B. Listening to the voices of children in early schooling in the South African context of HIV/AIDS[J]. Journal of psychology in Africa, 2008, 18(3): 485-488.

[139] Graham N, Mandy A, Clarke C, et al. Play experiences of children with a high level of physical disability[J]. The American journal of occupational therapy, 2019, 73(6): 1-10.

[140] Green C. Listening to children: Exploring intuitive strategies and interactive methods in a study of children's special places [J]. International journal of early childhood, 2012(44): 269-285.

[141] Greener M. Eczema at school: More than skin deep[J]. British journal of school nursing, 2016, 11(5): 221-224.

[142] Grillo M, Gassner L, Marshman G, et al. Pediatric atopic eczema: The impact of an educational intervention[J]. Pediatric dermatology, 2006, 23(5): 428-436.

[143] Gross J, Hayne H. Drawing facilitates children's verbal reports of emotionally laden events[J]. Journal of experimental psychology: Applied, 1998, 4(2): 163-179.

[144] Grover S. Why won't they listen to us? On giving power and voice to children participating in social research[J]. Childhood, 2004(11): 81-93.

［145］Guillemin M. Understanding illness：Using drawings as a research method［J］. Qualitative health research，2004，14(2)：272-289.

［146］Günindi Y. Preschool children's perceptions of the value of affection as seen in their drawings［J］. International electronic journal of elementary education，2015，7(3)：371-382.

［147］Guo Y，Li P，Tang J，et al. Prevalence of atopic dermatitis in Chinese children aged 1-7 ys［J］. Scientific reports，2016，6(1)：1-7.

［148］Gupta M A，Pur D R，Vujcic B，et al. Suicidal behaviors in the dermatology patient［J］. Clinics in dermatology，2017，35（3）：302-311.

［149］Gurkiran B，Michael L，Rebecca C K. A qualitative enquiry into the lived experiences of adults with atopic dermatitis［J］. European medical journal allergy & immunology，2020，5(1)：78-84.

［150］Gustafsson P A，Kjellman N I M，Björkstén B. Family interaction and a supportive social network as salutogenic factors in childhood atopic illness［J］. Pediatric allergy and immunology，2002，13(1)：51-57.

［151］Halls A，Nunes D，Muller I，et al. "Hope you find your 'eureka' moment soon"：A qualitative study of parents/carers' online discussions around allergy，allergy tests and eczema［J］. BMJ open，2018，8(11)：e022861.

［152］Hamama L，Ronen T. Children's drawings as a self-report measurement［J］. Child & family social work，2009，14(1)：90-102.

［153］HanifIn J M，Rajka G. Diagnostic features of atopic dermatitis［J］. Acta dermato-venereologica，1980(92)：44-47.

［154］Hannes K，Booth A，Harris J，et al. Celebrating methodological challenges and changes：Reflecting on the emergence and importance of the role of qualitative evidence in Cochrane reviews［J］. Systematic reviews，2013，2(1)：84-93.

[155] Harcourt D，Einarsdottir J. Introducing children's perspectives and participation in research[J]. European early childhood education research journal，2011，19(3)：301-307.

[156] Harden A，Garcia J，Oliver S，et al. Applying systematic review methods to studies of people's views：An example from public health research[J]. Journal of epidemiology & community health，2004，58 (9)：794-800.

[157] Harden J，Black R，Pickersgill M，et al. Children's understanding of epilepsy：A qualitative study[J]. Epilepsy & behavior，2021 (120)：107994.

[158] Hart J. Saving children：What role for anthropology? [J]. Anthropology today，2006，22(1)：5-8.

[159] Hart R A. Children's participation：The theory and practice of involving young citizens in community development and environmental care[M]. London：Routledge，2013.

[160] Hauk P J. The role of food allergy in atopic dermatitis[J]. Current allergy and asthma reports，2008，8(3)：188-194.

[161] Herzog R，Álvarez-Pasquin M J，Díaz C，et al. Are healthcare workers' intentions to vaccinate related to their knowledge, beliefs and attitudes? A systematic review[J]. BMC public health，2013，13 (1)：1-17.

[162] Hetherington E M，Blechman E A. Stress，Coping，and Resiliency in Children and Families[M]. New York：Psychology Press，2014.

[163] Ho E S，Parsons J A，Davidge K M，et al. Shared decision making in youth with brachial plexus birth injuries and their families：A qualitative study[J]. Patient education and counseling，2021，104 (10)：2586-2591.

[164] Hoffman M F, Cejas I, Quittner A L. Health-related quality of life instruments for children with cochlear implants: Development of child and parent-proxy measures[J]. Ear and hearing, 2019, 40(3): 592-604.

[165] Hon K L, Leung T F, Wong Y, et al. Skin diseases in Chinese children at a pediatric dermatology center[J]. Pediatric dermatology, 2004, 21(2): 109-112.

[166] Hong J, Koo B, Koo J. The psychosocial and occupational impact of chronic skin disease[J]. Dermatologic therapy, 2008, 21(1): 54-59.

[167] Horev A, Freud T, Manor I, et al. Risk of attention-deficit/hyperactivity disorder in children with atopic dermatitis[J]. Acta dermatovenerologica croatica, 2017, 25(3): 210-214.

[168] Horgan D. Child participatory research methods: Attempts to go "deeper"[J]. Childhood, 2017, 24(2): 245-259.

[169] Horstman M, Aldiss S, Richardson A, et al. Methodological issues when using the draw and write technique with children aged 6 to 12 years[J]. Qualitative health research, 2008, 18(7): 1001-1011.

[170] Horstman M, Bradding A. Helping children speak up in the health service[J]. European journal of oncology nursing, 2002, 6(2): 75-84.

[171] Howells L M, Chalmers J R, Cowdell F, et al. "When it goes back to my normal I suppose": A qualitative study using online focus groups to explore perceptions of "control" among people with eczema and parents of children with eczema in the UK[J]. BMJ open, 2017, 7(11): e017731.

[172] Hrehorów E, Salomon J, Matusiak L, et al. Patients with psoriasis feel stigmatized[J]. Acta dermato-venereologica, 2012, 92(1): 67-72.

[173] Hsiao F H, Chang K J, Kuo W H, et al. A longitudinal study of cortisol responses, sleep problems, and psychological well-being as the predictors of changes in depressive symptoms among breast cancer survivors [J]. Psychoneuroendocrinology, 2013, 38 (3): 356-366.

[174] Huang X, O'Connor M, Ke L S, et al. Ethical and methodological issues in qualitative health research involving children: A systematic review[J]. Nursing ethics, 2016, 23(3): 339-356.

[175] Hurtig A L, Radhakrishnan J, Reyes H M, et al. Psychological evaluation of treated females with virilizing congenital adrenal hyperplasia[J]. Journal of pediatric surgery, 1983, 18(6): 887-893.

[176] Husserl E. Ideas: General Introduction to Pure Phenomenology[M]. London: Routledge, 2012.

[177] Husserl E. The crisis of European sciences and transcendental phenomenology: An introduction to phenomenological philosophy [M]. Evanston: Northwestern University Press, 1970.

[178] Huus K, Morwane R, Ramaahlo M, et al. Voices of children with intellectual disabilities on participation in daily activities[J]. African journal of disability, 2021(10): 1-9.

[179] Ibrahim S, Vasalou A, Benton L, et al. A methodological reflection on investigating children's voice in qualitative research involving children with severe speech and physical impairments[J]. Disability & society, 2022, 37 (1): 63-88.

[180] Instone S L. Perceptions of children with HIV infection when not told for so long: Implications for diagnosis disclosure[J]. Journal of pediatric health care, 2000, 14(5): 235-243.

[181] Ishikawa N, Pridmore P, Carr-Hill R, et al. Breaking down the wall of silence around children affected by AIDS in Thailand to support

their psychosocial health[J]. AIDS care, 2010, 22(3): 308-313.

[182] James A. Giving voice to children's voices: Practices and problems, pitfalls and potentials[J]. American anthropologist, 2007, 109(2): 261-272.

[183] James A, Jenks C, Prout A. Theorizing childhood[M]. Cambridge: Polity Press, 1998.

[184] James A, Prout A. Constructing and reconstructing childhood: Contemporary issues in the sociological study of childhood[M]. London: Falmer Press, 1997.

[185] Jensen M P, Adachi T, Tomé-Pires C, et al. Mechanisms of hypnosis: Toward the development of a biopsychosocial model[J]. International journal of clinical and experimental hypnosis, 2015, 63 (1): 34-75.

[186] Johansson E K, Ballardini N, Kull I, et al. Association between preschool eczema and medication for attention-deficit/hyperactivity disorder in school age[J]. Pediatric allergy and immunology, 2017, 28(1): 44-50.

[187] Jolley R P, O'Kelly R, Barlow C M, et al. Expressive drawing ability in children with autism[J]. British journal of developmental psychology, 2013, 31(1): 143-149.

[188] Jongudomkarn D, Aungsupakorn N, Camfield L. The meanings of pain: A qualitative study of the perspectives of children living with pain in north-eastern Thailand[J]. Nursing & health sciences, 2006, 8(3): 156-163.

[189] Kamens S R, Constandinides D, Flefel F. Drawing the future: Psychosocial correlates of Palestinian children's drawings[J]. International perspectives in psychology, 2016, 5(3): 167-183.

[190] Keil F. Developmental psychology: The growth of mind and behavior

[M]. New York: W. W. Norton & Company, 2013.

[191] Kelsay K, Klinnert M, Bender B. Addressing psychosocial aspects of atopic dermatitis[J]. Immunology and allergy clinics, 2010, 30(3): 385-396.

[192] Khoja N. Situating children's voices: Considering the context when conducting research with young children[J]. Children & society, 2016, 30(4): 314-323.

[193] Kibby M Y, Cohen M J, Hynd G W. Clock face drawing in children with attention-deficit/hyperactivity disorder[J]. Archives of clinical neuropsychology, 2002, 17(6): 531-546.

[194] Kim J, Cicchetti D, Rogosch F A, et al. Child maltreatment and trajectories of personality and behavioral functioning: Implications for the development of personality disorder[J]. Development and psychopathology, 2009, 21(3): 889-912.

[195] Kinnunen S, Einarsdottir J. Feeling, wondering, sharing and constructing life: Aesthetic experience and life changes in young children's drawing stories [J]. International journal of early childhood, 2013, 45(3): 359-385.

[196] Klebanoff M A, Cole S R. Use of multiple imputation in the epidemiologic literature[J]. American journal of epidemiology, 2008, 168(4): 355-357.

[197] Koller D, Binder M J, Alexander S, et al. "Everybody makes mistakes": Children's views on medical errors and disclosure[J]. Journal of pediatric nursing, 2019(49): 1-9.

[198] Kon A A, Morrison W. Shared decision-making in pediatric practice: A broad view[J]. Pediatrics, 2018, 142(Suppl 3): S129-S132.

[199] Konradi A. Stigma and psychological distress among pediatric participants in the FD/MAS Alliance Patient Registry [J]. BMC

pediatrics，2021，21(1)：1-10.

[200] Kontos N. The rise and fall of the biopsychosocial model：Reconciling art and science in psychiatry[J]. Journal of clinical psychiatry，2011，72(9)：1287-1288.

[201] Kortesluoma R L，Punamäki R L，Nikkonen M. Hospitalized children drawing their pain：The contents and cognitive and emotional characteristics of pain drawings[J]. Journal of child health care，2008，12(4)：284-300.

[202] Kranke D A，Floersch J，Kranke B O，et al. A qualitative investigation of self-stigma among adolescents taking psychiatric medication[J]. Psychiatric services，2011，62(8)：893-899.

[203] Kunz B，Oranje A P，Labreze L，et al. Clinical validation and guidelines for the SCORAD index：Consensus report of the European Task Force on Atopic Dermatitis[J]. Dermatology，1997，195(1)：10-19.

[204] Kurzban R，Leary M R. Evolutionary origins of stigmatization：The functions of social exclusion[J]. Psychological bulletin，2001，127(2)：187-208.

[205] Kwiatkowska H Y，Wynne L C，Wynne A R. Family therapy and evaluation through art[M]. Charles C. Springfield：Charles C. Thomas Pub，1978.

[206] La Grutta S，Cali A，Sarno I，et al. People with Down's sindrome：Adolescence and the journey towards adulthood[J]. Minerva pediatrica，2009，61(3)：305-321.

[207] La Grutta S，Schiera G，Trombini E，et al. Symbolic function explored in children with epilepsy and headache[J]. Minerva pediatrica，2007，59(6)：745-754.

[208] Langan S M，Irvine A D. Childhood eczema and the importance of

the physical environment[J]. Journal of investigative dermatology, 2013, 133(7): 1706-1709.

[209] Lazarus R S, Folkman S. Stress, appraisal, and coping[M]. New York: Springer, 1984.

[210] Lee C Y, Chen M H, Jeng M J, et al. Longitudinal association between early atopic dermatitis and subsequent attention-deficit or autistic disorder: A population-based case-control study [J]. Medicine, 2016, 95(39): e5005.

[211] Lee K J, Roberts G, Doyle L W, et al. Multiple imputation for missing data in a longitudinal cohort study: A tutorial based on a detailed case study involving imputation of missing outcome data[J]. International journal of social research methodology, 2016, 19(5): 575-591.

[212] Lee M Y, Chan C C H Y, Chan C L W, et al. Integrative body-mind-spirit social work: An empirically based approach to assessment and treatment[M]. New York: Oxford University Press, 2018.

[213] Lee S, Shin A. Association of atopic dermatitis with depressive symptoms and suicidal behaviors among adolescents in Korea: The 2013 Korean Youth Risk Behavior Survey[J]. BMC psychiatry, 2017, 17(1): 1-11.

[214] Lee Y, Oh J. Educational programs for the management of childhood atopic dermatitis: An integrative review[J]. Asian nursing research, 2015, 9(3): 185-193.

[215] Lees A, Payler J, Ballinger C, et al. Positioning children's voice in clinical trials research: A new model for planning, collaboration, and reflection[J]. Qualitative health research, 2017, 27(14): 2162-2176.

[216] Leung S O, Wong P M. Validity and reliability of Chinese Rosenberg self-esteem scale[J]. New horizons in education, 2008, 56(1):

62-69.

[217] Lewis-Jones M S, Finlay A Y. The Children's Dermatology Life Quality Index (CDLQI): Initial validation and practical use[J]. British journal of dermatology, 1995, 132(6): 942-949.

[218] Lewis-Jones S. Quality of life and childhood atopic dermatitis: The misery of living with childhood eczema[J]. International journal of clinical practice, 2006, 60(8): 984-992.

[219] Li E P H, Min H J, Belk R W. Skin lightening and beauty in four Asian cultures[J]. ACR North American advances, 2008(35): 444-449.

[220] Li J C, Lau W, Au T K. Psychometric properties of the Spence Children's Anxiety Scale in a Hong Kong Chinese community sample [J]. Journal of anxiety disorders, 2011, 25(4): 584-591.

[221] Li M, Xue H, Wang W, et al. Parental expectations and child screen and academic sedentary behaviors in China[J]. American journal of preventive medicine, 2017, 52(5): 680-689.

[222] Liesch S K, Elertson K M. Drawing and dialogue: Youth's experiences with the "face" of diabetes[J]. Journal of patient experience, 2020, 7(6): 1158-1163.

[223] Lin Y T, Chen Y C, Gau S S F, et al. Associations between allergic diseases and attention deficit hyperactivity/oppositional defiant disorders in children[J]. Pediatric research, 2016, 80(4): 480-485.

[224] Linder L A, Bratton H, Nguyen A, et al. Comparison of good days and sick days of school-age children with cancer reflected through their drawings[J]. Quality of life research, 2017, 26(10): 2729-2738.

[225] Linder L A, Newman A R, Stegenga K, et al. Feasibility and acceptability of a game-based symptom-reporting app for children

with cancer: Perspectives of children and parents[J]. Supportive care in cancer, 2021, 29(1): 301-310.

[226] Lindsay Waters A. An ethnography of a children's renal unit: Experiences of children and young people with long-term renal illness [J]. Journal of clinical nursing, 2008, 17(23): 3103-3114.

[227] Link B G, Phelan J C. Conceptualizing stigma[J]. Annual review of sociology, 2001: 363-385.

[228] Lipsey M W, Wilson D B. Practical meta-analysis[M]. Ann Arbor: Sage Publications, 2000.

[229] Litman L, Costantino G, Waxman R, et al. Relationship between peer victimization and posttraumatic stress among primary school children[J]. Journal of traumatic stress, 2015, 28(4): 348-354.

[230] Liu Q X, Fang X Y, Zhou Z K, et al. Perceived parent-adolescent relationship, perceived parental online behaviors and pathological internet use among adolescents: Gender-specific differences[J]. PloS one, 2013, 8(9): e75642.

[231] Lowenfeld V, Brittain W L. Creative and mental growth[M]. 7th ed. New York: Macmillan, 1982.

[232] Ma Y, Siu A, Tse W S. The role of high parental expectations in adolescents' academic performance and depression in Hong Kong[J]. Journal of family issues, 2018, 39(9): 2505-2522.

[233] Magnusson D, Stattin H. The person in context: A holistic-interactionistic approach[M]//Lerner R M, Damon W. Handbook of child psychology: Theoretical models of human development. Hoboken: John Wiley & Sons Inc. , 2006: 400-464.

[234] Mak W W S, Cheung R Y M. Self-stigma among concealable minorities in Hong Kong: Conceptualization and unified measurement [J]. American journal of orthopsychiatry, 2010, 80(2): 267-281.

［235］MannellJ，Davis K．Evaluating complex health interventions with randomized controlled trials：How do we improve the use of qualitative methods? ［J］. Qualitative health research，2019，29(5)：623-631.

［236］Mares J．The use of kinetic children's drawings to explore the pain experiences of children in hospital［J］. Acta medica（Hradec Kralove），1996，39(2)：73-80.

［237］Martin F S．Engaging with motherhood and parenthood：A commentary on the social science drugs literature［J］. International journal of drug policy，2019(68)：147-153.

［238］Mascagni G．From the lab to the field：A review of tax experiments ［J］. Journal of economic surveys，2018，32(2)：273-301.

［239］Mason J，Tipper B．Being related：How children define and create kinship［J］. Childhood，2008，15(4)：441-460.

［240］Matterne U，Schmitt J，Diepgen T L，et al．Children and adolescents' health-related quality of life in relation to eczema，asthma and hay fever：Results from a population-based cross-sectional study［J］. Quality of life research，2011，20（8）：1295-1305.

［241］Mayr J，Fasching G，Höllwarth M E．Psychosocial and psychomotoric development of very low birthweight infants with necrotizing enterocolitis［J］. Acta Pædiatrica，1994，83(sup 396)：96-100.

［242］McClafferty H，Vohra S，Bailey M，et al．Pediatric integrative medicine［J］. Pediatrics，2017，140(3)：e20171961.

［243］McCuskey Shepley M．The location of behavioral incidents in a children's psychiatric facility［J］. Children's environments，1995，12（3）：352-361.

[244] McInnes M D F, Moher D, Thombs B D, et al. Preferred reporting items for a systematic review and meta-analysis of diagnostic test accuracy studies: The PRISMA-DTA statement[J]. JAMA, 2018, 319(4): 388-396.

[245] McLaughlan R, Sadek A, Willis J. Attractions to fuel the imagination: Reframing understandings of the role of distraction relative to well-being in the pediatric hospital [J]. Health environments research & design journal, 2019, 12(2): 130-146.

[246] McLeod S, Daniel G, Barr J. "When he's around his brothers... he's not so quiet": The private and public worlds of school-aged children with speech sound disorder[J]. Journal of communication disorders, 2013, 46(1): 70-83.

[247] Mercer M J, Joubert G, Ehrlich R I, et al. Socioeconomic status and prevalence of allergic rhinitis and atopic eczema symptoms in young adolescents[J]. Pediatric allergy and immunology, 2004, 15(3): 234-241.

[248] Meriaux C, Franck J, Wisztorski M, et al. Liquid ionic matrixes for MALDI mass spectrometry imaging of lipids [J]. Journal of proteomics, 2010, 73(6): 1204-1218.

[249] Merrick R, Roulstone S. Children's views of communication and speech-language pathology [J]. International journal of speech-language pathology, 2011, 13(4): 281-290.

[250] Miller P H. Theories of developmental psychology[M]. 6th ed. New York: Worth Publishers, 2016.

[251] Mitchell A E, Fraser J A, Morawska A, et al. Parenting and childhood atopic dermatitis: A cross-sectional study of relationships between parenting behaviour, skin care management, and disease severity in young children [J]. International journal of nursing

studies，2016(64)：72-85.

[252] Mitchell A E，Fraser J A，Ramsbotham J，et al. Childhood atopic dermatitis：A cross-sectional study of relationships between child and parent factors，atopic dermatitis management，and disease severity [J]. International journal of nursing studies，2015，52(1)：216-228.

[253] Mohangi K，Ebersöhn L，Eloff I. "I am doing okay"：Intrapersonal coping strategies of children living in an institution[J]. Journal of psychology in Africa，2011，21(3)：397-404.

[254] Molina P，Sala M N，Zappulla C，et al. The Emotion Regulation Checklist-Italian translation. Validation of parent and teacher versions[J]. European journal of developmental psychology，2014，11(5)：624-634.

[255] Mollanazar N K，Smith P K，Yosipovitch G. Mediators of chronic pruritus in atopic dermatitis：Getting the itch out? [J]. Clinical reviews in allergy & immunology，2016，51(3)：263-292.

[256] Moola F J. Passive on the periphery：Exploring the experience of physical activity among children and youth with congenital heart disease using the draw-and-write technique [J]. The arts in psychotherapy，2020(69)：1-10.

[257] Mooney C G. Theories of childhood：An introduction to Dewey，Montessori，Erikson，Piaget and Vygotsky[M]. St. Paul：Redleaf Press，2013.

[258] Mooney E，Rademaker M，Dailey R，et al. Adverse effects of topical corticosteroids in paediatric eczema：A ustralasian consensus statement[J]. Australasian journal of dermatology，2015，56(4)：241-251.

[259] Moore E J，Williams A，Manias E，et al. Eczema workshops reduce severity of childhood atopic eczema [J]. Australasian journal of

dermatology, 2009, 50(2): 100-106.

[260] Morawska A, Mitchell A E, Burgess S, et al. Effects of Triple P parenting intervention on child health outcomes for childhood asthma and eczema: Randomised controlled trial[J]. Behaviour research and therapy, 2016(83): 35-44.

[261] Morawska A, Mitchell A E, Burgess S, et al. Fathers' perceptions of change following parenting intervention: Randomized controlled trial of Triple P for parents of children with asthma or eczema[J]. Journal of pediatric psychology, 2017, 42(7): 792-803.

[262] Morawska A, Mitchell A, Burgess S, et al. Randomized controlled trial of Triple P for parents of children with asthma or eczema: Effects on parenting and child behavior[J]. Journal of consulting and clinical psychology, 2017, 85(4): 283-296.

[263] Morgan M, Gibbs S, Maxwell K, Britten N. Hearing children's voices: Methodological issues in conducting focus groups with children aged 7-11 years[J]. Qualitative research, 2002, 2(1): 5-20.

[264] Morris J. Including all children: Finding out about the experiences of children with communication and/or cognitive impairments [J]. Children & society, 2003, 17(5): 337-348.

[265] Morse J M, Johnson J L. Toward a theory of illness: The illness-constellation model[M]// Morse J M, Johnson J L. The illness experience: Dimensions of suffering. Thousand Oaks: Sage Publications, 1991: 315-342.

[266] Moustakas C. Phenomenological research methods[M]. Thousand Oaks: Sage Publications, 1994.

[267] Mowat R, Subramanian S V, Kawachi I. Randomized controlled trials and evidence-based policy: A multidisciplinary dialogue [J]. Social science & medicine, 2018(210): 1.

[268] Muhati-Nyakundi L I. Agency on journeys to school through urban slum terrains: Experiences of preschool OVC [J]. Vulnerable children and youth studies, 2019, 14(1): 76-90.

[269] Mullick A. Inclusive indoor play: An approach to developing inclusive design guidelines[J]. Work, 2013, 44 (Supplement 1): 5-17.

[270] Murphy G, Peters K, Wilkes L, et al. Adult children of parents with mental illness: Navigating stigma[J]. Child & family social work, 2017, 22(1): 330-338.

[271] Murray G, O'Kane M, Watson R, Tobin A M. Psychosocial burden and out-of-pocket costs in patients with atopic dermatitis in Ireland [J]. Clinical and experimental dermatology, 2021, 46(1):157-161.

[272] Nasman E. Individualisation and institutionalization of childhood in today's Europe[M]//Qvortrup J, Bardy M, Sgritta G, Winterberger H. Childhood matters. Aldershot: Avebury, 1994: 165-188.

[273] Ng S M, Chan T H Y, Chan C L W, et al. Group debriefing for people with chronic diseases during the SARS pandemic: Strength-Focused and Meaning-Oriented Approach for Resilience and Transformation (SMART)[J]. Community mental health journal, 2006, 42(1): 53-63.

[274] Ng S, Leng L, Ho R T H, et al. A brief body-mind-spirit group therapy for Chinese medicine stagnation syndrome: A randomized controlled trial[J]. Evidence-based complementary and alternative medicine, 2018(2018): 8153637.

[275] Nguyen C M, Koo J, Cordoro K M. Psychodermatologic effects of atopic dermatitis and acne: A review on self-esteem and identity[J]. Pediatric dermatology, 2016, 33(2): 129-135.

[276] Niebel G, Kallweit C, Lange I, et al. Direct versus video-aided

parent education in atopic eczema in childhood as a supplement to specialty physician treatment. A controlled pilot study[J]. Hautarzt, 2000, 51(6): 401-411.

[277] Nilsson S, Bjorkman B, Almqvist A-L, et al. Children's voices-differentiating a child perspective from a child's perspective [J]. Developmental neurorehabilitation, 2015, 18(3): 162-168.

[278] North N, Leonard A, Bonaconsa C, et al. Distinctive nursing practices in working with mothers to care for hospitalised children at a district hospital in KwaZulu-Natal, South Africa: A descriptive observational study[J]. BMC nursing, 2020, 19(1): 1-12.

[279] Northcott S, Simpson A, Thomas S, et al. "Now I am myself": Exploring how people with poststroke aphasia experienced solution-focused brief therapy within the SOFIA trial[J]. Qualitative health research, 2021, 31(11): 2041-2055.

[280] Noyes J, Popay J, Pearson A, et al. Chapter 20: Qualitative research and Cochrane reviews [M]//Higgins J P T, Green S. Cochrane handbook for systematic reviews of interventions. Hoboken: John Wiley & Sons, 2008: 571-591.

[281] Núñez L, Midgley N, Capella C, et al. The therapeutic relationship in child psychotherapy: Integrating the perspectives of children, parents and therapists[J]. Psychotherapy research, 2021, 31(8): 988-1000.

[282] Nygaard U, Riis J L, Deleuran M, et al. Attention-deficit/hyperactivity disorder in atopic dermatitis: An appraisal of the current literature [J]. Pediatric allergy, immunology, and pulmonology, 2016, 29(4): 181-188.

[283] O'Cathain A, Thomas K J, Drabble S J, et al. Maximising the value of combining qualitative research and randomised controlled trials in

health research: The QUAlitative Research in Trials (QUART) study-a mixed methods study[J]. Health technology assessment, 2014, 18(38): 1197.

[284] O'Farrelly C. Bringing young children's voices into programme development, randomized controlled trials and other unlikely places [J]. Children & society, 2021, 35(1): 34-47.

[285] Oak J W, Lee H S. Prevalence rate and factors associated with atopic dermatitis among Korean middle school students [J]. Journal of Korean academy of nursing, 2012, 42(7): 992-1000.

[286] Oh W O, Im Y J, Suk M H. The mediating effect of sleep satisfaction on the relationship between stress and perceived health of adolescents suffering atopic disease: Secondary analysis of data from the 2013 9th Korea Youth Risk Behavior Web-based Survey[J]. International journal of nursing studies, 2016(63): 132-138.

[287] Onchwari G, Keengwe J. Examining the relationship of children's behavior to emotion regulation ability[J]. Early childhood education journal, 2011, 39(4): 279-284.

[288] Oranje A P, Glazenburg E J, Wolkerstorfer A, et al. Practical issues on interpretation of scoring atopic dermatitis: The SCORAD index, objective SCORAD and the three-item severity score[J]. British journal of dermatology, 2007, 157(4): 645-648.

[289] Ou H T, Feldman S R, Balkrishnan R. Understanding and improving treatment adherence in pediatric patients[J]. Seminars in cutaneous medicine and surgery, 2010, 29(2): 137-140.

[290] Qvortrup J. Introduction: The sociology of childhood [J]. International journal of sociology, 1987(17): 3-37.

[291] Qvortrup J, Corsaro W A, Honig M S. The Palgrave handbook of childhood studies[M]. London: Palgrave Macmillan, 2009.

[292] Pachankis J E. The psychological implications of concealing a stigma: A cognitive-affective-behavioral model[J]. Psychological bulletin, 2007, 133(2): 328-345.

[293] Paller A S, Chren M M. Out of the skin of babes: Measuring the full impact of atopic dermatitis in infants and young children[J]. Journal of investigative dermatology, 2012, 132(11): 2494-2496.

[294] Pate J W, Noblet T, Hush J M, et al. Exploring the concept of pain of Australian children with and without pain: Qualitative study[J]. BMJ open, 2019, 9(10): e033199.

[295] Pauschek J, Bernhard M K, Syrbe S, et al. Epilepsy in children and adolescents: Disease concepts, practical knowledge, and coping[J]. Epilepsy & behavior, 2016(59): 77-82.

[296] Pearson A. Balancing the evidence: Incorporating the synthesis of qualitative data into systematic reviews[J]. JBI reports, 2004, 2(2): 45-64.

[297] Peçanha D L, Lacharité C. The systemic family assessment system: Its validity with asthmatic children and their families[J]. Psicologia em Estudo, 2007(12): 503-512.

[298] Pelander T, Leino-Kilpi H, Katajisto J. The quality of paediatric nursing care: Developing the child care quality at hospital instrument for children[J]. Journal of advanced nursing, 2009, 65(2): 443-453.

[299] Pendleton S M, Cavalli K S, Pargament K I, et al. Religious/spiritual coping in childhood cystic fibrosis: A qualitative study[J]. Pediatrics, 2002, 109(1): e8.

[300] Petronio-Coia B J, Schwartz-Barcott D. A description of approachable nurses: An exploratory study, the voice of the hospitalized child[J]. Journal of pediatric nursing, 2020(54): 18-23.

[301] Picchietti D L, Arbuckle R A, Abetz L, et al. Pediatric restless legs

syndrome: Analysis of symptom descriptions and drawings[J]. Journal of child neurology, 2011, 26(11): 1365-1376.

[302] Pickering D M, Horrocks L M, Visser K S, et al. Analysing mosaic data by a "Wheel of Participation" to explore physical activities and cycling with children and youth with cerebral palsy[J]. International journal of developmental disabilities, 2015, 61(1): 41-48.

[303] Pickering D, Horrocks L M, Visser K S, et al. "Every picture tells a story": Interviews and diaries with children with cerebral palsy about adapted cycling[J]. Journal of paediatrics and child health, 2013, 49 (12): 1040-1044.

[304] Pinquart M. Do the parent-child relationship and parenting behaviors differ between families with a child with and without chronic illness? A meta-analysis[J]. Journal of pediatric psychology, 2013, 38(7): 708-721.

[305] Pinto G, Bombi A S, Cordioli A. Similarity of friends in three countries: A study of children's drawings[J]. International journal of behavioral development, 1997, 20(3): 453-469.

[306] Porteous M A. The use of the emotional indicator scores on the Goodenough-Harris Draw-a-Person test and the Bender Motor-Gestalt test to screen primary school children for possible emotional maladjustment[J]. European journal of psychological assessment, 1996, 12(1): 23.

[307] Pradel F G, Hartzema A G, Bush P J. Asthma self-management: The perspective of children[J]. Patient education and counseling, 2001, 45(3): 199-209.

[308] Pridmore P, Bendelow G. Images of health: Exploring beliefs of children using the "draw-and-write" technique[J]. Health education journal, 1995, 54(4): 473-488.

[309] Prout A, James A. A new paradigm for the sociology of childhood? Provenance, promise and problems [M]//James A, Prout A. Constructing and reconstructing childhood: Contemporary issues in the sociological study of childhood. 2nd ed. London and Washington D C: Falmer Press, 1997: 7-33.

[310] Purdy J M, True P M. Using drawings and a child-centered interview to explore the impact of pediculosis on elementary school children in a rural town[J]. Children & schools, 2012, 34(2): 114-123.

[311] Raabe T, Beelmann A. development of ethnic, racial, and national prejudice in childhood and adolescence: A multinational meta-analysis of age differences[J]. Child development, 2011, 82(6): 1715-1737.

[312] Rabiee P, Sloper P, Beresford B. Desired outcomes for children and young people with complex health care needs, and children who do not use speech for communication[J]. Health & social care in the community, 2005, 13(5): 478-487.

[313] Reid S, Wojcik W. Chronic skin disease and anxiety, depression and other affective disorders[M]//Bewley A, Taylor R E, Reichenberg J S. Practical psychodermatology. Hoboken: John Wiley & Sons, 2014: 104-113.

[314] Reverend A B, Gillies M. Spiritual needs of children with complex healthcare needs in hospital [J]. Paediatric nursing, 2007, 19 (9): 34-38.

[315] Rezo G S, Bosacki S. Invisible bruises: Kindergartners' perception of bullying[J]. International journal of children's spirituality, 2003(8): 163-177.

[316] Riis J L, Vestergaard C, Deleuran M S, et al. Childhood atopic dermatitis and risk of attention deficit/hyperactivity disorder: A cohort study[J]. Journal of allergy and clinical immunology, 2016,

138(2):608-610.

[317] Rix J, Parry J, Malibha-Pinchbeck M. "Building a better picture":
Practitioners' views of using a listening approach with young disabled
children[J]. Journal of early childhood research, 2020, 18(1):3-17.

[318] Roberts H. Listening to children and hearing them[M]//Christensen
P, James A. Research with children: Perspectives and practice. 2nd
ed. New York: Falmer Press, 2008:154-171.

[319] Roje M, Rezo I, Buljan Flander G. Quality of life and psychosocial
needs of children suffering from chronic skin diseases[J]. Alcoholism
and psychiatry research, 2016, 52(2):133-148.

[320] Rollins J A. Tell me about it: Drawing as a communication tool for
children with cancer[J]. Journal of pediatric oncology nursing, 2005,
22(4):203-221.

[321] Rollins J, Drescher J, Kelleher M L. Exploring the ability of a
drawing by proxy intervention to improve quality of life for
hospitalized children[J]. Arts & health, 2012, 4(1):55-69.

[322] Rollins J, Wallace K E. The vintage photograph project[J]. Arts &
health, 2017, 9(2):167-185.

[323] Romanos M, Gerlach M, Warnke A, et al. Association of attention-
deficit/hyperactivity disorder and atopic eczema modified by sleep
disturbance in a large population-based sample [J]. Journal of
epidemiology & community health, 2010, 64(3):269-273.

[324] Rønnstad A T M, Halling-Overgaard A S, Hamann C R, et al.
Association of atopic dermatitis with depression, anxiety, and
suicidal ideation in children and adults: A systematic review and
meta-analysis[J]. Journal of the American academy of dermatology,
2018, 79(3):448-456.

[325] Rosenberg M. Society and the adolescent self-image[M]. Princeton:

Princeton University Press, 1965.

[326] Rottenberg C J, Searfoss L W. Becoming literate in a preschool class: Literacy development of hearing-impaired children[J]. Journal of reading behavior, 1992, 24(4): 463-479.

[327] Rottenberg C J, Searfoss L W. How hard-of-hearing and deaf children learn their names[J]. American annals of the deaf, 1993, 138(4): 358-361.

[328] Rubin D B. Inference and missing data[J]. Biometrika, 1976, 63(3): 581-592.

[329] Rubin H J, Rubin I S. Qualitative interviewing: The art of hearing data[M]. 3rd ed. Thousand Oaks: Sage Publications, 2011.

[330] Sanders M R. Triple P-Positive Parenting Program as a public health approach to strengthening parenting [J]. Journal of family psychology, 2008, 22(4): 506-517.

[331] Saneei A, Haghayegh S A. Family drawings of Iranian children with autism and their family members[J]. The arts in psychotherapy, 2011, 38(5): 333-339.

[332] Santer M, Burgess H, Yardley L, et al. Managing childhood eczema: Qualitative study exploring carers' experiences of barriers and facilitators to treatment adherence[J]. Journal of advanced nursing, 2013, 69(11): 2493-2501.

[333] Santer M, Muller I, Yardley L, et al. "You don't know which bits to believe": Qualitative study exploring carers' experiences of seeking information on the internet about childhood eczema[J]. BMJ open, 2015, 5(4): e006339.

[334] Santer M, Muller I, Yardley L, et al. Parents' and carers' views about emollients for childhood eczema: Qualitative interview study [J]. BMJ open, 2016, 6(8): e011887.

[335] Sapsaglam Ö. Examining the value perceptions of preschool children according to their drawings and verbal expressions: Sample of responsibility value[J]. Egitim ve Bilim, 2017, 42(189): 287-303.

[336] Sarkar R, Raj L, Kaur H, et al. Psychological disturbances in Indian children with atopic eczema[J]. The journal of dermatology, 2004, 31(6): 448-454.

[337] Schechter D S, Zygmunt A, Trabka K A, et al. Child mental representations of attachment when mothers are traumatized: The relationship of family-drawings to story-stem completion[J]. Journal of early childhood and infant psychology, 2007(3): 119.

[338] Schmitt J, Apfelbacher C, Heinrich J, et al. Association of atopic eczema and attention-deficit/hyperactivity disorder-meta-analysis of epidemiologic studies [J]. Zeitschrift fur Kinder-und Jugendpsychiatrie und Psychotherapie, 2013, 41(1): 35-42.

[339] Schmitt J, Buske-Kirschbaum A, Roessner V. Is atopic disease a risk factor for attention-deficit/hyperactivity disorder? A systematic review[J]. Allergy, 2010, 65(12): 1506-1524.

[340] Schneider C. Parent-child interactional factors that mediate medical adherence behaviors in children with atopic dermatitis[D]. Saint Louis: Saint Louis University, 2016.

[341] Scholten L, Willemen A M, Napoleone E, et al. Moderators of the efficacy of a psychosocial group intervention for children with chronic illness and their parents: What works for whom? [J]. Journal of pediatric psychology, 2015, 40(2): 214-227.

[342] Schut C, Weik U, Tews N, et al. Coping as mediator of the relationship between stress and itch in patients with atopic dermatitis: A regression and mediation analysis[J]. Experimental dermatology, 2015, 24(2): 148-150.

[343] Schuttelaar M L A, Vermeulen K M, Drukker N, et al. A randomized controlled trial in children with eczema: Nurse practitioner vs. dermatologist[J]. British journal of dermatology, 2010, 162(1): 162-170.

[344] Shaffer D R, Kipp K. Developmental psychology: Childhood and adolescence[M]. Belmont: Wadsworth Cengage Learning, 2013.

[345] Shah R B. Psychological assessment and interventions for people with skin[M]//Bewley A, Taylor R E, Reichenberg J S. Practical psychodermatology. Hoboken: John Wiley & Sons, 2014: 40-49.

[346] Shaw M, Morrell D S, Goldsmith L A. A study of targeted enhanced patient care for pediatric atopic dermatitis[J]. Pediatric dermatology, 2008, 25(1): 19-24.

[347] Shields A, Cicchetti D. Emotion regulation among school-age children: The development and validation of a new criterion Q-sort scale[J]. Developmental psychology, 1997, 33(6): 906.

[348] Shih C M, Chao H Y. Ink and wash painting for children with visual impairment[J]. British journal of visual impairment, 2010, 28(2): 157-163.

[349] Shyu C S, Lin H K, Lin C H, et al. Prevalence of attention-deficit/hyperactivity disorder in patients with pediatric allergic disorders: A nationwide, population-based study[J]. Journal of microbiology, immunology and infection, 2012, 45(3): 237-242.

[350] Siedlikowski M, Curiale L, Rauch F, et al. Experiences of children with osteogenesis imperfecta in the co-design of the interactive assessment and communication tool Sisom OI: Secondary analysis of qualitative design sessions[J]. JMIR pediatrics and parenting, 2021, 4(3): e22784.

[351] Silverberg J I, Hanifin J, Simpson E L. Climatic factors are

associated with childhood eczema prevalence in the United States[J]. Journal of investigative dermatology，2013，133(7)：1752-1759.

[352] Silverberg J I，Paller A S. Association between eczema and stature in 9 US population-based studies[J]. JAMA dermatology，2015，151 (4)：401-409.

[353] Singh V，Ghai A. Notions of self：Lived realities of children with disabilities[J]. Disability & society，2009，24(2)：129-145.

[354] Skovdal M，Ogutu V O，Aoro C，et al. Young carers as social actors：Coping strategies of children caring for ailing or ageing guardians in Western Kenya[J]. Social science & medicine，2009，69 (4)：587-595.

[355] Slattery M J，Essex M J. Specificity in the association of anxiety, depression, and atopic disorders in a community sample of adolescents[J]. Journal of psychiatric research，2011，45 (6)：788-795.

[356] Smith A B. Respecting children's rights and agency[M]//Harcourt D，Perry B，Waller T. Researching young children's perspectives：Debating the ethics and dilemmas of educational research with children. New York：Routledge，2011：11-25.

[357] Snyder D M，Miller K，Stein M T. It looks like autism：Caution in diagnosis[J]. Journal of developmental and behavioral pediatrics，2008，29(1)：47-50.

[358] Sokel B，Christie D，Kent A，et al. A comparison of hypnotherapy and biofeedback in the treatment of childhood atopic eczema[J]. Contemporary hypnosis，1993，10(3)：145-154.

[359] Solomon P，Cavanaugh M M，Draine J. Randomized controlled trials：Design and implementation for community-based psychosocial interventions[M]. Oxford：Oxford University Press，2009.

[360] Spence S H. A measure of anxiety symptoms among children[J]. Behaviour research and therapy, 1998, 36(5): 545-566.

[361] Spencer L, Pahl R. Rethinking friendship: Hidden solidarities today [M]. Princeton: Princeton University Press, 2006.

[362] Spiegelberg H. The phenomenological movement: A historical introduction[M]. 3rd ed. Dordrecht: Springer Science & Business Media, 2012.

[363] Spyrou S. The limits of children's voices: From authenticity to critical, reflexive representation[J]. Childhood, 2011(18): 151-165.

[364] Spyrou S. Researching children's silences: Exploring the fullness of voice in childhood research[J]. Childhood, 2015(1): 1-15.

[365] Staab D, Diepgen T L, Fartasch M, et al. Age related, structured educational programmes for the management of atopic dermatitis in children and adolescents: Multicentre, randomised controlled trial [J]. BMJ open, 2006, 332(7547): 933-938.

[366] Staab D, Von Rueden U, Kehrt R, et al. Evaluation of a parental training program for the management of childhood atopic dermatitis [J]. Pediatric allergy and immunology, 2002, 13(2): 84-90.

[367] Stafstrom C E, Havlena J, Krezinski A J. Art therapy focus groups for children and adolescents with epilepsy[J]. Epilepsy & behavior, 2012, 24(2): 227-233.

[368] Stafstrom C E, Havlena J. Seizure drawings: Insight into the self-image of children with epilepsy[J]. Epilepsy & behavior, 2003, 4 (1): 43-56.

[369] Stefanatou A, Bowler D. Depiction of pain in the self-drawings of children with sickle cell disease [J]. Child: Care, health and development, 1997, 23(2): 135-155.

[370] Stein S L, Cifu A S. Management of atopic dermatitis[J]. JAMA,

2016，315(14)：1510-1511.

[371] Sterne J A C，Egger M，Smith G D. Investigating and dealing with publication and other biases in meta-analysis[J]. BMJ open，2001，323(7304)：101-105.

[372] Stewart A W，Mitchell E A，Pearce N，et al. The relationship of per capita gross national product to the prevalence of symptoms of asthma and other atopic diseases in children（ISAAC）[J]. International journal of epidemiology，2001，30(1)：173-179.

[373] Suarez A L，Feramisco J D，Koo J，Steinhoff M. Psychoneuroimmunology of psychological stress and atopic dermatitis：Pathophysiologic and therapeutic updates [J]. Acta dermato-venereologica，2012，92(1)：7-18.

[374] Sumner L A，Nicassio P M. The importance of the biopsychosocial model for understanding the adjustment to arthritis[M]//Nicassio P. Psychosocial factors in arthritis. Cham：Springer，2016：3-20.

[375] Syrnyk C. Capturing the nurture approach：Experiences of young pupils with SEBD[J]. Emotional and behavioural difficulties，2014，19(2)：154-175.

[376] Tang V Y H，Lee A M，Chan C L W，et al. Disorientation and reconstruction：The meaning searching pathways of patients with colorectal cancer[J]. Journal of psychosocial oncology，2007，25(2)：77-102.

[377] Tay-Lim J，Lim S. Privileging younger children's voices in research：Use of drawings and a co-construction process[J]. International journal of qualitative methods，2013，12(1)：65-83.

[378] Taylor S E，Stanton A L. Coping resources，coping processes，and mental health[J]. Annual review of clinical psychology，2007，3(1)：377-401.

[379] Teasdale E J, Muller I, Santer M. Carers' views of topical corticosteroid use in childhood eczema: A qualitative study of online discussion forums[J]. British journal of dermatology, 2017, 176(6): 1500-1507.

[380] Tharinger D J, Stark K D. A qualitative versus quantitative approach to evaluating the Draw-A-Person and Kinetic Family Drawing: A study of mood-and anxiety-disorder children [J]. Psychological assessment, 1990, 2(4): 365-375.

[381] The Joanna Briggs Institute. Joanna Briggs Institute Reviewers' Manual: 2011 edition [M]. Adelaide: The Joanna Briggs Institute, 2011.

[382] Thomas N. Children, family and the state: Decision making and child participation[M]. London: Palgrave Macmillan, 2002.

[383] Thompson D L, Thompson M J. Knowledge, instruction and behavioural change: Building a framework for effective eczema education in clinical practice[J]. Journal of advanced nursing, 2014, 70(11): 2483-2494.

[384] Thomson P. Children and young people: Voices in visual research [M]// Thomson P. Doing visual research with children and young people. London: Routledge, 2009: 23-42.

[385] Tisdall E K M, Punch S. Not so "new"? Looking critically at childhood studies[J]. Children's geographies. 2012(10): 249-264.

[386] Tong A, Flemming K, McInnes E, et al. Enhancing transparency in reporting the synthesis of qualitative research: ENTREQ[J]. BMC medical research methodology, 2012, 12(1): 1-8.

[387] Topp J, Andrees V, Weinberger N A, et al. Strategies to reduce stigma related to visible chronic skin diseases: A systematic review [J]. Journal of the European academy of dermatology and

venereology，2019，33(11)：2029-2038.

[388] Toye F，Williamson E，Williams M A，et al. What value can qualitative research add to quantitative research design? An example from an adolescent idiopathic scoliosis trial feasibility study[J]. Qualitative health research，2016，26(13)：1838-1850.

[389] Tsaltas M O. Children of home dialysis patients[J]. JAMA，1976，236(24)：2764-2766.

[390] Tsang S K M. Parenting and self-esteem of senior primary school students in Hong Kong[M]. Hong Kong：Department of Social Work and Social Administration，The University of Hong Kong，1997. http：//hdl. handle. net/10722/114104.

[391] Tufford L，Newman P. Bracketing in qualitative research[J]. Qualitative social work，2012，11(1)：80-96.

[392] United Nations. Convention on the Rights of the Child[EB/OL]. (1989-11-20) [2022-07-14]. https：//www. ohchr. org/sites/default/files/Documents/ProfessionalInterest/crc. pdf.

[393] Urrutia-Pereira M，Solé D，Rosario N A，et al. Sleep-related disorders in Latin-American children with atopic dermatitis：A case control study[J]. Allergologia et Immunopathologia，2017，45(3)：276-282.

[394] van der Riet P，Jitsacorn C，Thursby P. Hospitalized children's experience of a Fairy Garden in Northern Thailand[J]. Nursing open，2020，7(4)：1081-1092.

[395] van der Schans J，Cicek R，de Vries T W，et al. Association of atopic diseases and attention-deficit/hyperactivity disorder：A systematic review and meta-analyses [J]. Neuroscience & biobehavioral reviews，2017(74)：139-148.

[396] Veltman M W M，Browne K D. The assessment of drawings from

children who have been maltreated: A systematic review[J]. Child abuse review, 2002, 11(1): 19-37.

[397] Verhoeven E W M, Klerk S, Kraaimaat F W, et al. Biopsychosocial mechanisms of chronic itch in patients with skin diseases: A review [J]. Acta dermato-venereologica, 2008(88): 211-218.

[398] Visram S, Hall T D, Geddes L. Getting the balance right: Qualitative evaluation of a holistic weight management intervention to address childhood obesity[J]. Journal of public health, 2013, 35 (2): 246-254.

[399] Vygotsky L S. Mind in society: Development of higher psychological processes[M]. Cambridge: Harvard University Press, 1978.

[400] Vygotsky L S. Thought and language[M]. 2nd ed. Cambridge: The MIT Press, 1986.

[401] Wade D T, Halligan P W. The biopsychosocial model of illness: A model whose time has come[J]. Clinical rehabilitation, 2017, 31(8): 995-1004.

[402] Walker C, Papadopoulos L, Hussein M. Paediatric eczema and psychosocial morbidity: How does eczema interact with parents' illness beliefs? [J]. Journal of the European academy of dermatology and venereology, 2007, 21(1): 63-67.

[403] Walker K, Caine-Bish N, Wait S. "I like to jump on my trampoline": An analysis of drawings from 8-to 12-year-old children beginning a weight-management program [J]. Qualitative health research, 2009, 19(7): 907-917.

[404] Wanitphakdeedecha R, Sudhipongpracha T, Ng J N C, et al. Self-stigma and psychosocial burden of patients with port-wine stain: A systematic review and meta-analysis [J]. Journal of cosmetic dermatology, 2021, 20(7): 2203-2210.

［405］Ware E B，Drummond B，Gross J，et al. Giving children a voice about their dental care［J］. Journal of dentistry for children，2020，87(2)：116-119.

［406］Warren C A B，Karner T X. Discovering qualitative methods：Ethnography，interviews，documents，and images［M］. 3rd ed. Oxford：Oxford University Press，2014.

［407］Watson A C，Corrigan P，Larson J E，et al. Self-stigma in people with mental illness［J］. Schizophrenia bulletin，2007，33(6)：1312-1318.

［408］Wells G，Shea B，O'connell D，et al. The Newcastle-Ottawa Scale (NOS) for assessing the quality of nonrandomized studies in meta-analyses［EB/OL］. Ottawa：University of Ottawa(2012)［2022-07-14］. https://www. ohri. ca/programs/clinical _ epidemiology/oxford. asp.

［409］Wenninger K，Kehrt R，von Rüden U，et al. Structured parent education in the management of childhood atopic dermatitis：The Berlin model［J］. Patient education and counseling，2000，40(3)：253-261.

［410］Wennström B，Hallberg L R M，Bergh I. Use of perioperative dialogues with children undergoing day surgery［J］. Journal of advanced nursing，2008，62(1)：96-106.

［411］Wesson M，Salmon K. Drawing and showing：Helping children to report emotionally laden events［J］. Applied cognitive psychology，2001，15(3)：301-319.

［412］Wijngaarde R O，Hein I，Daams J，et al. Chronically ill children's participation and health outcomes in shared decision-making：A scoping review［J］. European journal of pediatrics，2021，180(8)：2345-2357.

[413] Wilson M E, Megel M E, Enenbach L, et al. The voices of children: Stories about hospitalization[J]. Journal of pediatric health care, 2010, 24(2): 95-102.

[414] Woodhead M, Faulkner D. Subjects, objects or participants? Dilemmas of psychological research with Children[M]//Christensen P, James A. Research with children: Perspectives and practices. London: Routledge, 2008: 10-39.

[415] Woodgate R L, West C H, Tailor K. Existential anxiety and growth: An exploration of computerized drawings and perspectives of children and adolescents with cancer[J]. Cancer nursing, 2014, 37 (2): 146-159.

[416] Woodgate R, Kristjanson L J. "My hurts": Hospitalized young children's perceptions of acute pain[J]. Qualitative health research, 1996, 6(2): 184-201.

[417] Woolford J, Patterson T, Macleod E, et al. Drawing helps children to talk about their presenting problems during a mental health assessment[J]. Clinical child psychology and psychiatry, 2015, 20 (1): 68-83.

[418] Wright J. Coping with atopic eczema[J]. Journal of community nursing, 2007, 21(5): 30-33.

[419] Wu J H, Cohen B A. The stigma of skin disease[J]. Current opinion in pediatrics, 2019, 31(4): 509-514.

[420] Xie Q W, Chan C H Y, Ji Q, et al. Psychosocial effects of parent-child book reading interventions: A meta-analysis[J]. Pediatrics, 2018, 141(4): e20172675.

[421] Xie Q W, Chan C L, Chan C H. The wounded self-lonely in a crowd: A qualitative study of the voices of children living with atopic dermatitis in Hong Kong [J]. Health & social care in the

community,2020,28(3):862-873.

[422] Xie Q W,Dai X,Tang X,et al. Risk of mental disorders in children and adolescents with atopic dermatitis:A systematic review and meta-analysis[J]. Frontiers in psychology,2019(10):1773.

[423] Xie Q W,Liang Z. Self-stigma among children living with atopic dermatitis in Hong Kong:A qualitative study[J]. International journal of behavioral medicine,2022(29):775-786.

[424] Xie Q W,Wong D F K. Culturally sensitive conceptualization of resilience:A multidimensional model of Chinese resilience[J]. Transcultural psychiatry,2021,58(3):323-334.

[425] Yaghmaie P,Koudelka C W,Simpson E L. Mental health comorbidity in patients with atopic dermatitis[J]. Journal of allergy and clinical immunology,2013,131(2):428-433.

[426] Yurtal F,Artut K. An investigation of school violence through Turkish children's drawings[J]. Journal of interpersonal violence,2010,25(1):50-62.

[427] Yvonne Feilzer M. Doing mixed methods research pragmatically:Implications for the rediscovery of pragmatism as a research paradigm[J]. Journal of mixed methods research,2009,4(1):6-16.

[428] Zhao G,Li X,Fang X,et al. Functions and sources of perceived social support among children affected by HIV/AIDS in China[J]. AIDS care,2011,23(6):671-679.

[429] Zhao J,Xing X,Wang M. Psychometric properties of the Spence Children's Anxiety Scale (SCAS) in Mainland Chinese children and adolescents[J]. Journal of anxiety disorders,2012,26(7):728-736.

[430] Zigler C K,Ardalan K,Hernandez A,et al. Exploring the impact of paediatric localized scleroderma on health-related quality of life:Focus groups with youth and caregivers[J]. British journal of

dermatology，2020，183(4)：692-701.

[431] 爱德华兹，甘第尼，福尔曼.儿童的一百种语言[M].金乃琪，连英式，罗雅芬，译.南京：南京师范大学出版社，2006：6-7.

[432] 冯加渔，向晶.儿童研究的视域融合[J].全球教育展望，2014，43(7)：76-82.

[433] 顾恒，尤立平，刘永生，等.我国10城市学龄前儿童特应性皮炎现况调查[J].中华皮肤科杂志，2004(1)：29-31.

[434] 郭金华.与疾病相关的污名——以中国的精神疾病和艾滋病污名为例[J].学术月刊，2015，47(7)：105-115.

[435] 郝飞，宋志强.特应性皮炎[M].北京：人民军医出版社，2008.

[436] 蒋雅俊，刘晓东.儿童观简论[J].学前教育研究，2004(11)：5-10.

[437] 靳英辉，高维杰，李艳，等.质性研究证据评价及其循证转化的研究进展[J].中国循证医学杂志，2015，15(12)：1458-1464.

[438] 李邻峰.特应性皮炎[M].北京：北京大学医学出版社，2006.

[439] 刘树娜.我国儿童话语权问题初探[D].南京：南京师范大学，2016.

[440] 刘宇.儿童如何成为研究参与者："马赛克方法"及其理论意蕴[J].全球教育展望，2014，43(9)：68-75.

[441] 苗雪红.西方新童年社会学研究综述[J].贵州师范大学学报(社会科学版)，2015(4)：129-136.

[442] 乔东平，谢倩雯.西方儿童福利理念和政策演变及对中国的启示[J].东岳论丛，2014，35(11)：116-122.

[443] 王友缘，魏聪，林兰，等.全球视野下新童年社会学研究的当代进展[J].教育发展研究，2020，40(8)：14-22.

[444] 魏婷，鄢超云."儿童的视角"研究的价值取向、方法原则与伦理思考[J].学前教育研究，2021(3)：3-14.

[445] 赵瑞，拜争刚，黄崇斐，等.质性研究系统评价在循证指南制定中的应用价值[J].中国循证医学杂志，2016，16(7)：855-859.

[446] 赵晰，谢倩雯.循证政策的实践障碍与发展经验[J].华东理工大学学报

(社会科学版),2020,35(6):57-69.

[447] 张莉.儿童参与研究:论域、论争与省思[J].广东第二师范学院学报,
2020,40(1):9-16.

[448] 郑素华."年龄主义"与现代童年的困境[J].学前教育研究,2019(2):
29-40.

[449] 曾琳,聂燕丽.随机对照试验在健康管理研究中的应用[J].中华健康管
理学杂志,2019,13(5):458-464.